KB127742

우주, 상상력 공장

우주, 그리고 생명과 문명의 미래

우주, 상상력 공장

권재술 지음

특별한서재

추천사

우주 속에서 인간이 존재하는 의미를 풀어내다

나는 과학자로서의 경력을 물질의 근본을 탐색하는 입자물리학에서 시작했고 연결 고리를 따라 자연스럽게 초기 우주를 다루는 우주론으로 확장됐다. 최근에는 인간과 문명의 기원을 쫓아 우주의 탄생까지 거슬러 올라가는 빅 히스토리와 관련된 활동도 하고 있다. 빅 히스토리에 대한 관심은 우주를 연구하면서 품게 된 질문에서 시작됐다. '우주의 거대함에 비해서 너무나 미미해 보이는 인간의 존재, 우리는 어떤 과정을 거쳐 여기에 존재하고 있을까? 우주에 인간이 존재하는 의미는 무엇인가?' 종교나 철학이 아니라 이제는 과학이 이 질문에 답을 내놓는 시대다.

의미란 무엇인가? 정보는 복제와 확산을 통해 공유됨으로써 의미가 만들어진다. 사람과 사람 사이에 정보가 교환되는 통로가 만들어짐이 인연이다. 권재술 교수님과의 인연은 '과학책 읽는 보통 사람들'이란 페이스북 그룹에서 시작됐다. 우주에 대한 공유된 관심이 있었기에 의견을 여러 차례 나누었다. 권재술 교수님은 은퇴 후에도 왕성한 활동을 이어오고 계셨고 『우주를 만지다』라는 책도 내셨다. 현대 과학이 우주에 대해 알아낸 내용을 딱딱한 과학적 글이 아니라 에세이와 시로 풀어내셨다. 우주를 바라봄에 나와는 다른 감각기관을 가지셨다는 인상을 받았다. 인생을 좀 더 살아보면 알 듯한 그런 여유가 느껴졌다.

전작 『우주를 만지다』에서 우주의 역사를 풀어냈다면, 이번 작품 『우주, 상상력 공장』은 우주 속에서 인간이 존재하는 의미를 풀어냈다. 우주와 인간을 이어주는 수많은 연결 고리 하나하나가 사유의 주제가 되고 문학의 주제가 된다. 이 책은 태초와 태종 사이에 생명과 마음과 문명을 담아 인간과 우주, 그 시작과 끝을 연결하는 주요 주제들을 권재술 교수님의 고유한 선택과 글쓰기 스타일로 풀어낸 에세이다. 사실 책에서 다뤄진 내용 중 어떤 주제들은 전문 학자도 어려워하는 대상이다. 나도 빅 히스토리를 공부하면서 내 전문 분야를 넘어서는 생물, 인류, 마음, 문명의 역사는 제대로 이해하기가 버거웠다. 하지만 그 과정에서 수많은 의미 있는 질문들을 찾아냈고 그것은 새로운 재미였다. 이 책도 독자에게 지식과 더불어 질문도 던져줄 것이다. 어려운 주제다 보니 아직 정답이 없는 질문이 많다. 그렇기에 각자의 지식과 사유에 기반해서 스스로 의미를 만들어 가는 공간이 생긴다. 『우주, 상상력 공장』은 과학을 통해서 우주에 인간이 존재하는 의미를 찾아가는 길을 보여주는 책이다.

김항배(한양대학교 물리학과 교수)

추천사

가장 긴 시간 동안 펼쳐지는 가장 거대한 이야기

사람은 건강 관리와 적절한 행운이 보태진다고 해도 많이 잡아야 지구가 태양을 백 바퀴 정도 도는 만큼의 시간이 주어진다. 당신이 훌륭한 사람이라면 인생의 목표가 무엇인지를 늘 설정하고 시간을 낭비하지 않고 성실함으로 매 순간을 채우려고 할 것이다. 원하는 대학을 진학하기 위해서, 좋은 직장을 갖기 위해서, 사랑하는 사람과 함께하기 위해서, 아이가 행복하도록 당신은 할 수 있는 노력을 경주한다. 물론 자신의 행복을 위해서도 많은 구석에서 최선을 다할 것이다. 그렇게 달리다 보면 태어난 순간부터 지구는 태양 주위를 수십 바퀴를 돌았고, 여정은 종착역으로 향하고 있다는 것을 느끼게 된다. 여기에서 생뚱맞을 수 있지만 심각한 질문을 던져보자. 눈앞의 일들만 처리하다가 자신의 두뇌와 시간을 써버리고 끝낼 것인가? 지구라는 행성에서 인간으로 살아가는 것이 무슨 의미인지에 대해서 잠시나마 진지하게 질문하고 생각하는 것이 인간으로서 최소한의 도리를 하는 것은 아닐까? 내가 무엇으로부터 왔는지, 내가 존재하는 우주는 도대체 무엇으로부터 시작했고 어디로 가고 있는지…… 이런 질문 말이다. 결코 한가한 질문들이 아니다. 가장 본질적이고 기본적인 질문이다. 이를 다루는 책들은 사실 너무나 많지만 바쁜 당신을 위해서 단 한 권의 책, 권재술 작가의 『우주, 상상력 공장』을 제안한다. 이 책을 통해 가장 긴 시간 동안 펼쳐지는 가장 거대한 이야기를 마주할 것이다. 이 책을 덮는 순간 당신은 40억 년 전에 지구에서 우연히 출현한 생명체로부터 진화한 똑똑한 머리를 가진 생명체의 체면치레를 하는 것이다.

조진호(과학 전문 작가)

우주는 놀라운 세상입니다. 그 놀라운 세상에 탄생한 생명은 더 놀랍습니다. 그 생명이 만들어낸 정신은 더욱 놀랍습니다. 그 정신이 만들어낸 문명은 놀라운 세상입니다. 지구의 생명과 그 생명이 만들어낸 문명은 우주를 갈망합니다.

『우주를 만지다』가 멀리 있는 하늘의 우주라면『우주, 상상력 공장』은 우리 속에 있는 우주라고나 해야 할까요. 사람들이 여행을 떠나는 것은 가보지 않은 미지의 세계를 보기 위함이지요. 하지만 그들이 진정 모르는 것은 저 멀리 있는 세상이 아니라 자기 자신 속에 있는 세상이 아닐까요?

『우주를 만지다』에서는 우리 밖에 있는 우주가 어떤 것이고, 얼마나 놀라운 존재인가를 살펴보았습니다. 그래도 우리가 본 우주는 실제 우주의 아주 작은 일부일 뿐입니다. 우리는 자기 자신에 대해 잘 안다고 착각하지만, 저 우주에 대해서 알고 있는 것보다 더 모르고 있을지도 모릅니다.

광활한 우주에 다른 문명이 있다면 그들은 지구를, 지구의 생명체를, 그중에서도 인간을, 인간이 이룩한 문명을 보고 얼마나 놀라워할까요? 우주에 이처럼 놀라운 행성, 이처럼 놀라운 생명, 이처럼 놀라운 문명이 얼마나 있을까요? 물론 우리보다 더 놀라운 생명, 더 놀라운 문명이 있을지는 모르나, 그런 생명과 문명이 있다고 하더라도 지구의 생명과 문명이 충분히 놀랍고 특별한 존재인 것은 틀림없습니다. 아무리 많은 생명과 문명이 이 우주에 있다고 하더라도 지구의 생명과 같은 생명, 지구의 문명과 같은 문명은 존재하지 않을 것이기 때문입니다. 그들이 지구의 생명과 문명을 보고 놀라워할 그 시선으로 지구의 생명과 문명을 그려보려 합니다.

우주를 아는 것이 지구를 아는 것이듯이, 지구를 아는 것이 우주를 아는 것이기도 합니다. 여행을 떠나는 것이 나를 발견하는 일이듯이, 내 속을 아는 것이 나의 밖을 아는 길이기도 합니다. 지금까지 과학자들이 그렇게 간절히 우주를 뒤졌어도 문명은 고사하고 생명의 흔적조차 찾지 못했습니다. 하지만 지구의 생명과 우리의 문명을 더 잘 이해하게 되면, 어딘가에 있을 우주의 생명과 문명을 이해하는 길을 찾을 수 있을지도 모릅니다.

이 책은 우주의 시작과 끝을 논하면서 그 사이의 텅 빈 시간과 공간을 생명과 문명의 이야기로 채웠습니다. 지구의 생명과 문명의 이야기로 시작하지만, 지구의 생명과 문명에 머물지 않고 우주의 생명과 문명으로 확장했습니다. 우리 자신을 포함한 모든 존재는 저 우주와 연결되어 있습니다. 이 책에서 지구를, 지구의 생명을, 지구의 문명을 말하면서 한순간도 저 광활한 우주를 잊지 않았습니다. 우주에서 지구를 보는 시각으로 지구의 생명과 문명을 이야기했습니다.

생명과 정신 그리고 문명에 대해서 현대 과학은 알고 있는 것보다 모르고 있는 것이 더 많습니다. 그 모르는 부분은 상상의 날개를 펼칠 수밖에 없었습니다. 답은 존재하지 않을지도 모릅니다. 하지만 답 대신 놀라움이 존재합니다. 그래서 이 책은 답이 아니라 질문을 던지고 있습니다. 생명의 본질에 대해서, 정신에 대해서, 문명의 미래에 대해서 질문을 던지고 있습니다.

이 책에는 필자의 주관과 상상이 많이 들어가 있습니다. 제 생각에 동조하지 않는 과학자도 있을 것이고, 동조하지 않는 일반인도 있을 것입니다. 물론 제 생각이 옳다는 보장도 없습니다. 그렇다고 확실히 틀렸다고 할 수도 없을 겁니다. 그래도 상상은 언제나 가슴 설레는 일입니다.

이 책을 교과서처럼 처음부터 차례대로 읽을 필요는 없습니다. 과학책이 아니라 과학 에세이에 더 가깝기 때문입니다. 구체적인 과학 내용도 있지만, 그것은 이해를 돕기 위한 것이지 이 책의 목적은 아닙니다. 이 책의 각 부분은 나름의 독립성을 가지고 있습니다. 어떤 부분을 펴서 읽어도 큰 문제는 없습니다.

다만 독자들이 이 책을 읽으며 놀랍고 신비로운 세상이 저 우주에 그리고 우리 속에 있음을 발견할 수 있기를 바랍니다. 나아가 이 발견이 저 먼 우주의 신비로 이어지기를 바라 마지않습니다.

2022년 가을

臺下齊에서

권재술

차례

아무것도 없는 곳에서는
아무것도 나오지 않는다.

_윌리엄 셰익스피어

CHAPTER

태초 太初

모든 사건에는 시작이 있고 마침이 있습니다. 인생에도 출생과 죽음이 있고, 학업에도 입학과 졸업이 있습니다. 하지만 출생과 죽음이 진정으로 시작과 마침은 아닙니다. 한 사람의 출생 전에 임신이라는 사건이 존재하고, 임신 이전에 부모의 삶이 존재했으며, 죽음 후에도 세상은 계속됩니다. 세상만사의 어떤 시작도 진정한 시작은 아니고, 어떤 마침도 진정한 종결은 아닙니다. 이전이 존재하지 않는 시작, 이후가 존재하지 않는 마침은 정말로 없는 것일까요?

'이전'이나 '이후'라는 말에는 시간이라는 개념이 포함되어 있습니다. 시간도 시작이 있을까요? 다른 말로 하면 시간이 없었던 때가 있었을까요? 공간도 마찬가집니다. 공간도 시작이 있었을까요? 이런 질문은 철학에서나 다룰 내용이지 과학의 영역 밖에 있는 것 같습니다. 옛날에는 그랬습니다. 하지만 우주론이 과학의 영역으로 들어오면서 시간과 공간의 문제도 과학의 문제로 바뀌었습니다.

시간과 공간 그리고 물질, 이 모든 것의 시작과 종말. 그것을 알 수 있다면 이보다 더 가슴 설레는 일이 어디 있을까요? 이제 이 가슴 설레는 여행을 떠나 봅시다.

시작

이제까지 우주는 무한한 과거에서부터 무한한 미래까지 영원히 안정적인 상태로 존재할 것이라고 믿어왔습니다, 하지만 우주에는 시작이 있었다는 것이 밝혀졌습니다. 이 발견은 상대론, 양자론과 더불어 우주론이라는 물리학의 새로운 분야를 펼쳐 보였습니다. 신화의 영역이나 철학의 영역에 머물렀던 우주론이 빅뱅의 발견으로 과학의 영역으로 들어왔습니다.

우주가 팽창하고 있다는 것은 아인슈타인의 일반상대성 이론의 장방정식field equation*에 이미 들어 있었습니다. 하지만 아인슈타인도 이 사실을 몰랐던 것입니다. 우주가 작은 점에서 팽창했다는 사실을 가장 먼저 알아낸 사람은 벨기에의 가톨릭 수사였던 조르주 르메트르Georges Lemaitre, 1894-1966였습니다. 그는 아인슈타인

*장방정식
물질과 시공간이 어떻게 서로 관련되어 있는가를 수학적으로 표현한 식.

의 장방정식을 연구하던 중 이 사실을 발견하고 아인슈타인에게 자신의 연구를 보여주었지만, 아인슈타인에게서 "자네의 계산은 옳지만, 물리적 안목은 형편없네."라는 혹평을 받았습니다.

빅뱅이 있었을 것이라는 최초의 증거는 에드윈 허블Edwin Hubble, 1889-1953의 은하 관측에서 나왔습니다. 은하들에서 나오는 빛의 스펙트럼을 분석해보면 먼 은하일수록 붉은색 쪽으로 치우친다는 겁니다. 더욱 놀라운 사실은 먼 은하일수록 더욱 붉은색 쪽으로 치우친다는 겁니다. 이 현상을 설명하는 물리학 이론이 바로 도플러 효과Doppler Effect* 입니다.

기차가 접근하면서 내는 기적 소리를 들어본 적이 있나요? 기차가 나를 지나치는 순간 소리의 높이(진동수)가 갑자기 변하는 것을 느껴보았을 겁니다. 그것은 기차가 접근할 때는 원래 소리보다 높은 소리를 내지만, 멀어질 때는 원래 소리보다 낮은 소리로 변하기 때문입니다. 이 갑작스레 변하는 소리의 높이가 우리에게 자극적인 느낌이 들게 했던 겁니다. 파원이 멀어지는 속도가 빠르면 빠를수록 파의 파장이 길어집니다. 이것이 도플러 효과입니다.

이런 현상을 공간의 팽창으로 설명할 수도 있습니다. 공간이 팽창한다면 그 공간에 박혀 있는 모든 것이 공간과 함께 팽창할 것입니다. 빛이라고 예외는 아니지요. 빛의 파장도 공간의 팽창과 함께 길어질 수밖에 없습니다. 도플러 효과에 의한 파장의 길어짐이나 공간의 팽창으로 나타나는 파장의 길어짐이나 파장이 길어진다는 것은 마찬가지입니다.

***도플러 효과**
파동을 내는 물체가 멀어지면 파장이 길어지고, 접근하면 짧아지는 현상.

빛의 파장이 길어진다는 것은 은하들이 지구로부터 멀어진다는 것이며, 먼 은하일수록 파장이 더 길어진다는 것은 지구로부터 더 빨리 멀어지고 있다는 말입니다.

지구에서 보았을 때만 그런 것은 아닙니다. 우주 어느 곳에서 보아도 마찬가지입니다. 지구가 우주의 중심일 수는 없기 때문입니다. 우주의 모든 은하는 모든 은하로부터 멀어지고 있습니다. 다시 말하면 우주가 팽창하고 있다는 것입니다. 이 현상을 '공간의 팽창'이라고 합니다.

우주가 팽창하고 있다는 사실을 받아들인다면, 이제 팽창하고 있는 우주의 시간을 거꾸로 돌려봅시다. 은하들은 팽창이 아니라 서로 점점 가까워질 것입니다. 시간을 계속 거꾸로 돌린다면 결국 모든 은하가 한 점에 모이는 순간이 오지 않을까요? 은하 자체도 수축하기 때문에 은하의 모든 별이 한 점에 모이는 순간, 별뿐만 아니라 우주의 모든 입자가 한 점에 모이는 순간, 입자도 붕괴해서 물질이 사라지는 그 순간이 오지 않을까요? 당연히 그런 시점이 올 것입니다. 이것이 바로 태초太初, 우주 탄생의 순간, 바로 빅뱅이 일어나는 순간일 것입니다.

우주의 모든 것이 한 점에 모인 순간은 매우 특이한 순간입니다. 이 점은 물질만 한 점에 모인 것이 아니라 시간과 공간도 한 점에 모인 순간입니다. 그 순간은 물질도 시간도 공간도 없이 모두 한 점이 되는 순간입니다. 다른 말로 하면 시간, 공간, 물질이 탄생하는 순간입니다. 모든 것의 탄생, 바로 태초입니다.

물론 이 태초에 대해서 우리가 아는 것은 아무것도 없습니다. 그것이 어떤 상태인지, 어떻게 시작되었는지도 모릅니다. 그 이전이 있었는지는 더더욱 모릅니다. 하지만 이 우주가 시작되는 점이 있었다는 것은 분명한 것 같습니다.

이제 다시 시간을 정방향으로 돌려봅시다. 우주의 모든 것이 한 점에 있다가 서로 점점 멀어질 것입니다. 다시 시간이 흐르고 공간이 팽창합니다. 그리고 138억 년을 돌리면 지금의 우주가 나타납니다. 이 장면을 머리에 그려보면서 시간을 빠르게 진행시켜 보면, 무언가 '빵' 하고 터지는 장면이 떠오르지 않나요? 이 '빵'을 영어로 'bang'이라고 표현한 겁니다. 그래서 '빅뱅Bigbang'이 되었습니다. 대단히 과학적인 것 같은 빅뱅이라는 말은 이처럼 우스꽝스럽게도 아주 비과학적인 뜻으로 탄생한 것입니다. 모든 것의 시작인 이 극적인 사건을 표현하기 위해서 점잖은 과학 용어보다 빅뱅이라는 속된 말이 더 잘 어울리는 것 같지 않습니까?

빅뱅은 폭탄이 터지는 그런 폭발은 아닙니다. 터진 게 아니라 공간이 팽창한 것입니다. 그러니 무슨 소리가 났을 리도 없습니다. 그래도 빅뱅은 여전히 황당무계합니다. 왜, 어떻게 그 작은 점이 팽창하게 되었으며 그 힘은 무엇일까요? 중력은 인력뿐인데(일반적으로 그렇게 알고 있다.) 말입니다. 아인슈타인의 일반상대론의 장방정식에 따르면 인력만이 아니라 척력인 중력도 가능합니다. 최근에 와서 밝혀진 진공에 가득 차 있는 암흑 에너지는 척력인 중력을 작용합니다. 빅뱅 초기에 급팽창inflation이 있었다는 사실을 주장한 사람은 미국의 MIT의 물리학자 앨런 구스Alen Guth, 1947- 입니다. 빅뱅 초기 10억×

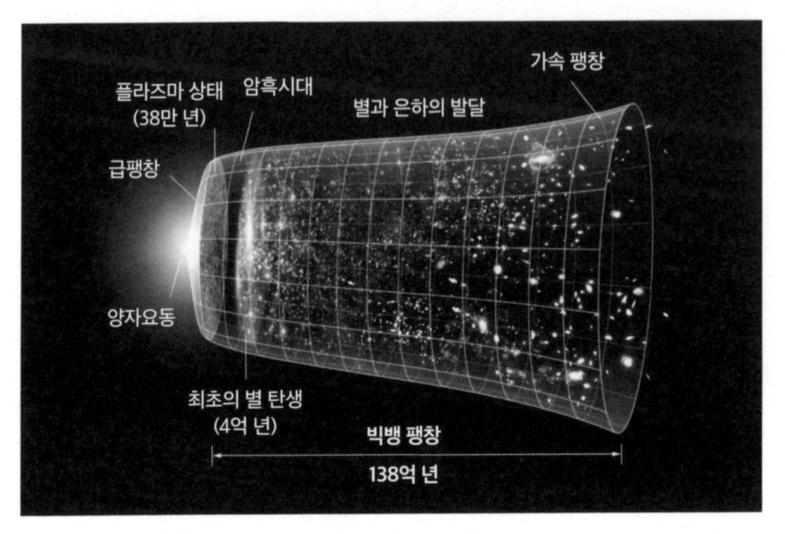

[그림 1] 우주의 역사

10억×10억 미터보다 작은 공간에 인플라톤inflaton이라는 특별한 에너지장이 형성되어 있다면 공간이 기하급수적으로 급팽창해 10억×10억×10억분의 1초보다 짧은 순간에 수백억 광년의 크기로 팽창할 수 있다는 이론입니다.

아무튼, 태초에 빅뱅이 있었습니다. 이것이 과학적 결론입니다. 그렇다면 빅뱅 이전은? 그것은 아무도 모릅니다. 급팽창 가설은 그 이전에 이미 급팽창이 있었다고 합니다. 빅뱅을 급팽창까지 포함해야 하는지, 급팽창 이후라고 보아야 하는지는 생각하기 나름이지만, 이 우주만 생각한다면 빅뱅은 시간의 시작, 공간의 시작 그리고 세상 만물의 시작입니다. 시간의 시작이라고? 그렇습니다. 시간이 무엇인가요? 시간은 나의 저서 『우주를 만지다』에서도 강조했듯이, 사건을 보고 인간이 만들어낸 관념입니다. 물질이 없다면 사건이 존재할 수 없습니다. 따라서 물질이 생기기 이전의 시간이란 무의미합니다.

공간도 마찬가지입니다. 우리는 공간도 물질과 관계없이 무한히 펼쳐져 있다고 생각하지만, 공간도 물질의 배치 관계를 인식하는 인간의 정신에 의해 만들어진 관념입니다. 물질이 없다면 공간도 없습니다. 따라서 물질이 생기기 전, 빅뱅 이전에는 공간이라는 개념이 무의미합니다.

빅뱅은 물질의 시작이자 시간과 공간의 시작입니다. 지금의 우주, 우리가 보고 만지고 살아가고 있는 이 우주가 전부라면 그렇다는 말입니다. 하지만 우리의 마음은 빅뱅 이전을 자꾸만 곁눈질하고 있습니다. 마음이 가는 길을 막을 수는 없습니다. 마음이 자꾸만 탐내는 빅뱅 이전을 우리 마음이 부정할 수는 없지만, 그것은 과학의 영역을 넘어선 상상입니다. 그 상상이 틀렸다고 말할 수도 없지만 증명할 방법도 없습니다.

그래서 과학은 빅뱅이 진정 태초太初라고 주장하는 것입니다. 다중우주가 정말로 존재한다면 이 태초는 빅뱅 이전으로 더 확장될 수도 있겠지만 말입니다.

완전한 질서

빅뱅은 허블의 관측 결과에서 유추된 것이지만 열역학적인 원리에서도 유추할 수 있습니다. 열역학 제2법칙인 엔트로피entropy 법칙*에 따르면 자연에서 일어나는 변화는 질서에서 무질서로 변합니다. 이것을 물리학적으로는 엔트로피가 낮은 상태에서 높은 상태로 변한다고 말합니다.

신선한 음식물도 시간이 지나면 썩게 됩니다. 이것도 음식물을 구성하고 있는 분자들이 질서 있는 상태에서 무질서한 상태로 변하는, 엔트로피가 증가하는 현상입니다. 잘 정돈된 방도 오래 사용하면 어지럽혀집니다. 이것도 엔트로피가 증가하는 현상입니다. 쇠가 녹슬고, 사람이 늙어가고, 잘 지어놓은 건물이 노화되고 마침내 허물어지는 것도 엔트로피가 증

*엔트로피 법칙
자연현상은 질서정연한 상태에서 무질서한 상태로 변화한다는 것으로 열역학 제2법칙이라고도 함.

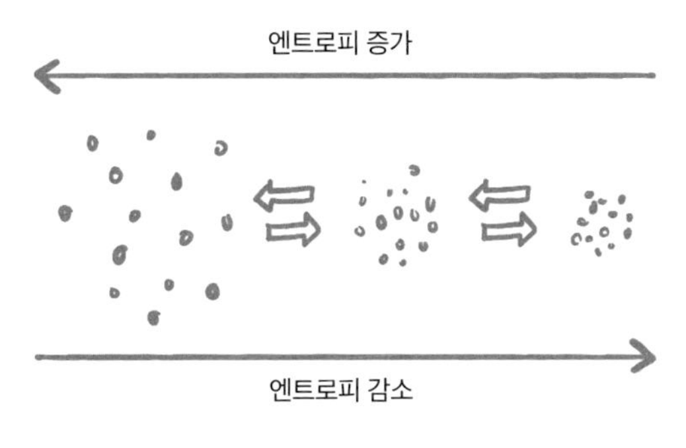

[그림 2] 엔트로피

가하는 현상입니다.

질서라는 말은 엄밀히 말하면 과학적인 용어가 아닙니다. 그래서 엔트로피라는 과학적 용어를 만든 것입니다. 엔트로피는 확률 개념입니다. 이 세상 모든 존재의 이유는 존재하는 것이 존재하지 않는 것보다 존재 확률이 높기 때문입니다. 세상은 존재 확률이 낮은 상태에서 존재 확률이 높은 상태로 진행할 수밖에 없습니다. 이것은 진화의 원리와 마찬가지입니다. 진화도 환경에 적합한(살아남을 확률이 높은) 생명체는 번창하고 그렇지 않은(살아남을 확률이 낮은) 생명체는 도태됩니다. 자연의 이치도 마찬가집니다. 존재 확률이 낮은 상태에서 높은 상태로 변하게 됩니다. 존재 확률이 높은 상태가 바로 엔트로피가 높은 상태입니다. 자연은 엔트로피가 낮은 상태에서 높은 상태로 진행됩니다.

여기 두 입자가 있고 방이 두 개 있다고 합시다. 두 입자가 어느 한쪽 방에 있을 확률과 각 방에 입자가 하나씩 있을 경우, 어느 경우의 확률이 더 높을까요? 간단한 계산을 해보면 한 방에 하나씩 있을 확률이 더 높습니다. 이번에는 입자 100개가 있다고 합시다. 모든 입자가 한 방에 같이 있을 확률과 두 방에 반반 나뉘어 있을 확률 중 어느 것이 더 확률이 높을까요? 계산을 해보지 않아도 당연히 골고루 있을 확률이 더 높을 겁니다.

이것은 단지 확률의 문제일 뿐입니다. 물리학에는 에너지 보존이라는 물리학 구조물의 대들보와도 같은 법칙이 있습니다. 우주의 삼라만상이 어지럽게 변하지만, 복잡한 변화 과정에서도 에너지만큼은 절대로 생기지도 않고 사라지지도 않는다는 것입니다. 모든 변화는 반드시 에너지가 보존되는 방향으로 진행됩니다. 따라서 그런 변화가 정말로 일어날 수 있는지 확인하는 방법은 그 과정에서 에너지가 보존되는지 보존되지 않는지 확인해보는 것입니다. 보존이 된다면 그런 변화가 가능하고, 보존되지 않는다면 그런 변화는 일어날 수 없다고 판단하면 됩니다.

물체가 높은 곳에서 낮은 곳으로 떨어지는 변화를 생각해봅시다. 물체가 떨어지면 위치에너지는 줄어들지만, 운동에너지는 위치에너지가 줄어든 만큼 증가합니다. 따라서 위치에너지와 운동에너지를 합한 총 에너지는 떨어지는 과정 전체에 걸쳐 같은 값을 유지합니다. 이것은 에너지가 보존되는 현상이므로 실제로 일어날 수 있는 현상입니다. 그리고 실제로 일어납니다. 반면, 물체가 높이 올라갈수록 빨라지는 변화는 일어날 수 없습니다. 왜냐하면 에너지가 보존되지 않기 때문입니다.

방 가운데에 칸막이가 있고 한쪽에는 산소, 다른 한쪽에는 질소를 넣어두었다고 합시다. 칸막이를 없애면 산소와 질소가 골고루 섞일 것입니다. 산소와 질소가 따로 있을 때보다 골고루 섞여 있을 때의 엔트로피가 더 높기 때문입니다. 하지만 두 상태의 에너지는 같습니다. 섞인다고 해서 분자들의 속력이 느려지거나 빨라지지는 않을 테니까요.

그렇다면 엔트로피가 높은 상태에서 낮은 상태로 변해도 에너지 보존 법칙*을 위반하지 않는다는 말이 아닌가요? 에너지 보존 법칙을 위반하지 않는데, 왜 그런 변화는 자연에서 일어나지 않는 건가요? 물리학자들은 이 문제를 고민했고, 그래서 열역학이라는 학문이 태어났습니다. 엔트로피의 법칙이라는 열역학 제2법칙이 바로 그것입니다.

모든 변화는 에너지가 보존되어야 하지만 에너지가 보존되는 경우라고 해도 엔트로피가 감소하는 방향으로의 변화는 일어나지 않습니다. 그런데 이 말이 아주 정확한 말은 아닙니다. 몇 개 안 되는 입자들을 가지고 실험한다면 확률이 낮은 경우도 실제로 일어날 수 있습니다. 예를 들면, 동전 10개를 던졌을 때, 동전 한 개만 앞면이 나올 확률(10/1024)은 낮기는 하지만 여러 번 해보면 나오기도 할 것입니다. 하지만 동전의 수가 100개가 되면 그중 한 개만 앞면이 나오기를 기대하기는 어렵습니다. 그 확률이 무려 $1/2^{100} \approx$ 0.0000000000000000000000000000001이 되기 때문입니다. 입자 수가 아보가드로 수(6×10^{23}) 정도면 일반적인 자연현상에서는 그런 일이 실

*에너지 보존 법칙
자연현상에서 일어나는 모든 변화는 변화 전과 후의 에너지 총합이 항상 일정하게 보존된다는 법칙.

제로 일어나는 것이 거의 불가능합니다. 하물며 어마어마하게 입자가 많은 우주 전체의 변화에 있어서야 말할 필요도 없을 것입니다.

그런데 자연현상에는 엔트로피가 감소하는 것처럼 보이는 현상도 있습니다. 수정 같은 결정체가 땅속에서 자라는 현상이나 생물이 점점 성장하는 현상은 무질서에서 질서가 만들어지는 과정으로 보입니다. 하지만 이 경우에도 성장하는 대상의 주변을 포함해서 따져보면 결국 엔트로피는 증가하게 됩니다. 한 곳의 엔트로피가 감소하기도 하지만 그 감소는 다른 곳에 더 많은 엔트로피 증가를 가져옵니다. 따라서 어떤 변화에서도 결국 우주의 총 엔트로피의 양은 증가하게 되어 있습니다. 이것이 열역학 이론의 결론입니다.

우주는 엔트로피가 이곳에서는 감소하고 저곳에서는 증가하는 등 전체적으로 매우 복잡한 모습을 보이지만 결국 우주의 총 엔트로피는 증가하는 방향으로 변해 갈 것입니다. 그 말은 오늘의 우주가 내일의 우주보다 더 질서가 있다는 말입니다. 그렇다면 어제의 우주는 오늘의 우주보다 더 질서가 있었다는 말이 됩니다. 이 질서를 시간을 거꾸로 돌려 계속 진행해보면 어떻게 될까요? 질서가 점점 높은 상태로 진행하게 될 겁니다. 우주의 시간을 과거로 돌리면 점점 질서 있는 상태로 끝없이 진행할 것입니다. 그렇다면 이 과정은 끝나는 지점이 없이 영원히 계속될까요? 그 끝에 완전한 질서가 존재하지 않는다면 당연히 질서가 높아지는 방향으로 계속 진행될 겁니다.

하지만 완전한 질서는 정말로 존재하지 않을까요? 만약 그런 상태가 존재한다면, 과거로 진행하는 시간은 결국 종착점에 도달하고 말 것입니다. 시간의 시작점 말입니다. 시간이 시작하는 점, 그런 점이 정말로 존재할까요?

확률 현상을 우주에 적용해봅시다. 열역학적으로 보면 우주의 팽창은 당연한 일인지도 모릅니다. 입자가 제한된 작은 공간에 모여 있는 것보다 넓은 공간에 퍼져 있는 것이 엔트로피가 더 높은 상태이기 때문입니다.

엔트로피라는 어려운 말을 동원하지 않더라도 이것은 당연한 일입니다. 학교 운동장에서 아이들이 놀고 있을 때를 상상해볼까요? 아이들이 운동장에 골고루 퍼져서 놀지 않고 한쪽 구석에만 모여 있는 것이 자연스러운 모습은 아닙니다. 선생님이 아이들을 한곳에 모아놓았다고 해도 선생님이 가고 나면 아이들은 운동장 여기저기로 퍼져나가는 것이 자연스러운 일일 것입니다.

우주의 모든 입자가 한곳에 모여 있는 것이 존재 확률, 즉 엔트로피가 높을까요? 아니면 모든 입자가 우주 공간에 골고루 퍼져 있는 것이 더 엔트로피가 높을까요? 당연히 모든 입자가 골고루 퍼져 있는 상태가 엔트로피가 높을 것입니다. 이것이 우주가 팽창하는 이유입니다.

어찌 되었건, 우주는 팽창해왔으며, 지금도 팽창하고 있고, 계속 팽창할 것입니다. 다른 말로 하면 우주의 엔트로피는 계속 증가할 것입니다.

이제 우주의 시간을 거꾸로 돌려봅시다. 우주는 점점 수축하고 우주의 엔트로피는 점점 감소하게 될 것입니다. 결국 우주의 모든 입자가 한곳에 모이는 순간이 오지 않겠습니까? 모든 입자가 한곳에 모인 상태는 우주의 엔트로피가 아주 낮을 것입니다. 그렇다면 모든 입자가 한 점에 모여 있는 것보다 엔트로피가 더 낮은 상태가 있을 수 있을까요? 그런 상태는 존재할 수 없습니다. 모든 입자가 한곳에 모이는 것보다 더 빽빽하게 모이는 방법은 논리적으로 존재할 수 없기 때문입니다.

이 순간이 바로 빅뱅의 순간입니다. 빅뱅의 순간이 바로 우주의 엔트로피가 가장 낮은 상태이고, 이것이 모든 것의 시작인 것입니다. 가장 질서가 높은 상태가 바로 빅뱅입니다.

그렇다면 우주의 엔트로피가 최대가 되는 상태도 있을까요? 당연히 있습니다. 우주의 모든 입자가 우주 공간에 골고루 흩어지는 상태가 바로 우주의 엔트로피가 가장 높은 상태일 것입니다. 아니, 하나의 입자조차도 공간에 흩어져야 할 것입니다. 여러분은 그런 상태의 우주가 상상이 가나요? 아마도 그런 우주에 '존재'라는 말은 적합하지 않을 것입니다. '의미'라는 말도 존재하지 않을 것입니다. 존재와 의미의 종말, 이것이 엔트로피가 최대가 되는 우주의 종말입니다.

암울한 예측이지만 열역학 법칙이 옳다면 이것이 우리가 내릴 수 있는 유일한 결론입니다. 우리가 감사해야 할 일은 내가 이 우주의 종말, 엔트로피가 최대일 때가 아니라 아직 엔트로피가 비교적 낮을 때에 태어났다는 사실입니다. 하지만 인간은 상상하는 존재이기 때문에 그 암울한 미래를 상상할 수밖에 없는 불행한 존재인지도 모르겠습니다.

최초의 원인

태초를 인과관계로 유추할 수도 있을 겁니다.

우주의 모든 현상에는 원인이 있습니다. 나라는 존재의 원인에는 아버지와 어머니가 있고, 아버지와 어머니라는 존재의 원인에는 할아버지 할머니가 있습니다. 이렇게 계속 원인을 찾아가면 결국에는 지구 생명이 시작되는 순간이 올 것입니다. 그렇다면 지구 생명은 어떻게 시작되었을까요?

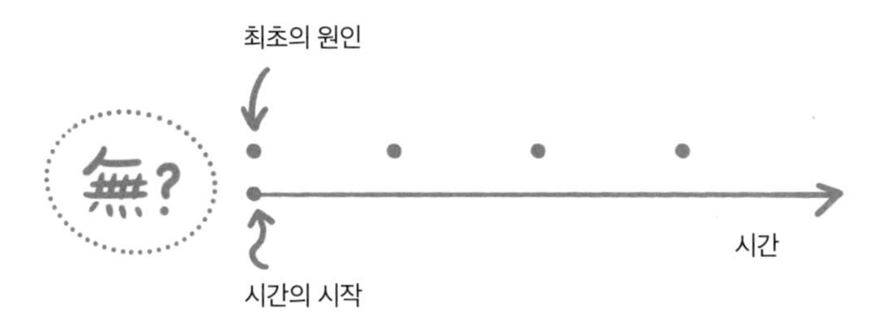

[그림 3] 최초의 원인과 시간의 시작

인간이 아직 그 원인을 찾아내지 못했지만, 생명의 원인이 물질임은 틀림없습니다. 그렇다면 물질이라는 존재의 원인은 무엇일까요?

원소들은 별에서 만들어졌고, 별은 수소와 헬륨의 기체가 모여서 만들어졌습니다. 이 수소와 헬륨도 결국은 빅뱅에서 왔을 것입니다. 이처럼 모든 존재의 원인에는 그보다 앞선 다른 원인이 존재합니다.

이것이 과학이라는 학문이 존재하는 이유인지도 모르겠습니다. 모든 것에 원인이 존재하기 때문에 사건의 원인을 밝히는 것이 가능하고, 원인이 결과를 낳기 때문에 현재를 기반으로 미래를 예측할 수 있는 것입니다. 원인을 찾는 것과 미래를 예측하는 것이 과학의 궁극적인 목표인지는 잘 모르겠으나 그것이 과학에서 매우 중요한 목표임은 틀림없습니다. 원인과 결과를 연관 지어 논리적인 체계를 만든 것이 이론입니다. 과학 이론이 존재하는 것도 모든 현상에 원인이 존재하기 때문입니다.

모든 것에 원인이 있다는 생각의 배경에는 '보존'이라는 과학의 가장 근본적인 원리가 숨어 있습니다. 질량 보존, 에너지 보존, 운동량 보존 등 물리학에 없어서는 안 되는 보존 법칙들이 가능한 것도 이 때문입니다. 무엇이 보존되기 때문에 원인을 찾는 것이 가능하고 미래를 예측하는 것이 가능한 겁니다. 그런데 이 원인의 원인은 끝없이 계속될까요? 아니면 원인의 종착역인 시작이 존재할까요?

자연은 아무 생각도 없고, 목적도 없이 그냥 존재하는 것인지도 모릅니다. 하지만 인간은 모든 현상에 원인이 있다고 믿습니다. 그렇게 생각하는 것이 그렇게 생각하지 않는 것보다 인간이 이 세상에 살아남는 데 더 유리했기 때문일 겁니다. 진화론적인 사유를 빌린다면 원인이 있다고 생각하는 사람과 없다고 생각하는 사람이 다 있었는데 원인이 있다고 생각하는 사람이 이 자연에서 살아남을 확률이 높았기 때문에 지금은 원인이 있다고 생각하는 사람만 있는지도 모릅니다.

이런 우스갯소리가 있습니다. 뉴턴의 사과 이야기는 유명하지요. 원래 이 세상에는 사과가 아래로 떨어지는 사과나무와 위로 올라가는 사과나무가 다 있었다고 합니다. 사과가 위로 올라가는 사과는 씨가 자랄 땅이 없어서 후손을 퍼트리지 못하고, 아래로 떨어진 사과는 땅에서 싹을 낼 수 있었다고 합니다. 결국 사과가 아래로 떨어지는 사과나무만 번성하게 되었다는 믿거나 말거나 한 이야기입니다.

마찬가지로 원인이 없다고 생각하는 사람은 원인이 있다고 생각하는 사람과의 경쟁에서 이길 수 없어서 도태된 것이 아닐까요?

어찌 되었건, 모든 현상에는 원인이 존재합니다. 알 수 없는 현상도 잘 연구해보면 원인을 찾을 수 있습니다. 아직 원인을 찾지 못했더라도 언젠가는 찾을 것이라는 믿음을 가지고 있습니다. 이런 인과관계의 연쇄는 끝없이 계속됩니다. 이런 믿음이 없다면 과학이라는 학문이 생기지도 못했을 겁니다.

그런데 원인이 없는 존재는 정말 없을까요? 불가능하다는 것도 증명하기 어렵지만 가능하다는 것도 증명하기 어려운 일입니다. 우주의 최초의 원인은 무엇일까요? 그것은 말할 것도 없이 빅뱅이라는 사건입니다. 빅뱅은 우주 최초의 원인일지도 모릅니다. 그런데 빅뱅의 원인은 무엇일까요?

결론적으로 말하면, '모른다'입니다. 어떻게 보면 우리가 알고 있는 빅뱅은 이 우주를 포함하는 더 큰 우주(이것을 무엇이라고 표현해야 할까요? 우주를 유니버스Universe라고 한다면 그 우주를 코스모스Cosmos라고 해야 할까요?)에서 우리의 빅뱅은 수많은 빅뱅 중 하나의 빅뱅에 지나지 않을지도 모릅니다. 그리고 수많은 빅뱅은 다시 수많은 우주를 만들어냈을 겁니다.

이렇게 보면 빅뱅은 진정한 시작이 아닙니다. 하지만 우리가 알 수 있는 한계가 빅뱅까지입니다. 빅뱅 이전을 알 수 없으니 우리의 능력으로는 빅뱅이 최초의 원인이고 이 우주의 시작이라고 할 수밖에 없을 겁니다.

빅뱅이라는 시작으로 우주가 생겨났고, 우주 속의 삼라만상이 생겨났습니다. 그래서 모든 원인을 찾아 올라가면 결국에는 빅뱅에 도달하게 될 것입니다. 물질의 기원도 찾아가면 빅뱅으로 이어질 것이고, 시간의 기원도, 공간의 기원도 그리고 생명의 기원도 그 원인을 찾아 올라가면 결국에는 빅뱅에 이르게 될 것입니다. 빅뱅은 완전한 질서이자 모든 것의 원인인 셈입니다. 그 이상은 모릅니다. 영원히 알 수 없을지도 모릅니다. 시간의 시작, 공간의 시작, 원인의 시작, 하지만 시간을 역으로 돌리면 빅뱅은 시간의 종말, 공간의 종말, 원인의 종말인 셈입니다.

다시 시간을 앞으로 돌리면, 공간은 팽창하고, 물질은 희석되고,

엔트로피는 증가할 것입니다. 그리고 이 과정은 영원히 계속될까요? 알 수 없는 일입니다. 지금의 우주론은 이 우주가 계속 팽창할 것인지, 팽창이 가속될 것인지, 감속되어 다시 빅뱅의 순간으로 돌아갈 것인지 알지 못합니다.

어떻게 되건 우주는 우리 인간이 이해하기에는 너무 크고, 너무 복잡하고, 너무 신비롭습니다. 아닙니다. 우주가 신비로운 것이 아니라 이 우주의 신비를 보고 놀라는 인간이 더 신비롭습니다. 인간이 없었다면 누가 우주의 아름다움을, 우주의 신비로움을 말할 수 있을까요? 인간이야말로 우주의 가장 큰 신비인지도 모를 일입니다.

Sweet exists
by convention,
bitter by convention,
color by convention;
atoms and void [alone]
exist in reality

단맛도 가짜, 쓴맛도 가짜, 색깔도 가짜,
존재하는 것은 원자와 진공뿐.

_데모크리토스

CHAPTER

존재

세상은 무엇으로 이루어져 있을까요? 물질로 이루어져 있습니다. 데모크리토스가 그랬지요. 세상은 원자와 진공뿐이라고. 데모크리토스가 말한 원자는 '쪼갤 수 없는 근원적인 물질'을 의미합니다. 과학자들은 자기들이 발견한 원자가 데모크리토스의 원자라고 생각했지만, 그것은 데모크리토스의 원자는 아니었습니다. 아직 인류의 과학은 데모크리토스를 넘지 못한 것 같습니다.

물질이 뛰어노는 운동장, 바로 시간과 공간입니다. 시간과 공간이라는 운동장에서 물질이 뛰어노는 세상이 바로 우주입니다. 그런데 시간은 무엇일까요? 그리고 공간은 또 무엇일까요? 물질은 형체라도 있지요. 시간과 공간은 형체도 없습니다. 물질, 시간 그리고 공간이 무엇인지, 이들이 어디서 와서 어디로 가는지 알지 못하면 우주를 알 수 없습니다.

하지만 그것이 다는 아닙니다. 물질이 모여서 생명이 되고, 생명이 생각을 만들어냈습니다. 생각이 문명을 만들어냈고요. 생명과 생각이 모두 물질에서 나온 것이지만 물질이 원래부터 가지고 있었던 속성은 아닙니다. 생명은 어디서 와서 어디로 가는 것일까요? 또 생각이란 무엇일까요? 그래서 $+\alpha$가 필요합니다. 우주를 설명하기 위해서는 물질과 더불어 +α가 있어야 합니다.

수만 년 지구에 머물러 있던 인간의 생각은 이제 막 저 우주로 달려가려 하고 있습니다. 그래도 우리는 아직 우주의 한 모퉁이도 제대로 보지 못했습니다. 우리가 만난 한 모퉁이조차 놀라움으로 가득 차 있습니다. 이제 그 놀라움과 만나는 여행을 떠나 봅시다.

시간

시간이란 무엇인가?

시간을 모르는 사람은 없지만 '시간이 무엇인가?'라고 물으면 답을 하기는 참 어렵습니다. 시간이란 무엇일까요? 시간이 나무나 돌, 원자나 분자와 같은 실체가 아닌 것은 당연합니다. 그렇다고 시간이 없는 걸까요?

시간의 속성 중에 가장 중요한 것은 바로 '흘러간다'는 것이 아닐까요? 흐르지 않는 시간은 시간이 아닙니다. 시간의 흐름은 무엇으로도 멈출 수 없습니다. 멈출 수 없을 뿐만 아니라 가속이나 감속도 불가능합니다.

원자폭탄이 터져도 시간은 미동도 없이 흘러갑니다. 흘러가다니, 무엇이 흘러간다는 말입니까? 시간이라고요? 그런데 시간은 허공처럼 잡힐 듯 잡히지 않습니다. 왜 그럴까요? 나는 시간이 존재하지 않기 때문이라고 생각합니다. 존재하지 않는다고요? 그렇습니다. 시간이 어디에 있습니까? 없습니다.

이렇게 생각해봅시다. 우리가 시간이 흘러간다는 사실을 지각하는 것은 사물의 변화가 있기 때문입니다. 밤과 낮이 바뀌고, 계절이 바뀌고, 나이를 먹는 등의 변화에서 시간의 흐름을 인지하는 것입니다. 만약 이런 변화가 없다면 시간의 흐름을 인지할 수 있을까요? 불가능할 것입니다.

시계가 고장 났다고 시간이 멈추는 것은 아니지요. 세상에 변화하는 것이 시곗바늘만 있는 것은 아니기 때문입니다. 창밖의 나무는 바람에 흔들리고 강물은 흘러갑니다. 세상에서 일어나는 사건은 엄청나게 많아서 어느 하나가 멈춘다고 해서 시간이 멈춰지는 것은 아닙니다.

아주 단순한 세상을 한번 생각해봅시다. 우주에 나 홀로 있다면 내 심장 박동이 시간이 간다는 유일한 증거겠지요? 이때 내 심장 박동이 느리게 가면 느리게 간다는 것을 인식할 수 있을까요? 물론 내 몸은 심장만 있는 게 아니라 다른 장기들도 있으므로 느끼는 것이 가능할지도 모릅니다. 하지만 우주에 오직 심장만이 유일한 존재라고 할 때, 심장이 느려지는 것을 알 수 있을까요? 불가능합니다. 세상에서 유일한 존재인 심장이 느려지면 그에 따라 시간도 느리게 가는 것입니다.

시간의 흐름이 일정하다는 것은 환상입니다. 우리가 인식하는 시간은 세상 만물의 변화를 평균한 것입니다. 어느 하나가 빨리 가거나 느리게 간다고 시간이 달라지지 않는 것은 우주에는 무수히 많은 물체가 무수히 많은 변화를 만들어내고 있기 때문입니다. 빨라지거나 느려지는 것은 우주의 작은 부분이고 우주의 총체적인 변화는 그것과 관계없이 일정합니다. 그래서 시간이 일정한 것처럼 보이는 것입니다.

시간을 멈출 수도 없고, 가속이나 감속도 불가능한 것은 정말 시간이 그래서가 아니라 우주가 광대하고 너무나 많은 사건이 복잡하게 일어나고 있기 때문입니다. 원자탄이 터져도 시간이 그대로 흘러가는 것은, 원자탄의 폭발 정도는 우주에서 일어나는 수많은 사건에 비하면 아무것도 아니기 때문입니다.

1995년 서울의 삼풍백화점 붕괴 사고에서 17일 만에 구조된 사람이 방송에서 "그렇게 여러 날이 지난 줄은 몰랐다."라고 고백하는 것을 들은 적이 있습니다. 칠흑 같은 암흑 속에서 간간이 들리는 소리밖에 없는 환경에서 시간의 흐름을 알기는 어려웠을 것입니다. 변화가 없으면 시간도 없습니다.

변화란 물질의 변화입니다. 물질이 없는 변화가 있을까요? 빅뱅으로 물질이 탄생했습니다. 빅뱅 이전에는 물질이 없었지요. 물질이 없었으니 '변화'도 없었을 겁니다. 변화가 없었는데 어떻게 시간이 있을 수 있었을까요?

빅뱅은 물질의 탄생이자 시간의 탄생이라고 할 수 있습니다. 시간이란 변화에 대한 인간의 관념입니다. 변화가 없었다면 시간이라는 관념도 생겨나지 않았을 겁니다.

시간이란 원자나 분자 같은 실체적인 존재가 아닙니다. 관념일 뿐입니다. 관념이기 때문에 존재하지 않는다고 할 수는 없을지 모르지만, 관념은 나와 무관하게 객관적으로 존재하는 게 아닙니다. 시간의 존재는 원자나 분자와 같은 존재와는 질적으로 다릅니다.

뉴턴은 절대적인 시간을 생각했지만 그런 시간은 존재하지 않습니다. 시간은 변화에 대한 관념이고, 변화를 기술하기 위한 가상적 개념일 뿐입니다. '시간이 존재하는가?'라는 질문에 답하기 위해서는 시간을 어떻게 정의하느냐에 달려 있습니다. 시간을 변화에 대한 관념이라고 하면 시간은 존재합니다. 하지만 시간을 실체적인 존재라고 한다면 그런 시간은 존재하지 않습니다.

시간은 변화에 대한 관념이고, 변화는 물질이 있어야 가능합니다. 물질이 탄생하기 전, 빅뱅 이전에는 물질이 없었고 변화도 없었습니다. 따라서 빅뱅 이전에는 시간도 없었다고 보는 겁니다. 빅뱅이 이 우주에서 유일한 사건이었다면 말입니다.

시간이 실체가 아니고 관념이기에 시간의 존재를 부정하는 것이 더욱 어려운 것인지도 모르겠습니다.

과거, 현재, 미래

과거는 지나갔으니 없고, 미래는 오지 않았으니 없고, 오직 현재만이 존재한다고도 합니다. 정말 그럴까요? 그렇다면 어디서부터 어디까지가 현재일까요? 작년은 분명 과거입니다. 어제도 과거입니다. 1시간 전은? 물론 과거입니다. 1초 전은? 그것도 과거입니다. 0.000001초 전은? 너무 짧지만 역시 과거입니다. 0.000001초 후는? 그것은 미래입니다. 그렇다면 현재는? 과거와 미래 사이에 있는 '현재'는 어디에 있는 걸까요? 시간으로 보면 현재의 시간 간격이란 0입니다. 없다는 말입니다.

논리적으로 보면 현재란 존재하지 않는 시간입니다. 그렇다고 과거는 존재하나요? 과거는 지나간 시간이니 사라진 것이어서 존재한다고 할 수 없습니다. 미래는 아직 생기지도 않았으니 더욱 존재한다고 할 수 없습니다. 과거나 미래는 물론 현재도 존재하지 않기는 마찬가지입니다. 얼마나 웃기는 얘기인가요? 과거, 미래, 현재가 모두 존재하지 않는다니! 우리가 보고 만지는, 이 짜릿짜릿하게 느껴지는 우주의 삼라만상이 시간과 함께 휘발되어버리는 이 황당함을 어떻게 할까요?

보이지 않는 시간이지만 시간의 흐름을 종이에 그려놓고 보면 시간은 흘러가는 것이 아니라 공간처럼 편재遍在하고 있습니다. 그래서 시간과 공간을 합쳐서 시공간이라는 말을 사용하기도 합니다. 시공간 좌표에서 시간은 시공간의 한 점이지 움직이는 것은 아닙니다. 이렇게 보면 과거, 현재, 미래가 그냥 '존재'하는 겁니다. 시간은 흘러가는 것이 아니라 고정되어 있고, 시간의 각 점에서 사건들이 일어나고 있을 뿐입니다. 아침에 밥을 먹었고, 점심에 친구 집에 있었고, 저녁에 침대에 있습니다. 4차원 시공간에서는 사건들이 있을 뿐이지 무엇이 흘러가는 것은 아닙니다. 시간을 4차원 시공간에 표시해놓고 보면 과거, 현재, 미래가 그냥 경치처럼 펼쳐져 있습니다. 시간의 풍경[이렇게 되면 landscape가 아니라 timescape(『시간의 미궁』, 한림출판사, 2016, 23쪽.)라고 해야 할까요?]이 펼쳐지는 셈입니다.

시간의 방향

흘러가는 것이 유일한 속성인 시간의 흐름은 방향이 있을까요? 흘러가니 당연히 흘러가는 방향이 있을 것입니다. 공간에서 물체의 이동 방향은 3차원적입니다. 하지만 시간은 1차원이므로 이동 방향도 1차원뿐입니다. 1차원이라고 해도 정방향과 역방향은 존재할 수 있습니다. 시간의 정방향이란 무엇일까요?

사건이 일어나는 순서가 시간의 방향입니다. 이 순서가 바뀔 수 있을까요? 고전역학적 관점에서 보면 사건의 순서가 바뀌는 것은 불가능합니다. 하지만 상대성 이론에서는 다릅니다. 서울과 부산에서 동시에 어떤 사건이 벌어졌다고 합시다. 이 말은 '사실'일까요? 고전적으로는 사실이지만 상대성 이론에서는 사실이 아닙니다. 상대론에서는 한 기준계에서 동시적인 사건일지라도 기준계가 달라지면 동시가 아닐 수도 있습니다. 땅에 가만히 서 있는 사람이 보았을 때 두 사건이 동시적이었다면, 서울에서 부산을 향해 달리는 기차에 있는 사람에게는 부산 사건이 서울 사건보다 먼저 일어난 것으로 보이고, 부산에서 서울로 달리는 기차에 있는 사람에게는 서울 사건이 먼저 일어난 것으로 보입니다.

그렇다면 두 사건은 동시적인 사건인가요, 아닌가요? 말할 수 없습니다. 땅에 서 있는 사람에게는 동시에 일어난 사건이지만 기차에 타고 있는 사람에게는 동시가 아닙니다. 그게 말이 되느냐고 생각하겠지만 이것은 어쩔 수 없습니다. 두 사건의 시간 순서가 바뀔 수 있습니다. 그렇다면 관찰자에 따라서 시간의 방향이 달라질 수 있다는 말입니까? 그것은 아닙니다. 한 기준계에서 모든 사건의 순서는 정해져 있고 절대로 바뀔 수 없습니다. 기준계가 달라지면 그 기준계에서 사건들의 순서가 정해집니다. 같은 사건들이라도 기준계에 따라서 사건의 순서가 달라지기는 하지만 한 기준계에서 사건의 순서는 변하지 않습니다.

하지만 어떤 경우에도 인과관계에 있는 두 사건의 시간 순서는 어떤 기준계에서 보아도 바뀌지 않습니다. 서울과 부산에서 일어난 별개의 살인 사건의 순서는 기준계에 따라 달라질 수 있지만, 인과관계에 있는 두 사건(예컨대 총을 발사한 사건과 총에 맞은 사건)의 순서는 기준계가 달라진다고 해도 바뀌지 않습니다. 상대론에서 동시성이 무너진다고 해도 이 세상이 무너지는 것은 아닙니다.

어떤 사건에서도 원인은 결과보다 시간상으로 앞이어야 합니다. 이것이 시간의 방향에 대한 정의라고 해도 좋습니다. 그런데 물리법칙은 모두 시간 대칭입니다. 물리법칙에는 대부분 시간이라는 변수가 등장합니다. 뉴턴의 운동 법칙, $F=ma$라는 식에서 가속도 a는 거리를 시간에 대해서 두 번 미분한 값입니다. 따라서 시간이 들어 있습니다. 이 시간에 음수를 붙여도 물리법칙은 그대로 성립합니다.

물체를 던져 올렸다가 떨어지는 장면을 촬영해서 그것을 거꾸로 돌려도 그 장면을 보고 필름을 거꾸로 돌렸다는 사실을 알아차릴 수는 없습니다. 떨어지는 쪽으로 올라갔다가 올라가는 쪽으로 떨

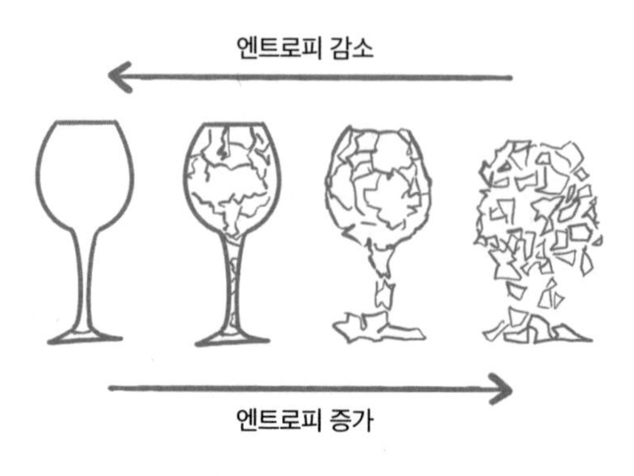

[그림 4] **엔트로피의 비가역성**

어지는 것으로 보이겠지만 보는 사람은 아무것도 이상한 점을 찾을 수는 없기 때문입니다.

하지만 유리잔이 떨어져서 깨어지는 장면을 찍어서 거꾸로 돌리면 너무 이상하게 보일 겁니다. 깨어진 유리 조각들이 모여서 멀쩡한 유리잔이 되는 것이니까 말입니다. 그런 일은 왜 일어나면 안 될까요? 유리 조각이 모여서 유리잔이 되는 과정에서 물리법칙을 위반하는 것은 없습니다. 뉴턴의 운동 법칙*, 운동량 보존 법칙, 에너지 보전 법칙 모두 아무 문제 없습니다. 하지만 그런 일은 자연에서 일어나지 않습니다.

앞에서도 설명했지만, 이런 현상을 설명하는 이론이 바로 엔트로피 법칙입니다. 자연에서 엔트로피는 변화의 방향이 정해져 있습니다. 자연현상은 반드시 엔트로피가 낮은 상태에서 높은 상태로 변합니다. 멀쩡한 유리잔과 깨어져 흩어져 있는 유리잔이라는 두 상태에서 깨어진 상태의 엔트로피

*뉴턴의 운동 법칙
힘이 작용하는 물체가 어떤 운동을 하는지를 기술하는 자연법칙이며, 고전역학의 바탕을 이룸.

가 멀쩡한 유리잔의 엔트로피보다 높기 때문입니다.

자연에서 시간의 방향을 정해주는 것은 바로 엔트로피입니다. 엔트로피 법칙이 성립하지 않는 것은 운동량이나 에너지 보존 법칙이 성립하지 않는 것보다 더 이상한 일입니다. 그래서 시간이 역행하는 것은 받아들이기 어렵습니다.

하지만 시간이 역행하는 것처럼 생각하면 현상을 쉽게 이해할 수 있기도 합니다. 파인만 다이어그램Feynman diagram*이라고 하는 다음 그래프를 봅시다(그림 5). 왼쪽 그림은 전자가 빛을 내고 그 반동으로 튕겨나가는 현상입니다. 오른쪽 그림은 전자와 양전자가 서로 접근해 빛을 내고 사라지는 현상입니다. 두 그래프는 같은 현상을 다르게 해석한 것입니다. 어느 것이 진짜 현실일까요? 만약 시간이 거꾸로 갈 수 있다면 두 현상 모두 진짜라고 할 수 있습니다. 반면, 시간이 거꾸로 갈 수 없다면 오른쪽은 불가능할 것입니다[양전자가 시간이 줄어드는(역행하는) 방향이기 때문]. 수학적으로 자연을 기술하

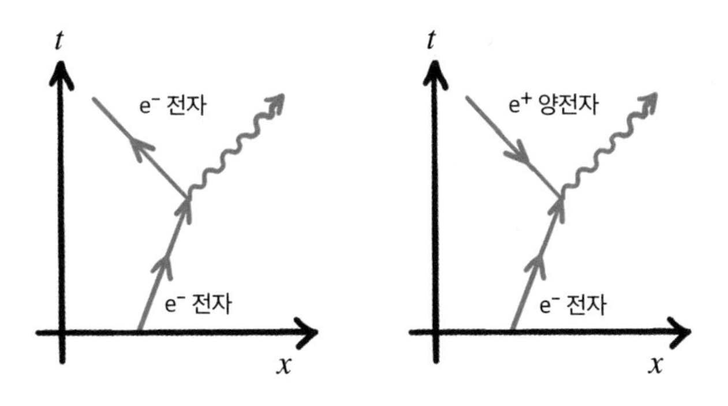

[그림 5] 파인만 다이어그램

는 방법으로 이 둘은 모두 동등한 가치가 있습니다. '양전자란 시간을 역행하는 전자다'라고 해도 수학적으로는 문제가 없습니다. 그렇다고 해서 이것이 정말로 시간이 거꾸로 간다는 것을 의미하는 것은 아닙니다.

만약 시간의 역행이 가능하다면 아주 이상한 일도 벌어질 겁니다. 다음 그래프를 보십시오. 전자 하나가 시공간 좌표에서 이동하는 모습입니다. A, B, C, D는 모두 전자의 현재 위치를 표시하는 점입니다. 전자가 네 곳에 있습니다. 그런데 이 그래프는 한 전자의 운동을 나타내고 있습니다. 전자는 한 개뿐이지요. 그런데 어떻게 네 곳에 존재할 수 있을까요? 이 그래프에서 문제가 되는 것은 전자가 과거로 갔다가 미래로 갔다가 시간을 마구잡이로 사용하고 있다는 겁니다. 만약 시간을 역행할 수 있다면 같은 물체가 동시에 여기도 나타나고 저기에도 나타날 수 있게 됩니다. 이런 일이 실제로 일어난다면 정말 놀라운 일이 아닐까요. 1인 2역은 말할 것도 없고, 일인다역이 식은 죽 먹기일 테니까 말입니다.

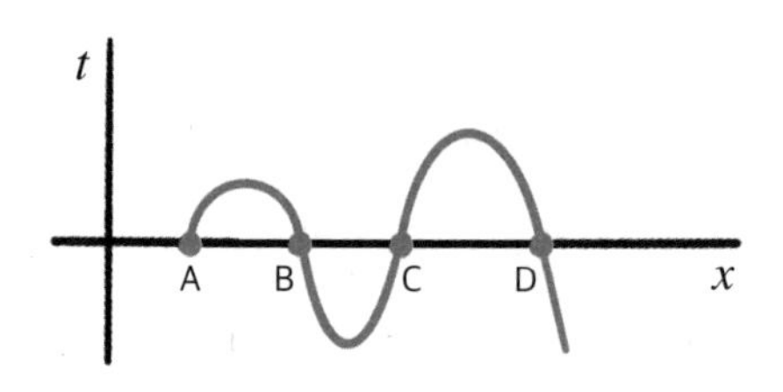

[그림 6] 시간을 역행하는 전자

***파인만 다이어그램**
리처드 파인만(Richard Feynman)이 입자 사이의 복잡한 상호작용을 직관적으로 표현하기 위해 도입한 도형.

시간을 역행할 수 있다면 정말 이상한 일이

엄청나게 일어날 겁니다. 가장 큰 모순은 과거로 돌아가서 이미 일어난 사건을 못 일어나게 하거나 바꾸어버릴 수 있다는 것이지요. 그런 세상이라면 존재 자체가 무의미해지지 않을까요? 저는 시간의 역행을 믿지 않습니다. 시간 역행이 가능하다는 이론은 결국 그 이론의 허점이 밝혀지리라 생각합니다. 여러분은 어떻게 생각합니까?

시간의 감각질

시간이란 존재하는 실체가 아닌데도, 빛이나 소리처럼 우리는 시간을 느낄 수 있습니다. 그러나 의식이 있는 존재라고 모두 시간을 느낄 수 있는 것은 아닐 겁니다. 짐승도 시간을 느낄까요? 저는 그렇다고 생각합니다. 짐승도 시간을 느끼기는 하지만 시간이라는 개념이 있는지는 모르겠습니다.

'생체시계'라는 말이 있습니다. 인간이나 동물뿐만 아니라 식물에도 생체시계가 있다고 합니다. 생체가 밤과 낮을 기억하고, 계절을 기억한다고 합니다. 만약 이런 생체시계가 없어서 봄에 싹이 나야 할 씨앗이 가을에 싹이 나게 된다면 추운 겨울에 얼어 죽어 버리지 않겠어요? 오랜 진화 과정에서 이런 생체시계를 가진 생물은 살아남았고 그렇지 않은 생명체는 사라졌을 겁니다. 생체시계는 진화의 당연한 산물입니다.

생체시계와 시간에 대한 인식은 다른 문제입니다. 시간의 감각질(이에 관해서는 이 책의 제3장에서 더 자세히 다루게 됩니다.), 다시 말하면 시간에 대한 날느낌이 있을까요? 분명히 인간은 시간의 날느낌이 있습니다. 주방에서 요리하던 주부가 음식을 불에 올려놓고 다른 일을 하다가도 깜짝 놀라며 주방으로 달려갑니다. 왜 그럴까요? 시간이 많이 흘렀다는 것을 직감적으로 느끼기 때문입니다.

시간의 날느낌이 존재한다는 것은 이를 관장하는 뇌의 영역이 있다는 것이 아닐까요? 아직 이를 관장하는 뇌의 영역을 정확히 파악하지는 못했다고 하지만, 소리의 리듬을 담당하는 부위와 관련되어 있을 것으로 봅니다. 뇌의 연구가 더 진행되면, 시간의 인식을 강화하거나 약화하는 약물을 개발하는 것이 가능하게 될지도 모릅니다. 명상의 어떤 단계에 접어들면 시간이 사라지는 경험도 가능하다고 합니다. 무아지경은 바로 이 시간이 사라지는 것과 관련이 있지 않을까요? 시간이 사라지면 죽음의 공포도 사라질 수 있을 겁니다.

시간은 비록 관념의 산물이지만, 우주의 삼라만상과 인생의 구석구석에서 그 존재를 유감없이 발휘하고 있습니다. 시간을 이길 자 그 누구도 없습니다. 시간을 멈추게 할 자도 없습니다. 원자탄이 터지는 한가운데서도 시간은 아무런 흔들림 없이 흘러갑니다.

사람도 시간을 이기지 못하고 결국은 죽음을 맞이합니다. 아무리 큰 바위도 결국 마모되어 없어지고 맙니다. 이 거대한 우주조차도 결국 시간 앞에 무릎을 꿇고 말 것입니다. 시간이라는 폭군은 졸지도 않고 죽지도 않고 모든 것에 탄생과 죽음을 안겨줍니다.

공간

공간이란 무엇인가?

공간, 아무것도 없는 허공. 물체들의 틈 사이에는 빠짐없이 공간이 존재합니다. 아니, 물체 자체도 공간을 어찌하지 못합니다. 물체가 있건 없건 공간은 항상 그 자리에 있습니다. 시간과는 달리 공간은 흐르지도 않고 그냥 그 자리에 존재합니다. 누구도 시간을 멈출 수 없듯이 공간을 쫓아낼 수도 없습니다. 말장난 같지만, 공간이 없는 공간은 없습니다. 이것이 사람들의 머릿속에 있는 공간에 관한 생각이 아닐까요?

도대체 공간이란 무엇일까요?

너무나 친숙하고 너무나 당연한 시간도, 시간이 무엇인가를 묻는 순간 시간은 오리무중으로 빠져버리듯이 공간도 그 존재가 너무나 당연한 것 같지만 공간이 무엇인가를 묻는 순간 너무나 어려운 문제로 전락하고 맙니다.

공간이라는 말은 아마도 허공처럼 아무것도 없는 곳이라는 의미였을 것입니다. 무, 진공, 영과 같이 공간이란 개념은 철학적으로도, 수학적으로도 그리고 과학적으로도 어려운 개념입니다.

공간이 물리학에서 말하는 진공을 의미하는 것은 아닙니다. 진공이라고 해서 공간이 없는 것은 아닙니다. 이 방이라는 공간은 공기로 채워졌건 공기가 없는 진공이건 간에 공간입니다. 공간은 줄이거나 늘리거나 없애는 것이 불가능합니다.

지금까지 공간을 말하면서도 정작 공간이 무엇인가에 대해서는 한 마디도 하지 않았습니다. 왜 그랬을까요? 결론부터 말하자면, 공간은 시간과 마찬가지로 실체적으로 존재하는 것이 아니기 때문입니다. 시간이 관념이듯이 공간도 관념입니다. 인간에게 사물의 변화로부터 시간이라는 관념이 생긴 것과 마찬가지로, 공간도 사물의 배치 관계로부터 생긴 인간의 관념입니다.

공간이 사물의 배치 관계에 의해 만들어진 관념이라면, 그 '사물'이 없다면 공간이 존재할까요? 앞에서 우리는 물체가 있건 없건 공간은 존재한다고 했습니다. 하지만 공간이 사물의 배치 관계에 의해 만들어진 관념이라면 사물이 없는데 공간이라는 관념이 어떻게 생겨날 수 있을까요? 사물이 없으면 공간도 없습니다.

여기 방이라는 공간을 생각해봅시다. 방이라는 공간은 벽이라는 물체에 둘러싸여 있는 공간입니다. 만약 벽이 없다면 방이라는 공간은 존재할까요? 물론 방은 없어집니다. 하지만 방이 있던 '공간'도 없어질까요? 벽이 없어지면 방이 없어지는 것은 사실이지만 방이 있던 공간도 없어지는 것은 아니라는 게 일반적인 상식일 것입니다. 하지만 공간은 물질의 존재와는 무관하게 당연하게 존재한다는 이 상식이 옳다는 것을 어떻게 증명할 수 있을까요?

벽이 없어져도 그곳에 공간이 존재한다는 생각이 의미가 있는 것은, 벽이 없어져도 그 주위의 모든 물체가 사라지지 않고 그대로 있기 때문입니다. 벽이 없어도 벽이 있던 위치를 가늠할 수 있는 많은 가시적 대상들이 있다는 거지요. 벽이 있던 근처에 다른 집이 있을 수도 있고, 큰 나무가 있을 수도 있습니다. 집이나 나무와 같은 지형지물이 벽이 있던 자리를 가늠하게 해줍니다. 이렇게 벽이 없어도 방이 있던 공간을 생각할 수 있는 것은 벽 대신에 다른 지형지물이 있기 때문입니다. 이런 지형지물이 전혀 없다면 벽이 있던 방의 공간을 가늠할 방법이 있을까요? 방이라는 공간을 가늠할 수 없는데 그 공간은 존재한다고 할 수 있을까요?

뉴턴을 비롯한 많은 사람은 당연히 방이라는 공간은 존재하고 그 공간은 물체의 존재와는 무관하게 존재한다고 믿었습니다. 그들에게 공간은 시간과 마찬가지로 절대적인 존재였습니다. 하지만 아인슈타인은 이러한 시간과 공간에 관한 생각에 의문을 제기했고, 그 의문을 바탕으로 상대성 이론*을 만들어냈습니다. 물론 이 글을 읽는 독자들 대부분은 시공간의 절대성을 버리기 어려울 것입니다. 하지만 상대론이 나오면서 시공간의 절대성은 실험

***상대성 이론**
아인슈타인이 절대공간과 절대시간을 부정함으로써 새롭게 만들어낸 이론 체계.

적으로도 사실이 아님이 증명되었습니다.

공간이 절대적인 것이 아니고, 물체의 배치 관계에 의해 생긴 관념이라는 것을 인정한다면, 빅뱅은 물질이 창조되는 사건일 뿐만 아니라, 시간과 더불어 공간이 창조되는 사건이라고 할 수 있습니다. 빅뱅으로 물질, 시간, 공간이 창조되었다면, 당연한 논리로 빅뱅 이전에는 물질도, 시간도, 공간도 없었다고 해야 할 것입니다. 빅뱅 이전은 정말로 무無인 상태였습니다! 빅뱅은 말 그대로 처음, 그것도 그냥 처음이 아니라 모든 것의 처음인 태초인 것입니다.

물론 이에 대해서는 동의하지 않는 사람도 많을 것입니다. 빅뱅 이전? 어떻게 그것이 존재하지 않는다고 할 수 있을까요? 우리의 마음은 빅뱅에서 멈추지 못하고 그 이전으로 막 달려가고 있는데 말입니다. 알 수 없는 일입니다. 지금의 우주만 생각한다면 빅뱅은 분명 태초이지만, 이 세상에 우리가 보는 우주가 전부일까요?

차원 만들기

우리는 3차원이라는 공간에 살고 있습니다. 하지만 공간이 3차원만 있는 것은 아닙니다. 수학적으로는 0차원에서 무한차원까지 가능합니다. 차원이란 무엇일까요?

차원을 정의하는 방법은 다양하지만, 간단히 말하면 그 공간에서 위치를 표시하는 데 필요한 정보의 수라고 할 수 있습니다. 지구 표면의 한 점을 표시하기 위해서 정보가 몇 개나 필요할까요? 두 개면 됩니다. 위도와 경도가 그것입니다. 서울의 위도는 37도, 경도는 126도입니다. 미국 뉴욕의 위도는 40도, 경도는 -74도입니다. 이렇게 지구 표면의 모든 위치는 두 개의 숫자로 나타낼 수 있습니다. 그래서 지구의 표면을 2차원이라고 하는 것입니다.

이제 차원을 만드는 방법을 알아봅시다.

점은 0차원입니다. 0차원에는 아무것도 존재하지 않습니다. 위치조차도 존재하지 않습니다. 이제 점을 이동시켜 봅시다. 점이 이동하면서 지나간 길(궤적)은 선이 될 것입니다. 0차원이 이동하면서 만든 궤적인 선이 바로 1차원입니다. 똑바로 이동하면 직선이 되고, 구불구불하게 이동하면 곡선이 됩니다. 그래서 곡선은 휘어진 1차원 공간이라고 합니다. 1차원 공간에 있는 어떤 점의 위치를 표시하기 위해서는 숫자 하나면 됩니다. 서울과 부산을 잇는 경부고속도로의 어떤 위치를 표시하기 위해서는 서울을 중심으로 한 거리만 표시하면 됩니다. 청주는 150킬로미터, 대구는 300킬로미터 이렇게 말입니다.

1차원인 직선이 이동하면 어떻게 될까요? 이때 생각해야 할 것은 어느 방향으로 이동하느냐 하는 것입니다. 가로 방향으로 있는 직

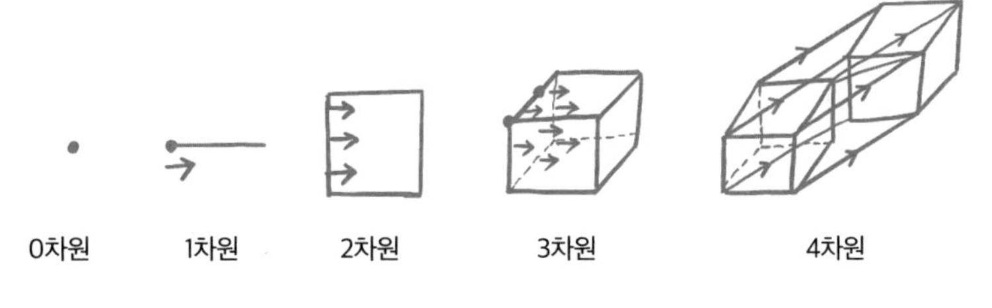

[그림 7] 차원 만들기

선이라면 가로에 수직인 세로 방향으로 이동해야 합니다. 그렇게 이동하면 지나간 자리가 면이 됩니다. 면은 1차원이 이동했을 때 지나간 자리이므로 2차원이라고 합니다. 2차원의 위치를 표시하기 위해서는 숫자 두 개가 필요합니다. 가로 얼마, 세로 얼마, 이렇게 말입니다. 직선이 똑바로 이동하면 평면이 되고 구불구불하게 이동하면 곡면이 됩니다. 아, 여기서 '구불구불하게'라는 말을 조심해야 합니다. 가로로 있는 직선을 세로로 이동하면서 가로나 세로 방향으로 구불구불하게 이동해 보아야 평면이 되지 곡면이 되지 않습니다. 실제로 연필을 하나 들고 움직여 보세요. 여기서 구불구불하게라는 말은 '높이' 방향으로 구불구불하게 이동한다는 말입니다. 이렇게 이동할 때 생기는 곡면은 휘어진 2차원 공간입니다. 지구의 표면도 휘어진 2차원 공간입니다. 2차원은 3차원의 표면이기도 합니다.

2차원 평면이 이동하면 어떻게 될까요? 가로와 세로로 되어 있는 평면이라면 높이 방향으로 이동해야 합니다. 그렇게 이동해서 만들어진 것은 육면체입니다. 이것은 2차원이 이동해서 만든 공간이므로 3차원이라고 합니다. 3차원 공간에 있는 위치를 나타내기 위해서는 숫자 3개가 필요합니다. 가로 얼마, 세로 얼마, 높이 얼마, 이렇게 말입니다. 가로와 세로로 된 평면이 높이 방향으로 이동하되, 구불구불하게 이동하면 휘어진 3차원 공간이 됩니다. 여기서도 구불구불하는 방향이 가로 방향이거나, 세로 방향이거나, 높이 방향이면 아무 의미가 없고, 가로, 세로, 높이에 모두 수직인 방향으로 구불구불해야 합니다.(가로, 세로, 높이에 모두 수직인 방향에 대해서는 곧 설명하게 됩니다.)

다음으로 4차원을 만들어봅시다. 4차원도 3차원이 이동하면 만들어집니다. 그런데 3차원 입방체가 이동한다면 어느 방향으로 이동해야 4차원이 될까요? 2차원인 평면이 이동할 때는 그 평면에 수직인 방향으로 이동해야 그 지나간 자리가 3차원이 됩니다. 만약 가로와 세로인 평면이 가로나 세로 방향으로 이동하면 그 지나간 자리는 그냥 평면일 뿐입니다. 3차원 공간이 만들어지지 않습니다. 마찬가지로 3차원 입방체는 가로, 세로, 높이가 있습니다. 이 입방체가 가로나 세로나 높이 방향으로 이동한다고 해서 4차원 입방체가 만들어지지는 않습니다. 가로와 세로로 된 평면이 그 면에 수직인 높이 방향으로 이동해야 3차원이 만들어지듯이 4차원이 만들어지기 위해서는 가로도 아니고, 세로도 아니고, 높이도 아니고, 가로, 세로, 높이에 다 수직인 방향으로 이동해야 합니다.

높이는 가로에도 수직이고 세로에도 수직입니다. 그래서 가로와 세로로 되어 있는 평면이 높이 방향으로 이동할 수 있습니다. 그렇게 이동해서 만들어진 공간이 가로, 세로, 높이가 있는 3차원 공간입니다. 마찬가지로 4차원 공간을 만들기 위해서는 가로에도 수직, 세로에도 수직, 높이에도 수직인 방향으로 이동해야 4차원 공간이 만들어집니다.

그게 어떻게 가능할까요? 불가능합니다. 우리가 3차원 공간에 살고 있기 때문입니다. 3차원 공간에서 가로, 세로, 높이에 모두 수직인 축은 존재하지 않습니다. 하지만 그것은 우리가 3차원 공간에 살고 있기 때문이고, 만약 4차원 공간이 있다면 그 공간에는 가로에도 수직, 세로에도 수직, 높이에도 수직인 방향이 존재할 것입니다. 이해가 안 되지요? 당연합니다. 이해가 된다면 그게 더 이상합니다. 여러분의 머리가 나빠서가 아닙니다. 여러분을 포함한 모든 인간의 두뇌는 3차원까지만 인식할 수 있도록 설계되어 있기 때문입니다. 4차원 방향을 볼 수 있는 인간이 있다면 그것은 인간이 아닙니다. 그러니 당연히 우리는 4차원을 만들 수도 없고, 머리에 그려볼 수도 없습니다.

우리의 두뇌가 전능한 물건은 아니지 않습니까? 우리의 두뇌가 4차원을 그려볼 수 없다고 해서 4차원 공간이 존재해서 안 될 것은 없습니다. 수학적으로는 4차원이 아니라 무한차원도 가능합니다.

가로, 세로, 높이와 더불어 4차원 축을 무엇이라고 할까요? 그 축에 대한 이름이 없습니다. 그런데 필요하면 짓는 게 이름 아닙니까? 제가 여기서 바로 이름을 지어보겠습니다. '덮이'라고 말입니다. 3차원에 가로, 세로, 높이가 있다면 4차원에는 가로, 세로, 높이, 덮이가 있습니다.

차원 만들기에서 3차원이 이동해서 4차원을 만들기 위해서는 바로 덮이 방향으로 이동해야 합니다. 입방체가 덮이 방향으로 이동하면 그 지나간 자리가 어떤 모습일까요? 그것을 종이에 그릴 수는 없습니다. 종이는 2차원이기 때문입니다. 그 모양을 만들 수도 없습니다. 우리가 사는 공간은 3차원이기 때문입니다. 3차원에 4차원을 만들 수는 없습니다. 그것을 머리에 그려볼 수도 없습니다. 우리의 뇌는 3차원만 인식하게 되어 있기 때문입니다. 그림 7에 4차원이라고 그려놓았지만, 그것은 실제의 4차원 입방체가 아닙니다. 4차원을 종이에 그리는 것이 불가능해서 말도 안 되는 그림을 그려본 것입니다.

3차원을 덮이 방향으로 이동할 때 똑바로 이동하지 않고 이리저리 방향을 바꾸면서 이동하면 그 만들어진 궤적은 무엇이 될까요? 당연히 4차원이지만 이번에는 휘어진 4차원이 되는 겁니다. 하지만 이때에서 가로, 세로, 높이, 그리고 덮이 방향이 아닌 이 네 차원에 모두 수직인 차원(이 다섯 번째 차원의 이름을 '떺이'라고 할까요?)에서 보았을 때 구불구불하게 이동해야 합니다. 2차원이 3차원의 표면이듯이 3차원은 4차원의 표면입니다. 4차원 물체를 칼(3차원 칼)로 자르면 그 표면이 3차원이 됩니다. 그래서 3차원을 4차원 공간의 표면이라고 하는 거지요.

4차원은 참 난감하지만, 수학을 사용하면 아무런 문제도 없습니다. 수학에서는 가로, 세로, 높이를 나타내기 위해서 x, y, z라는 기호를 사용합니다. 4차원의 가로, 세로, 높이, 덮이를 x, y, z, w라고 나타낼 수 있습니다. 1차원 공간의 크기인 길이는 x로 나타내고 2차원 공간의 크기인 넓이는 xy로 나타내고, 3차원 공간의 크기인 부피는 xyz로 나타냅니다. 그러면 4차원 공간의 부피는 어떻게 나타내면 될까요? 여러분이 수학을 모른다고 해도 4차원 입방체의 부피는 $xyzw$가 되는 것은 쉽게 짐작할 수 있지 않겠어요? 그리고 그것이 맞습니다. 이렇게 하면 4차원이 아니라 5차원, 6차원, 무한차원까지 수학적으로 다 표현할 수 있고 그 부피도 쉽게 구할 수 있습니다.

플랫랜드

영국의 신학자이자 언어학자인 에드윈 애벗Edwin A. Abbott, 1838-1926은 그의 소설 『플랫랜드』에서 2차원 세계의 사회상을 그린 바 있습니다. 2차원 플랫랜드 인간이 3차원 세계를 보고 놀라워하는 장면이 있습니다. 소설이지만 차원의 문제를 매우 정확하게 잘 묘사한 소설입니다.

2차원은 '높이'가 없는 세상입니다. 감옥을 지을 때 지붕을 만들 필요가 없습니다. 높이가 존재하지 않기 때문입니다. 네모난 선만 그으면 감옥이 됩니다. 하지만 그 감옥을 3차원 인간이 보면 감옥도 아니겠지요. 위가 열려 있는 감옥이기 때문입니다. 2차원에 가두어 두어도 높이 차원으로 얼마든지 탈출할 수 있습니다.

3차원 공이 2차원을 지나간다고 생각해봅시다. 2차원에 있는 인간이 보면 아무것도 없던 곳에 점이 나타나고 점은 원이 되고 원이 점점 커지다가 다시 작은 원이 되었다가 마침내 다시 점이 되었다가 사라집니다. 만약 여러분 앞에 작은 공이 갑자기 나타나서 점점 커지다가 다시 작아져서 마침내 사라진다면 어떻겠습니까? 기절초풍할 일이지요.

3차원에서 2차원을 보고 있는 사람은 2차원 감옥에 있는 사람을 그냥 감옥 밖으로 옮길 수 있습니다. 높이 방향으로 들어서 나오게 할 수 있지요. 이 장면을 2차원 인간이 본다면 어떻게 보일까요? 감옥에 있던 사람이 어느 순간 사라졌다가 잠시 뒤에 감옥 밖에서 '뿅' 하고 나타났으니 말입니다. 2차원 인간은 이런 현상을 보고 너무 놀라워하겠지요? 하지만 3차원 인간이 보면 아무것도 놀라운 일이 아닐 겁니다. 너무나 당연한 현상이 아니겠어요?

여러분은 이러한 2차원 인간을 보면 한심하다고 생각하겠지요? 혹시 4차원 인간이 있다면 그들은 우리 3차원 인간을 보며 그렇게 생각하지 않을까요? 3차원 감옥은 바닥, 벽 그리고 천장이 있는 공간입니다. 가로로도 막혀 있고, 세로로도 막혀 있고, 높이로도 막혀 있습니다. 탈출이란 불가능합니다. 하지만 4차원 인간이 이 감옥을 보면 어떻게 생각할까요? 감옥도 아니겠지요. '덮이' 방향이 열려 있기 때문입니다.

4차원 인간이 우리 세상에 오면 그는 정말로 신과 같은 존재가 될 겁니다. 사방이 두꺼운 벽으로 막혀 있는 방 속을 들여다볼 수도 있고, 금고를 열지 않고도 금고 속에 있는 것을 꺼낼 수도 있고, 살을 찢지 않고도 수술을 할 수 있을 테니까요. 신이 아니고 어떻게 그럴 수가 있겠습니까?

다행히도 이 세상은 4차원이 아니고 3차원입니다. 흉악범이 감옥에서 탈출하는 것은 불가능합니다. 그러니 안심해도 됩니다. 덮이 차원은 존재하지 않습니다. 하지만 그런 차원이 있다고 해도 우리 인간은 3차원만 인식하는 존재이니 알 수 없겠지요. 소립자 세계를 관찰하면 없던 입자가 갑자기 생겨나고 있던 입자가 갑자기 사라지는 현상도 일어납니다. 그렇다면 정말 실제 이 우주가 4차원 세계는 아닐까. 이런 생각이 들지는 않습니까?

알 수는 없지만 그런 징조를 아직 찾지 못했습니다. 다른 차원이 있다고 해도 그 차원이 쉽게 이 세상에 모습을 드러내지는 않을 겁니다. 그런데 입자물리학의 끈 이론string theory*에서는 이 세상이 10차원으로 되어 있다고 주장합니다. 그래도 안심하세요. 3차원을 제외한 그 여분의 차원은 아주 작은 미시세계에 구겨져 들어가 있어서 우리가 일상생활을 하는 데에는 아무런 영향이 없습니다. 여러분이 소립자가 된다면 아마도 그 10차원을 경험하게 될지도 모릅니다. 끈 이론이 정말로 옳다면 말입니다.

휘어진 공간

앞의 '차원 만들기'에서 휘어진 공간을 만드는 방법도 알아보았습니다. 휘어진 1차원은 곡선이고, 휘어진 2차원은 곡면입니다. 그렇다면 휘어진 3차원은 무엇일까요? 곡선이 구불구불하다는 것은 2차원에서 나타나는 현상입니다. 다시 말하면 휘어진 1차원은 2차원이 있어야 볼 수 있습니다. 휘어진 2차원인 곡면은 3차원이 있어야 볼 수 있습니다. 우리가 사는 세상은 3차원이기 때문에 휘어진 1차원이나 휘어진 2차원을 볼 수도 있고, 실제로 만들어 보일 수도 있는 것입니다. 하지만 휘어진 3차원은 우리가 4차원을 인식할 수 없어서 볼 수도 없고, 우리가 사는 공간이 3차원이기 때문에 만들 수도 없습니다.

우선, 휘어진 2차원에 대해 알아봅시다. 공간은 휘어지지 않은 평평한 공간과 양(+)으로 휘어진 공간과 음(−)으로 휘어진 공간으로 나

*끈 이론
기본 요소가 점이 아니라 길이가 있는 끈이라고 주장하는 물리학 이론. 끈이 시공간에서 어떻게 움직이며 서로 어떻게 상호작용하는지 기술함.

평평한 공간

양(+)으로 휘어진 공간

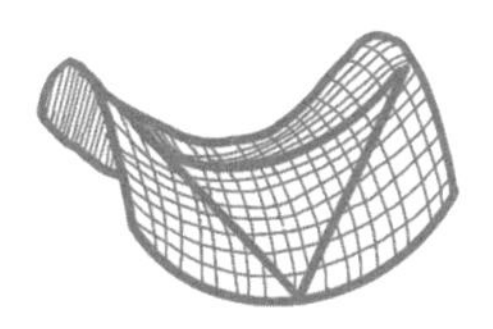

음(−)으로 휘어진 공간

[그림 8] 휘어진 공간

눌 수 있습니다.

2차원으로 평탄한 공간은 평면이고, 양으로 휘어진 공간은 공처럼 생긴 구면이고, 음으로 휘어진 공간은 말안장처럼 생긴 곡면입니다. 이 세 공간에서 성립하는 기하학이 다릅니다. 평탄한 공간에 관한 기하학이 바로 유클리드 기하학Euclidean geometry* 이고 이런 공간을 유클리드 공간이라고 합니다. 유클리드 공간은 우리가 사는 공간이기도 합니다.

이 세 공간은 눈으로 보기에도 다르지만 특별한 성질이 있습니다. 특별한 성질 중 하나가 삼각형의 내각의 합입니다. 초등학교에서 배운 '삼각형의 내각의 합은 180도'입니다. 하지만 이 법칙이 휘어진 공간에서는 성립하지 않습니다.

그림 8에서 보는 것과 같이 양으로 휘어진 공간에서는 삼각형의 내각의 합이 180도보다 크고, 음으로 휘어진 공간에서는 180도보다 작습니다. 우리가 3차원을 인식하지 못하는 2차

*유클리드 기하학
유클리드의 저서 『기하학 원론』에서 유래한 것으로 평행성 공리를 만족시키는 기하학.

원 인간이라고 할지라도 자기가 사는 공간이 어떤 공간인지 알아낼 수 있습니다. 2차원 인간은 2차원 공간이 휘어진 모습을 볼 수는 없지만, 삼각형의 내각의 합을 측정할 수는 있습니다. 그 측정 결과, 180도가 나오면 '아하, 공간이 평평하구나!'라고 결론 내리면 됩니다. 만약 180도보다 크거나 작게 나오면 '아하, 공간이 휘었구나!'라고 결론 내릴 수 있습니다.

삼각형의 내각의 합으로만 공간이 휘어져 있는지 평평한지 알 수 있는 것은 아닙니다. 원둘레와 지름과의 비율로도 알 수 있습니다. 여러분이 다 아는 것과 같이 '원둘레/지름=원주율'입니다. 이 원주율 값은 π입니다. 하지만 이것은 평면에서 그렇고, 휘어진 곡면에서는 달라지겠지요? 구면처럼 양으로 휘어진 공간에서는 이 비율이 π보다 작을 것이고, 말안장같이 음으로 휘어진 공간에서는 π보다 클 것입니다. 삼각형의 내각의 합 대신에 원주율로부터도 공간이 어떤 모양으로 휘어져 있는지 알 수 있습니다.

휘어진 3차원 공간은 어떨까요? 휘어진 3차원은 우리가 4차원을 인식할 수 없어서 눈으로 볼 수도 없고, 우리가 사는 세상이 4차원이 아니어서 만들 수도 없습니다. 하지만 2차원 인간이 평면인지 곡면인지 삼각형의 내각의 합으로 알아냈듯이 우리도 같은 방법으로 확인해볼 수 있습니다.

아직 우리가 사는 우주는 평평한 것 같습니다. 유클리드 기하학이 아주 잘 성립하기 때문입니다. 하지만 우리가 측정하는 것은 우주의 작은 부분에 지나지 않기 때문에 정말로 이 우주가 평평한지 아닌지는 알 수 없습니다. 과학자들도 아직 우주 공간이 어떤 형태인지 확실하게 알 수 없습니다. 물론 모든 측정 결과가 매우 평평하다는 것을 의미하기는 하지만 완전히 평평한지 아닌지는 알 수 없습니다.

휘어진 시공간

우리가 사는 공간은 4차원 시공간입니다. 3차원인 공간과 1차원인 시간을 합쳐서 4차원이라고 합니다. 물론 시간은 공간이 아닙니다. 하지만 수학적으로는 시간과 공간을 합쳐서 4차원으로 표현할 수 있습니다. 이렇게 표현한 4차원은 일반적인 4차원과 같은 특성을 갖게 됩니다.

4차원 시공간을 다루는 학문이 특수상대성 이론입니다. 시공간 4차원에도 평평한 시공간이 있고 휘어진 시공간이 있습니다. 이것을 이해하기 위해서는 특수상대론을 알아야 하지만, 걱정하지 마세요. 특수상대론을 모르더라도 특수상대론에서 나온 간단한 결과만 알면 문제없습니다. 그 간단한 결과란, 정지해 있는 사람이 운동하는 물체를 보면 '길이가 짧아지고, 시간이 느리게 간다'라는 사실입니다.

놀이터의 회전목마를 생각합시다. 빠르게 돌고 있는 회전목마를 탄 사람이 자를 가지고 있습니다. 정확히 1미터짜리 자라고 합시다. 그 자를 가지고 회전목마의 회전하는 길이(원둘레)를 잰다고 합시다. 그리고 그 자로 회전하는 반지름도 잰다고 합시다. 회전목마는 원둘레 방향으로는 운동하지만 지름 방향으로는 운동하지 않습니다. 자가 회전 방향으로 향할 때와 중심 방향으로 향할 때, 바깥에 정지해 있는 사람이 자를 보면 회전하는 방향으로 놓여 있을 때가 중심 방향으로 있을 때보다 짧게 보입니다.

이런 자를 가지고 회전목마를 타고 있는 사람이 지름과 원둘레의 길이를 측정하면 어떻게 될까요? 원둘레는 지름에 원주율(π)을 곱한 값입니다. 원둘레는 짧은 자로 측정했으니 원래 길이보다 더 길게 측정됐을 것이고, 지름은 원래 길이대로 측정됐을 겁니다. 이렇게 되면 원둘레에 대한 지름의 비율이 π보다 더 큰 값이 나올 것은 당연한 일입니다.

원둘레의 길이를 쟀는데, 그 값이 지름에 π를 곱한 값보다 크게 나왔다면 그게 말이 됩니까? 하지만 사실이 그렇다면 어떻게 하겠습니까? 과학은 믿을 수 없는 현상이라도 그것이 사실이라면 받아들여야 합니다. 원주율이 π보다 크게 나왔다면 그것을 사실로 받아들여야 합니다. 그것을 사실로 받아들인다면 그 사실을 설명해야겠지요? 이것을 설명하는 좋은 방법이 있습니다. 공간이 평평하지 않고 휘어져 있다고 하면 잘 설명이 됩니다.

일반상대론에 따르면 질량이 큰 물체는 공간을 휘게 한다고 합니다. 회전목마에서는 바깥으로 작용하는 중력이 있는 것으로 느껴집니다. 하지만 지구나 태양 같은 물체 주변의 중력은 중심을 향합니다. 따라서 이런 중력에 의해서 공간이 휘어지는 방식은 회전목마인 경우와 반대일 것입니다. 회전목마는 공간을 음의 방향으로 휘게 하지만, 중력은 공간을 양의 방향으로 휘게 합니다.

아인슈타인은 지구나 태양이 물체를 끌어당기는 것은 중력이라는 이상한 힘이 있어서가 아니라 지구나 태양 주위의 공간이 휘어져 있기 때문이라고 설명합니다. 물체가 비탈면에서 미끄러져 내려가듯이 지구나 태양 주변의 공간이 움푹하게 파여서 그 안으로 물체가 떨어진다는 것이지요. 물체가 떨어지는 현상을 중력으로도 공간이 휘어짐으로도 설명이 되기는 하지만, 중력이 매우 큰 물체 주위에서는 공간의 휘어짐으로 설명하는 것이 더 정확합니다. 또한 질량이 있는 물체가 떨어지는 현상은 중력으로도 설명되지만 질량도 없는 빛이 태양 같은 질량이 큰 물체 주위에서 휘어지는 현상은 중력으로는 설명되지 않고, 공간의 휘어짐으로만 설명할 수 있습니다.

상대론에 따르면 공간뿐만 아니라 시간도 휘어집니다. 동심원을 이루며 여러 겹으로 된 회전목마를 생각합시다. 중심에서 가까운 회전목마를 타고 있는 사람의 손목시계와 멀리 있는 사람의 손목시계를 비교하면 어떻게 될까요? 상대론에서는 빨리 움직이는 물체일수록 시간이 천천히 간다고 합니다. 이렇게 되면 중심에서 멀리 있는 회전목마에 탄 사람의 손목시계가 더 천천히 가지 않겠어요? 중심에서 멀어지면 멀어질수록 시계가 점점 더 천천히 가게 됩니다. 이것을 시간이 공간과 함께 휘어져 있다고 하는 겁니다.

그런데 회전목마를 탄 사람은 자기가 돌고 있다고 생각하는 것이 아니라 바깥쪽으로 중력이 작용하고 있다고 생각하지 않겠어요? 그리고 중심에서 멀어질수록 더 큰 중력이 작용한다고 생각하겠지요. 중심에서 먼 곳의 시계가 천천히 가는 것이 속도 때문이 아니라 중력 때문이라고 생각하는 거지요. 결국 중력이 크면 클수록 시계가 천천히 간다는 것을 의미합니다.

이 상황을 지구나 태양 주위의 상황으로 바꾸어 생각해봅시다. 지구나 태양의 주변은 회전목마와는 반대로 중심에서 멀어지면 질수록 중력이 약해집니다. 그래서 중심에서 멀어지면 시간이 더 빠르게 갑니다. 이것이 태양처럼 질량이 큰 물체의 주변은 공간이 휘어질 뿐만 아니라 시간도 휘어진다고 하는 겁니다. 블랙홀처럼 질량이 어마어마하게 큰 물체 주변은 중력도 엄청나므로 시간도 아주 천천히 흐르게 될 겁니다.

시간과 공간이 휘어진다는 것은 매우 이상하고 믿어지지도 않지만 실제로 일어나고 있는 현상입니다. 실제로 지구 중력에 의한 시간의 느려짐은 GPS 장치에서도 나타나고 있습니다. 우리가 사용하는 내비게이션에도 위치를 정확하게 나타내기 위해서 중력에 의한 효과를 고려해 시간과 거리를 계산하고 있습니다.

물질

최초의 물질

성경의 '창세기'는 '빛이 있으라 하니 빛이 있었고'로 시작합니다. 이 말을 과학적 의미로 받아들이는 것은 많은 무리가 있을 것입니다. 하지만 우주의 시작이 빛으로부터라는 것은 과학적으로도 의미 있는 말입니다.

과학자들도 빅뱅 초기의 상황을 제대로 알지는 못하지만, 물질이 생기기 전에 빛이 있었을 것이라는 추측은 현대 물리학 이론에서 볼 때 그렇게 틀린 말은 아닙니다. 빛은 모든 만물을 만들어낼 수 있는 에너지이기도 하기 때문입니다.

양자물리학*에 따르면 물질은 에너지로 만들어집니다. 하지만 에너지로 만들어지는 물질은 물질만 아니라 반물질도 있습니다. 에너

*양자물리학
분자, 원자, 전자, 소립자 등 미시적인 계의 현상을 설명하는 물리학 분야.

지로 만들어지는 물질과 반물질은 정확히 같은 양이어서 물질과 반물질이 만나면 다시 에너지로 변하고 맙니다.

에너지가 어느 정도냐에 따라 만들어지는 물질과 반물질의 종류와 양도 달라집니다. 에너지가 작으면 물질과 반물질을 만들어내지 못할 것이지만, 에너지가 어느 정도 크게 되면 전자와 반전자(양전자라고 함) 쌍을 만들어낼 것입니다. 에너지가 더 크게 되면 원자핵의 양성자와 중성자를 이루는 쿼크quark* 와 반쿼크들을 만들어내게 됩니다. 하지만 입자와 반입자가 서로 만나게 되면 이들은 다시 에너지로 돌아가게 됩니다.

빅뱅 초기, 상상조차 할 수 없는 뜨거운 용광로는 물질과 반물질이 생기고 사라지는 어지러운 세상이었을 것입니다. 만약 빅뱅 초기 물질과 반물질의 양이 정확히 같았다면 이들은 만나 다시 빛으로 돌아가버렸을 것입니다. 그렇게 되면 우리가 보는 물질이 가득한 이 세상은 생겨나지 못했을 것입니다.

다행히도 물질과 반물질의 쌍으로 탄생하는 과정에서 약간의 오차가 생겼습니다. 하느님이 하는 일에도 약간의 실수는 있는지도 모를 일입니다. 물질과 반물질이 탄생하는 과정에서 10억 개에 한 개 정도 물질이 더 많이 생긴 것입니다. 그 이유는 알 수 없지만, 우리가 보는 이 우주는 물질로 이루어진 것이기에 이런 가정은 불가피한 것입니다. 10억 개에 한 개, 그것은 없다고도 할 수 있는 작은 양이지만 이 작은 양이 우주를 만든 것입니다. 작다고 우습게 볼 일이 아닙니다. 이 작음이 이토록

*쿼크
양성자와 중성자를 구성하고 있는 기본 입자. 하지만 쿼크는 분리된 상태로 존재하지 않기 때문에 실제 관측은 되지 않음.

큰 우주를 만들었으니까요.

빅뱅이 시작되는 순간에 대해 우리가 알고 있는 것은 거의 없습니다. 하지만 양자론에 따르면 시간과 공간도 최소 단위가 있습니다. 그것을 플랑크 시간과 공간이라고 하는데, 플랑크 시간은 10^{-43}초이고 플랑크 길이는 10^{-35}미터라고 합니다. 그렇다면 빅뱅의 시작도 바로 이 정도의 시간과 크기에서 시작했을 겁니다. 급팽창 이론에 따르면 우주는 초기에 급팽창했다고 합니다. 빅뱅은 이 급팽창을 이어받아 나타난 현상입니다.

빅뱅 당시에는 우주가 매우 작은 점이었기 때문에 온도와 밀도가 굉장히 높았을 겁니다. 과학자들의 계산에 따르면 10^{32}K나 되는 엄청난 고온이었다고 합니다. 이것이 빅뱅으로 팽창하면서 지금의 우주가 생긴 겁니다. 우주가 팽창하면 밀도는 낮아지고 온도는 내려가게 됩니다. 물질의 단위인 원자는 양성자와 중성자로 이루어진 원자핵과 그 주위에 전자가 있는 구조로 되어 있습니다. 만약 온도가 매우 높다면 이들이 서로 결합해서 원자를 만들 수는 없습니다. 남녀가 아무리 사랑한다고 해도 아주 뜨거운 방에서는 끌어안고 있기가 힘들지 않을까요? 양성자, 중성자, 전자도 마찬가지입니다. 우주가 팽창하여 온도가 내려가면서 비로소 원자가 만들어지는 것입니다. 이 과정은 다음 그림에서 보는 것과 같습니다(그림 9).

빅뱅이 지나고 초기에는 쿼크와 전자뿐이었습니다. 물론 광자도 있었습니다. 10^{-6}초 정도 지났을 때 온도는 10^{13}K 정도로 낮아졌습니다. 이때 쿼크가 모여서 양성자와 중성자가 만들어졌습니다. 이

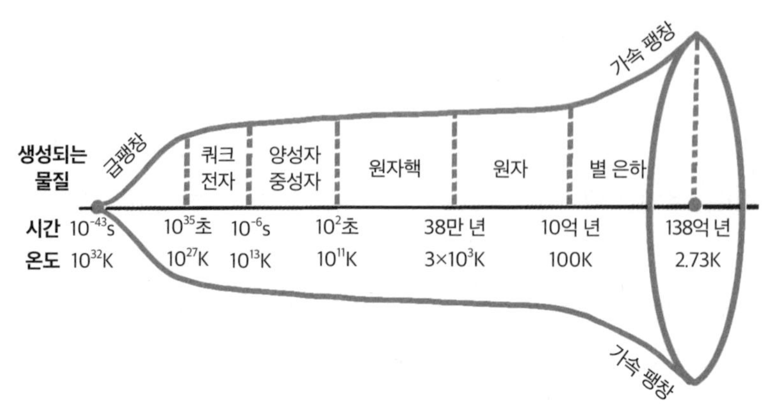

[그림 9] 우주의 팽창과 물질의 탄생

제 우주에는 양성자, 중성자 그리고 전자가 생겼습니다. 다시 말하면, 원자를 만들 수 있는 재료가 다 만들어진 것입니다. 하지만 재료가 준비되었다고 해서 물건이 그냥 만들어지는 것은 아닙니다. 아직 이 양성자, 중성자, 전자는 서로 결합하지 못하고 어지럽게 뛰어다니는 혼란한 상태일 뿐입니다. 양성자는 바로 수소의 원자핵이기는 하지만 양성자와 중성자가 모여서 수소나 헬륨의 원자핵은 만들 수 없었습니다.

빅뱅 이후 100초가 지났을 때, 우주의 온도는 10^{11}K 정도로 떨어졌고 그제야 양성자와 중성자가 결합해 중수소와 헬륨의 원자핵이 생겨났습니다. 하지만 양성자, 중성자, 수소 원자핵, 헬륨의 원자핵을 원자라고 할 수는 없는 상태입니다. 이들은 모두 양전기를 띠고 있는 이온들입니다. 이들이 원자가 되기 위해서는 음전기를 띤 전자를 만나 중성이 되어야 합니다. 우주의 온도는 아직 이들이 결합할 수 있을 정도로 식지 못했습니다.

남녀가 만나 결혼 날짜를 잡기 위해서는 뜨거운 연애 시절이 끝나고 어느 정도 냉정한 상태가 필요합니다. 우주의 양이온과 음이온은 결혼 전의 남녀처럼 열애 상태이지만 결혼해 가정을 꾸린 것은 아니었습니다. 원자핵과 전자는 모두 전기를 띠고 있습니다. 이런 이온들의 기체를 플라스마Plasma라고 합니다. 이 시기는 원자핵과 전자가 어지럽게 돌아다니는 플라스마 상태였습니다. 빛이 있었다고 해도 빛은 나타나자마자 이온들에 흡수되기 때문에 우주는 암흑 세계였습니다.

세상이 밝아지기 위해서는 우주의 온도가 더 내려가서 원자핵과 전자가 만나 중성인 원자를 만들 때까지 기다려야 했습니다. 빅뱅이 지나고 38만 년이 되었을 때 비로소 원자가 생겨나면서 빛이 우주 공간을 자유롭게 다닐 수 있게 되었습니다. 처음으로 우주가 밝아진 것이지요. 성경에서 '빛이 있으라 하니 빛이 있었고……'라는 것이 바로 이때를 말하는 것은 아닐까요?

원자가 만들어지면서 우주는 수소와 헬륨의 구름으로 가득 차게 되었습니다. 이들이 모여 별이 되고, 별이 모여 은하가 되고, 그렇게 우주가 된 것입니다.

별, 원자를 만드는 공장

우주 나이가 38만 세가 되었을 때, 비로소 전자가 핵과 결합해 중성인 원자가 만들어졌습니다. 이때 만들어진 원자는 수소(73%)와 헬륨(25%)이 대부분이고, 약간의 리튬이 있었습니다. 원자가 생겼을 때, 비로소 빛이 우주 공간을 달릴 수 있었습니다. 원자핵과 전자가 결합해 중성인 상태가 되었기 때문에 빛은 이온들에 흡수되지 않고 달릴 수 있었습니다.

그런데 우주에는 이 세 원소만 있는 것은 아닙니다. 화학책에 있는 원소 주기율표를 보면 자연에 존재하는 원소는 90여 개가 넘고 인공으로 만든 원소들까지 합치면 100개도 넘습니다. 이 많은 원소가 도대체 언제 어디서 어떻게 만들어진 걸까요?

별은 왜 빛이 날까요? 태양은 왜 저렇게 밝을까요?

과학자들은 별이 밝은 빛을 내는 것은 온도가 높기 때문이고, 그 높은 온도를 만들어내는 열은 중력 때문이라고 생각했습니다. 이렇게 생각해봅시다. 물질이 어지럽게 모여 있는 성운은 자체의 중력으로 입자들이 점점 한곳으로 모여들게 될 겁니다. 높은 곳에 있던 물체가 떨어지면 소리도 나고 불이 번쩍하기도 합니다. 마찬가지로 흩어져 있던 입자들이 중력으로 모이게 되면 온도가 올라갑니다. 온도란 기체 분자들의 운동이 활발한 정도를 나타내는 물리량입니다. 온도가 높다는 것은 분자 운동이 활발하다는 것입니다. 중력에 의해 입자들이 모이면 불가피하게 온도가 올라가게 됩니다. 이 열에 의해 별이 빛난다고 생각했습니다.

맞는 말입니다. 하지만 이 중력에 의한 에너지로 별은 얼마나 오래 빛을 낼 수 있을까요? 과학자들이 계산해본 결과 태양 정도의 별이 중력 에너지로 태양 같은 빛을 내면 2500만 년 정도는 버틸 수 있을 것으로 나타났습니다. 이것은 말이 안 됩니다. 지구의 나이가

46억 년이나 된다는 것을 알고 있기 때문입니다. 태양은 태양계의 중심이고, 지구를 포함한 행성들은 이 태양의 가족일 뿐입니다. 당연히 태양이 지구보다 나이가 많아야 합니다. 태양은 2500만 년이 아니라 수십억 년이 지난 지금도 저렇게 빛을 내고 있지 않습니까? 그렇다면 이 막대한 에너지는 도대체 어디서 왔을까요?

태양이 저렇게 오래 밝은 것은 중력 에너지뿐만 아니라 핵융합으로 발생하는 에너지 때문이라는 것이 밝혀졌습니다. 중력적인 수축으로 온도가 올라가서 약 1,000만 도가 넘으면 수소 핵융합 반응이 일어납니다. 태양을 포함한 모든 별은 핵융합 발전소라고 할 수 있습니다. 별이 저렇게 장구한 세월 빛을 낼 수 있는 것은 별에서 핵융합이 일어나기 때문입니다. 중력은 별이 수축되도록 압력을 가하고, 이 압력으로 발생한 열에 의해 핵융합을 일으킵니다. 핵융합으로 발생하는 열은 팽창하려는 압력을 만들어냅니다. 수축하려는 중력과 팽창하려는 열의 압력, 이 두 압력이 평형을 이루고 있는 상태가 바로 별입니다.

핵융합은 가벼운 원소들이 합쳐져 무거운 원소로 바뀌면서 막대한 에너지를 내는 현상입니다. 수소가 융합해 헬륨이 되고, 헬륨이 리튬이 되고, 이렇게 핵융합을 통해 가벼운 원소에서 무거운 원소가 만들어지는 것입니다. 우주에 존재하는 대부분의 원소는 별에서 만들어졌습니다. 별은 원소의 공장이라고 해도 과언이 아닙니다.

우리가 잘 아는 것처럼 핵반응에는 분열 반응과 융합 반응이 있습니다. 분열 반응하는 예로는 우라늄이나 플루토늄 같은 무거운 원자의 핵이 쪼개지면서 막대한 열을 내는 반응입니다. 이 반응으로 원자로와 같은 유익한 장치를 만들 수도 있지만, 핵폭탄과 같은 위험한 물건을 만들 수도 있습니다.

융합 반응은 분열 반응과는 반대로 가벼운 원자의 원자핵이 결합해 무거운 원소로 변환될 때 막대한 열을 내는 반응입니다. 수소 폭탄이 바로 융합 반응의 결과입니다. 이 융합 반응을 이용한 핵융합 발전소는 만들기가 어렵습니다. 이론적으로 불가능한 것은 아니지만 기술적으로 어렵기 때문입니다. 핵이 융합하기 위해서는 엄청나게 높은 온도(지구에서는 1억 도 이상)가 필요하고, 그 온도를 어느 정도 오래 유지해주어야 하기 때문입니다.

하지만 그렇게 뜨거운 물체를 담을 그릇이 어디 있겠습니까? 1억 도가 넘는 온도에서 녹지 않는 물질은 세상에 없습니다. 그래서 과학자들은 이 뜨거운 물질을 그릇에 담는 것이 아니라 전자기장에 담아 두는 방법을 생각하게 되었습니다.

핵융합 반응이 일어나기 위해서는 1억 도 이상의 온도를 300초 이상 유지할 수 있어야 합니다. 이 기술은 우리나라가 가장 앞서 있다고 하는데, 30초 정도까지 성공했다고 합니다. 이것도 우리나라 과학자들이 세계에서 처음으로 이루어낸 성과라고 합니다. 아직은 갈 길이 멀지만 언젠가는 성공하게 될 것입니다.

인공 핵융합이 성공하게 되면 막대한 에너지를 얻을 수 있습니다. 핵융합 반응은 핵분열 반응과는 달리 방사성 물질을 배출하지 않기 때문에 환경오염을 시키지 않는 깨끗한 에너지를 얻게 되는 장점이 있습니다. 분열 반응은 무거운 원자가 깨어지면서 에너지가 발생합니다. 원자가 깨어지는 과정에서 다양한 물질들이 생겨납니다. 이 물질들은 대부분 방사능을 가진 물질입니다. 방사성 물질이 내는 방사선은 우리 인체에 치명적인 손상을 입히므로 위험한 것입니다. 하지만 융합 반응은 수소와 같은 가벼운 원자가 결합하면서 에너지를 내는 현상입니다. 이렇게 해서 생기는 원자는 고작 헬륨 정도일 것입니다. 이들은 방사선을 내지 않기 때문에 인체에 위험하지 않습니다. 그래서 핵분열과는 달리 핵융합 에너지는 깨끗한 에너지라고 하는 것입니다.

핵융합이 성공하게 되면 바다에 거의 무한정으로 있는 수소[물 분자(H_2O)는 산소와 수소로 되어 있습니다.]를 사용해 막대한 에너지를 얻을 수 있습니다. 그것도 지금의 원자력 발전소와는 달리 환경을 오염시키지 않는 깨끗한 에너지를 말입니다. 그렇게 되면 지구의 에너지 문제는 많이 해소될 것입니다. 어려운 일이지만 언젠가는 그날이 올 것입니다. 석유를 태우지 않고도 막대한 에너지를 얻게 되어 깨끗한 지구환경을 되찾게 될 날이 반드시 올 것입니다.

그런데 지구에서는 핵융합을 위해서 1억 도 이상이 필요한데, 태양과 같은 별에서는 내부 온도가 15,000,000K 정도임에도 핵융합 반응이 일어나고 있습니다. 왜 그럴까요? 그것은 높은 압력과 밀도 때문입니다. 비록 온도가 좀 낮더라도 압력이 매우 높으면 두 원자핵을 가까이 밀어붙일 수 있습니다. 태양 내부는 무려 2600기압이나 됩니다. 이런 높은 기압 때문에 핵융합이 비교적 낮은 온도에서도 일어나는 것입니다. 하지만 지구에서는 그런 높은 압력을 만드는 것이 불가능합니다. 결국 온도를 높이는 방법밖에 없습니다.

저 하늘에 반짝이는 별은 모두 원소를 만드는 공장입니다. 반짝이는 저 불빛이 공장이 돌아가고 있다는 증거입니다. 불이 켜진 공장, 밤낮 쉴 새 없이 돌아가는 공장입니다. 별이 공장이라고 해서 모두 같은 공장은 아닙니다. 어떤 별은 큰 공장이기도 하고 어떤 별은 작은 공장이기도 합니다. 어떤 별은 너무 작아 공장 역할을 제대로 못하는 것도 있습니다.

별이라는 공장의 크기는 별의 질량에 의해 결정됩니다. 태양 질량의 0.08배 이하인 별은 수소 핵융합을 할 수 없어 원소를 만들어내지 못합니다. 이런 별은 별이라고 하지만 별 구실을 제대로 못하는 별입니다.

질량이 큰 별은 다양한 원소를 만들 수 있습니다. 태양 정도인 별

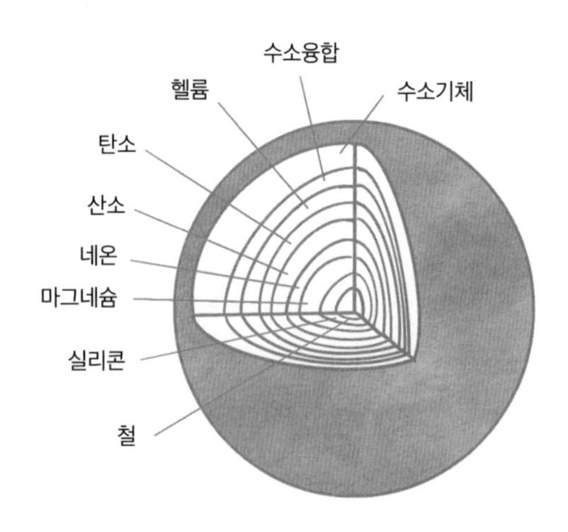

[그림 10] **원소의 탄생**

은 수소를 융합하여 헬륨을 만들고, 다시 헬륨이 핵융합해 탄소를 만듭니다. 중심에 탄소가 생기게 되면 공장 가동을 멈추고 별의 생애를 마감하는 절차에 들어갑니다.

반면 태양보다 질량이 큰 별은 여기에서 멈추지 않고 다음 단계의 핵융합을 계속합니다. 소위 CNO 순환이라고 하는 탄소, 질소, 산소의 핵융합 과정에 들어가게 됩니다. 더 무거운 별은 더 깊은 핵융합을 진행하여 주기율표의 원자번호 26인 철(Fe)까지 합성할 수 있습니다. 그래서 아주 무거운 별의 중심은 철이 차지하게 됩니다. 여기까지가 별이라는 원소의 공장이 할 수 있는 일입니다.

원소의 주기율표를 보면 원자번호가 철보다 더 큰 원소들이 많습니다. 자연에 존재하는 가장 무거운 원소는 우라늄인데 원자번호가 92번입니다. 그렇다면 원자번호가 26보다 큰 무거운 원소들은 어떻게 만들어진 것일까요?

나머지 원소들은 별이 폭발하면서 만들어진다고 합니다. 별이 폭발하는 현상을 초신성supernova이라고 합니다. 중심이 철로 된 무거운 별은 강한 중력을 받습니다. 이 강한 중력에 의한 엄청난 압력을 견디지 못하고 중심의 철이 굴복하고 맙니다. 이렇게 되면 별이 붕괴하여 순식간에 거대한 폭발이 일어나게 됩니다. 이것이 초신성입니다.

초신성 폭발에서 나오는 에너지는 어마어마합니다. 하나의 초신성이 내뿜는 에너지는 태양 100억 개가 내는 에너지를 능가합니다. 별에서 만들지 못한 나머지 원소들은 대부분 이러한 대폭발에서 만들어진다고 합니다. 이렇게 폭발한 초신성의 잔해가 중성자별이 되기도 하고, 블랙홀이 되기도 합니다.

여기까지가 이 우주를 형성하는 재료인 원소들이 만들어진 역사입니다. 생각해보십시오. 놀랍지 않나요? 저 하늘에서 반짝이는 별빛이 우주의 재료인 원소를 만드는 공장의 불빛이라는 것이. 저 별이 있기에 우주의 삼라만상이 있다는 것이. 그리고 이 지구가, 지구의 이 모든 생명이, 그리고 내가 있다는 것이. 별을 볼 때마다 아련한 추억 같은 신비한 감정에 젖어드는 것이 그냥 우연은 아닙니다.

분자, 세상을 만드는 재료

사람과 마찬가지로 원자도 혼자는 외롭습니다. 그래서 원자는 대부분 혼자가 아니라 무리를 이루고 있습니다. 별처럼 뜨거운 환경에서는 원자들이 혼자 있지만, 우리가 일상에서 보고 만지는 물질은 모두 원자들이 다른 원자들과 결합해 만들어진 분자로 이루어져 있습니다.

산소 기체(O_2)는 산소 원자 2개로, 물(H_2O)은 산소 한 개와 수소 2개로 이루어진 분자입니다. 분자 중에는 엄청나게 많은 원자로 이루어진 것도 있습니다. 특히 생명체를 만드는 유기물 분자가 그런 것들입니다. 수정이나 다이아몬드 같은 결정체처럼 같은 원자들이 끝도 없이 결합하는 것들도 있습니다.

만약 모든 원자가 다른 원자와 결합해 분자를 만들지 않고 독립적으로만 존재한다면 어떨까요? 그렇게 되었다면 우주는 너무 단순한 모습이었을 것입니다. 그래도 아마 하늘의 별은 있었을 겁니다. 하지만 지구와 지구의 이 아름다운 풍광과 수많은 생물과 우리 인간은 존재할 수도 없었을 것입니다.

원자의 종류라고 해봐야 기껏 92개뿐입니다. 세상은 이 원자 수만큼만 다양했을지 모릅니다. 다행히도 원자는 혼자 있지 않고 대부분 분자라는 새로운 알갱이를 만들었기 때문에 세상이 이렇게 다양하고 아름다워진 것입니다.

92종의 원소로 만들 수 있는 분자의 수는 수학적으로는 무한합니다. 생각해보십시오. 산소 원자만으로도, 산소 기체(O_2)가 되기도 하고, 오존(O_3)이 되기도 합니다. 산소와 탄소가 모여 이산화탄소(CO_2)가 되기도 하고 일산화탄소(CO)가 되기도 합니다.

생명체를 이루고 있는 유기물 분자는 또 어떤가요? 탄소, 수소, 질소, 산소 등으로 복잡한 구조로 되어 있는 유기물 분자 중에는 DNA나 RNA 같은 특이한 분자들도 있습니다. 이들은 정보를 저장할 뿐만 아니라 스스로 복제까지 합니다. 이들이 없었다면 생명이 존재하지도 못했을 것입니다. 생명이 존재하는 것도 알고 보면 분자가 존재하기 때문입니다.

남녀가 처녀, 총각으로 있던 모습과 결혼해 부부가 된 모습은 매우 다릅니다. 마찬가지로 원자가 모여 분자가 되면 원자가 가지고 있던 성질과는 전혀 다른 특성이 만들어집니다. 산소와 오존은 모두 산소 원자로 이루어져 있지만, 그 특성이 전혀 다릅니다. 이처럼 제한된 원자가 수없이 많은 분자를 만들 수 있기에 이 세상은 별의별 물질이 존재하는 별의별 세상이 된 것입니다.

우리가 보고 만지는 모든 것의 성질은 바로 원자가 모여 분자가 되었기 때문에 나타나는 성질입니다. 딱딱하거나 물렁물렁하거나, 매끄럽거나 거칠거나, 빨갛거나 파랗거나, 전기가 통하거나 통하지 않거나, 모두 분자들의 특성입니다. 원자들이 세상이라는 건물의 벽돌이라면 분자는 건물의 색상이자, 질감입니다.

과학자들은 분자들이 만들어내는 다양성을 이용하여 다양한 물질을 만들어냅니다. 최근의 나노 기술이라는 첨단기술은 바로 원자들의 배열 방식을 바꾸어 신물질을 만들어내는 것입니다. 같은 탄소가 흑연도 되고 다이아몬드도 됩니다. 과학자들은 탄소 원자의 배열 상태를 바꾸어 여러 가지 물질을 만들어내고 있습니다. 탄소 원자 60개가 축구공 모양으로 만들어진 버키볼buckyball, 탄소 원자를 2차원 평면 구조로 만든 그래핀, 관 모양으로 만든 탄소 나노튜브nano tube가 바로 그것입니다.

이들은 모두 탄소로 되어 있지만, 그 모양과 특성이 아주 다릅니다. 그래핀은 강철보다 강할 뿐만 아니라 전기를 통하는 성능이 구리의 100배 이상입니다. 탄소 나노튜브는 지금까지 알고 있는 가장 강도가 높은 물질입니다. 강철의 강도보다 100배 이상입니다.

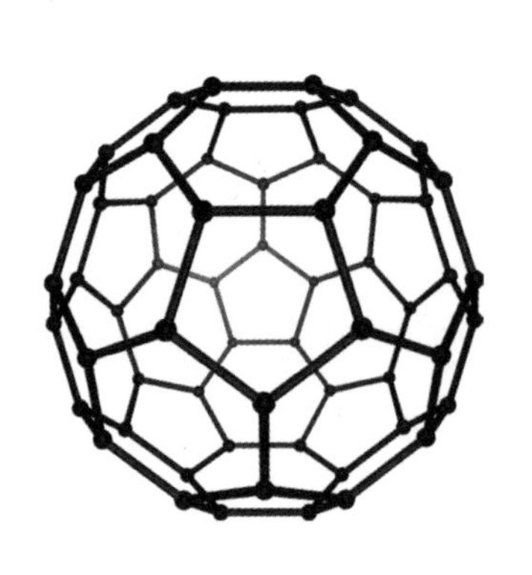

[그림 11] 버키볼

탄소 원자를 어떻게 배열하느냐에 따라 물질의 특성이 이렇게 달라집니다. 그리고 탄소 원자를 배열하는 방법은 이것 말고도 많을 것이므로 앞으로 더 특이한 물질을 만들어낼 가능성도 무궁무진합니다. 탄소만 그렇겠습니까? 다른 원자도 마찬가지입니다. 앞으로 만들어질 신물질은 이론적으로 무한히 많습니다. 옛날에는 광산에서 귀금속을 캤지만, 앞으로는 실험실에서 만들어낼 것입니다.

이 모든 것이 원자가 홀로 존재하지 않고 결합해 분자를 만들기에 가능한 것입니다. 세상은 원자로 되어 있지만, 세상이 이처럼 다양하고 아름다운 것은 분자 때문입니다. 분자는 세상을 세상답게 만드는 주인공입니다.

세상에 많고 많은 사람이 있지만, 남자와 여자가 없었다면 그리고 그들이 사랑하지 않는다면 이 세상은 얼마나 삭막했을까요? 사람이 세상을 만들지만, 세상이 세상다운 것은 사랑이 있기 때문입니다. 얼마나 다행인가요? 원자가 홀로 있지 않고 원자들이 모여서 분자가 된다는 것이.

암흑 물질과 암흑 에너지

우주는 광활할 뿐만 아니라 미묘하기까지 합니다. 보이는 것이 세상 전부가 아니라는 것을 모르는 사람은 없지만, 보이지 않는 부분은 우리의 눈이라는 감각기관의 한계 때문입니다. 과학자들은 이러한 우리의 신체적 한계를 극복하고 보이지 않는 세계를 탐구해 왔습니다. 현미경을 사용하여 볼 수 없는 작은 것을 보고, 망원경을 사용해 볼 수 없는 저 먼 곳까지 보려고 애씁니다. 하지만 이 우주에는 아무리 성능이 좋은 장치가 있다고 하더라도 볼 수 없는 것이 있습니다. 과학자들일지라도 볼 수 없는 것이 있습니다. 그것이 바로 암흑 물질과 암흑 에너지입니다.

우리의 몸을 비롯해 모든 물체는 원자라는 물질로 이루어져 있습니다. 얼핏 보기에 세상은 원자라는 물질로 이루어져 있고, 그 나머지는 텅 빈 공간인 것처럼 보입니다. 하지만 빛이라는, 원자가 아닌 복사 에너지가 존재합니다. 이 복사 에너지는 물질의 한 형태라고 할 수 있습니다. 아인슈타인의 그 유명한 $E=mc^2$라는 식은 바로 물질과 에너지가 동등하다는 것을 보여주기 때문입니다.

이렇게 보면 세상은 원자와 빛으로 이루어져 있는 것 같습니다. 그런데 세상은 그렇게 간단하지 않습니다. 원자와 빛은 우주의 아주 작은 일부분에 지나지 않고, 이보다 몇십 배 많은 다른 것이 존재합니다. 그것이 바로 암흑 물질과 암흑 에너지입니다.

천문학자들이 은하의 운동을 관찰하면서 이상한 현상을 발견했습니다. 중력 이론에 따르면 회전하는 은하에서는 은하의 가장자리로 가면 갈수록 회전 속도가 느려져야 합니다. 인공위성도 지구 중심에 가까이 있으면 빨리 회전하고 멀어지면 느리게 회전합니다. 태양계의 행성들도 태양에 가까이 있는 수성이나 금성보다 멀리 있는 목성이나 토성이 더 느리게 회전합니다. 이것은 거리의 제곱에 반비례하는 중력의 특성 때문입니다. 그런데 실제 관측 자료에 따르면 은하의 회전에서는 중심에서 멀리 떨어져 있는 별의 회전 속력이 전혀 느려지지 않는다는 것입니다.

이 현상을 설명하기 위해서는 은하에는 눈에 보이지 않는 물질이 분포해 있다고 보아야 합니다. 계산해보면 이 보이지 않는 물질은 보이는 물질보다 더 많아야 합니다. 좀 더 자세한 계산을 해보면 암흑 물질이 보통 물질보다 4배 정도 더 많습니다. 보이지는 않지만 있다고 믿을 수밖에 없습니다.

그런데 암흑 물질은 왜 보이지 않을까요? 무엇이 존재한다는 사실을 우리가 알아차리는 것은 그것이 눈에 보이거나 만져지기 때문입니다. 보인다는 것은 빛을 흡수하거나 발산하기 때문이고, 만져진다는 것은 물질과 상호작용하기 때문입니다. 암흑 물질은 빛을 흡수하지도 발산하지도 않기 때문에 보이지 않는 것입니다. 더구나 암흑 물질이 보통의 물질인 원자와 상호작용을 하지 않거나, 하더라도 아주 약하게 작용한다면 관측하는 것은 어렵습니다. '관측'이라는 것도 실험 장치와 관측하고자 하는 물질과의 상호작용을 통해 이루어지므로 상호작용이 없거나 아주 약하다면 그것이 우리 몸을 지나가도 알 수 없습니다. 암흑 물질이 바로 내 옆에 있다고 해도 이것을 만질 수도 없습니다. 암흑 물질이 우리 몸을 이루고 있는 원자들과 상호작용을 하지 않는다면 만진다고 해도 만져지지 않습니다.

하지만 암흑 물질이라고 해도 중력은 작용합니다. 중력을 작용하기 때문에 암흑 물질의 존재를 알아낸 것입니다. 중력이 작용하기에 은하에 있는 별의 운동이나 은하의 운동에 영향을 미칠 뿐만 아니라 빛의 진행 방향에 영향을 주는 소위 중력 렌즈 효과도 만들어냅니다. 과학자들은 이러한 효과를 관측해 암흑 물질의 존재를 간접적으로 확인할 수 있었던 겁니다.

그런데도 암흑 물질의 실체에 대해서는 아직 확실하게 밝혀진 것이 없습니다. 과학자들은 암흑 물질의 여러 후보 물질을 제안하기는 했습니다. 하지만 아직 과학적으로 받아들일 만한 확실한 후보 물질은 없습니다. 물론 더 많은 관측 자료를 얻게 되고, 더 많은 실험과 연구가 진행되면 언젠가는 밝혀지겠지만 아직은 아무런 단서를 찾지 못했습니다.

있기는 있는데 찾을 수 없는 이 황당함은 과학자들을 매우 불편하게 만들고 있습니다. 하지만 반대로 그 실체를 밝히게 된다면 그 기쁨과 놀라움은 말로 표현할 수 없을 것입니다.

물질보다 몇 배나 많이 있으면서 보이지도 관측할 수도 없는 암흑 물질, 이 우주는 넓기만 한 것이 아니라 참으로 미묘하기 그지없습니다. 하지만 우주의 미묘함은 여기에서 멈추지 않습니다. 암흑 물질보다 더 이상한 암흑 에너지가 있습니다. 암흑 에너지는 아인슈타인의 우주 방정식에서 이론적으로 도출해낸 것인데, 이것 없이는 빅뱅과 그 후의 팽창하는 우주를 설명할 수 없습니다. 천문학적인 관측 자료를 바탕으로 계산한 바에 따르면 암흑 에너지는 암흑 물질보다 훨씬 많아야 합니다.

암흑 물질은 물질과 같은 인력인 중력을 작용하지만, 암흑 에너지는 척력인 중력을 작용하는 물질입니다. 그래야만 가속 팽창하는 우주를 설명할 수 있습니다. 아인슈타인은 자기가 만든 우주 방정식에서 우주가 붕괴하지 않고 안정적인 상태를 유지하기 위해서는 소위 '우주상수'라는 새로운 항이 필요했습니다. 그리고 우주 방정식에서 우주상수는 에너지와 같은 단위여야 했습니다. 우주상수로 표현되는 에너지는 물질이 가지고 있는 에너지가 아니라 공간 자체가 가지고 있는 에너지입니다. 이 에너지는 공간에 균등하게 존재하므로 공간이 팽창하면 에너지도 증가하게 됩니다.

독자들이 이런 신기한 에너지의 존재를 받아들이기는 쉽지 않을 것입니다. 아인슈타인 자신도, 자기가 우주상수를 도입했으면서도, 이 우주상수가 구체적으로 무엇인가는 알지 못했습니다. 지금의 과학자들도 모르기는 마찬가지입니다. 하지만 그것이 존재해야 한다는 것은 분명합니다. 우리가 알고 있는 원자가 아닌 것, 보통의 물질과는 전혀 상호작용을 하지 않지만 밀어내는 중력을 작용하는 이상한 것, 공간 어디에나 존재하는 정말 이상한 것, 이것이 암흑 에너지입니다.

보통 물질과 암흑 물질은 빅뱅에 의해서 만들어진 이후 그 양이 변하지 않지만, 암흑 에너지는 우주가 팽창하는 것에 따라 증가합니다. 그래서 이것을 진공 에너지라고도 부릅니다. 우주라는 공간이 증가하면 할수록 진공 에너지의 양도 공간의 크기에 비례해서 증가합니다.

과학자들의 계산에 따르면, 이 우주는 대충 보통 물질 5%, 암흑 물질 20%, 암흑 에너지 75%로 되어 있다고 합니다. 이 세상의 거의 전부가 보이지 않는 것으로 이루어져 있고, 보이는 것은 겨우 5%에 지나지 않습니다.

우주는 빅뱅 이후 계속 팽창하고 있습니다. 빅뱅 이전에는 급팽창했고, 그 후에는 감속 팽창을 하다가 현재는 가속 팽창을 하고 있습니다. 앞으로도 가속 팽창은 계속될 것입니다. 우주가 팽창하게 되면 물질과 암흑 물질의 양은 변하지 않지만 암흑 에너지의 양은 계속 증가합니다. 시간이 지나면 암흑 에너지는 점점 더 많아지고, 물질과 암흑 물질은 더욱 희박해질 것입니다. 우주는 점점 더 텅 빈 공간으로 변해 갈 것입니다. 이것은 참으로 슬픈 이야기가 아닐 수 없습니다. 우리 인간이 의지하고 있는 것은 겨우 우주의 5%인데, 이것조차도 점점 우주에서 더 보잘것없는 존재로 변해 간다고 하니 말입니다.

다시 정리해봅시다. 우주 초기에는 빛이 있었습니다. 빛을 다른 말로 복사 에너지라고 합니다. 초기의 우주 팽창은 복사 에너지가 주도했습니다. 이 시기를 '복사 주도적 팽창기'라고 합니다. 하지만 복사 에너지는 공간의 팽창과 더불어 급격히 줄어들게 됩니다. 다음으로 물질(보통 물질과 암흑 물질)이 우주의 팽창을 주도하는 '물질 주도적 팽창기'가 있습니다. 이 물질의 밀도도 공간이 팽창하면 점점 희박해집니다. 하지만 공간이 팽창하면 그것에 비례해서 증가하는 물질이 있습니다. 이것이 바로 암흑 에너지 또는 진공 에너지입니다. 지금은 진공 에너지가 팽창을 주도하는 '진공 에너지 주도적 팽창기'라고 할 수 있습니다.

앞으로 진공 에너지가 우주 팽창을 주도하게 될 것입니다. 우주에서 물질은 점점 희박하게 되어 공간은 점점 텅 빈 것으로 변하게 될 것입니다. 물론 진공 에너지가 그 빈자리를 채우기는 하겠지만, 진공 에너지는 우리가 볼 수도 만질 수도 없는, 있어도 있다고 할 수도 없는 존재입니다. 인생만 덧없는 것이 아니라 우주도 덧없기는 마찬가지입니다.

블랙홀, 우주의 무덤

우주는 정말 신비로 가득 차 있다고 해도 과언이 아닙니다. 밤하늘에 보이는 별이 이 우주의 전부는 아닙니다. 한 은하에 별이 수천억 개나 있고, 그런 은하가 수천억 개가 있는 우주는 우리가 상상하는 것보다 광활하고, 우리가 상상하는 것보다 오래되었고, 우리가 상상도 할 수 없는 신비한 일이 벌어지고 있는 공간입니다.

'우주'라는 말을 들으면 어떤 단어들이 떠오릅니까? 아마도 빅뱅이라는 말이 먼저 생각날 것이고, 우주 팽창, 다중우주, 외계인, 뭐 이런 말들이 생각날 것입니다. 그리고 또 빠질 수 없는 것이 블랙홀일 것입니다.

강한 중력으로 물질뿐만 아니라 빛조차도 탈출할 수 없는 신기한 천체가 바로 블랙홀입니다. 천문학자가 아니더라도 블랙홀을 모르는 사람은 별로 없을 것입니다. 하지만 블랙홀을 제대로 아는 사람도 아주 드물며, 블랙홀을 확실하게 아는 사람

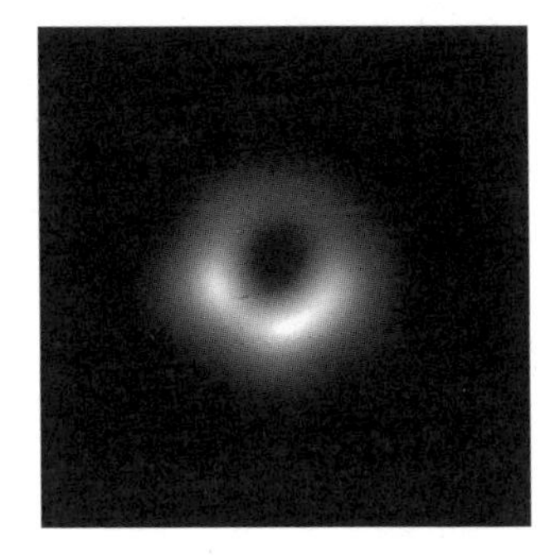

[그림 12] M87 은하 블랙홀

도 없을 것입니다.

이 우주에 블랙홀이 어떻게 만들어졌는가를 알기 위해 먼저 별의 일생을 간단히 살펴봅시다.

별이 원소를 만들어내는 핵융합 공장이라는 것은 앞에서 설명했습니다. 질량이 매우 큰 별은 원자번호 1인 수소에서 시작해 원자번호 26인 철까지 만들어낼 수 있습니다. 질량이 그렇게 크지 않은 별은 고작 수소를 융합해 헬륨을 만드는 것에 그치는 별도 있습니다.

이제 별이 핵융합을 마치면 어떻게 될까요? 별은 수축시키려는 중력과 이에 맞서는 열이 평형을 이루고 있는 상태입니다. 그런데 핵융합을 할 수 없어서 열이 발생하지 않게 되면 어떻게 될까요? 당연히 밀어내는 힘이 없으므로 중력에 의한 수축이 승리할 것입니다. 수축이 일어나면 중력의 에너지(중력의 퍼텐셜 에너지)가 열을 만들어낼 것입니다. 이 열에 의한 팽창과 중력에 의한 수축이 다시 경쟁할 테지만, 수축이 일어나지 않으면 열을 만들어낼 수 없으니 결국은 중력이 이기게 되어 있습니다. 그렇다면 무한정 수축하게 될까요?

그렇지는 않습니다. 상자에 물건을 넣어놓고 압력을 가한다고 생각해봅시다. 처음에는 상자가 잘 수축하겠지만 안에 있는 물건이 서로 접촉할 정도로 압축되면 더 이상 수축하지 못할 것입니다. 하지만 압력을 더욱 가하게 되면 물건이 부서지면서 더 수축하지 않을까요?

같은 현상이 별에서도 일어납니다. 물질은 원자로 되어 있고, 원자는 중심에 핵이 있고 주변에 전자로 둘러싸여 있습니다. 두 원자가 접근하게 되면 먼저 전자들이 서로 만나게 될 것입니다. 이렇게 전자들이 만나면 강하게 밀어냅니다. 이것을 파울리Wolfgang Pauli, 1913-1993의 배타원리exclusion principle* 라고 합니다. 이 배타원리로 인해 물체가 찌부러들지 않고 그 형태를 유지할 수 있는 것입니다. 우리 몸도 그렇고, 길거리에 뒹구는 돌멩이도 그렇고, 로댕의 〈생각하는 사람〉이 그 모양을 유지하고 있는 것도 배타원리가 작용하기 때문입니다.

하지만 수축하려는 압력이 강해지면 이 배타원리도 결국은 항복할 수밖에 없습니다. 이렇게 배타원리에 의한 힘을 항복시킬 수 있는 압력을 축퇴압력degeneracy pressure이라고 합니다. 축퇴압력을 넘어서는 압력을 가하게 되면 원자핵에 있는 양성자가 전자를 흡수해 중성자로 바뀌게 됩니다. 원자의 핵은 양성자와 중성자로 되어 있는데 양성자가 중성자로 바뀌게 됩니다. 이렇게 원자의 주위에 있던 전자는 양성자에 포획되어 사라지고 원자핵에는 중성자만 남게 됩니다. 이것을 중성자별이라고 합니다.

계산을 해보면 태양 질량의 1.4배가 넘으면 중력에 의한 압력이 축퇴압력을 이기게 됩니다. 이것을 찬드라세카르 한계Chandrasekhar limit라고 합니다. 수브라마니안 찬드라세카르Subrahmanyan Chandrasekhar, 1910-1995는 인도 출신 미국의 물리학자로, 별이 백색왜성white dwarf으로 생을 마감할 수 있는 질량 한계를 처음으로 계산한 사람입니다. 그는 이 공로로 노벨 물리학상을 받았습니다.

*배타원리
오스트리아 물리학자 볼프강 파울리가 1924년에 발견한 것으로 동일한 원자 내에 있는 두 개의 전자가 동시에 동일한 상태에 있을 수 없다는 양자역학적 원리.

찬드라세카르 한계를 넘지 않는 별, 태양의 1.4배 이하인 질량을 갖는 별은 백색왜성으로 생을 마감합니다. 백색왜성은 헬륨 핵융합으로 발생하는 엄청난 에너지로 별이 팽창해 많은 물질이 우주 공간으로 날아가 행성상 성운planetary nebula을 만들고 중심에 남은 부분입니다. 이렇게 남은 핵은 더 이상 핵융합을 하지 못하므로 열을 만들어내지 못해 점점 식게 됩니다. 이렇게 되면 중력에 의한 수축 압력을 받게 되겠지만 전자의 축퇴압력으로 버티는 것입니다. 하지만 다 식기까지는 우주의 나이보다 더 많은 시간이 걸린다는 계산이 나옵니다. 백색왜성이 식으면 결국 흑색왜성이 되겠지만 아직 우주에서 흑색왜성이 발견되지 않았습니다. 있다고 해도 빛을 내지 않으니 보기는 어렵겠지만 말입니다.

그렇다면 더 큰 별은 어떻게 될까요? 더 큰 별은 헬륨 핵반응을 거치지 않고 소위 CNO 사이클이라는 탄소, 질소, 산소 핵반응이 일어납니다. 이런 핵반응으로 철까지 융합할 수 있습니다. 단순히 생각하면 핵융합으로 계속 온도가 올라가면 중심에 있는 철도 핵융합 반응에 참여해야 할 것입니다. 하지만 그렇지 않습니다. 철은 매우 특이한 원소입니다.

원자핵 반응에는 분열 반응과 융합 반응이 있습니다. 우라늄처럼 무거운 원소는 분열할 때 열을 발생하고 수소처럼 가벼운 원소는 융합할 때 에너지가 나옵니다. 그런데 철은 딱 중간입니다. 분열해도 열을 방출하는 것이 아니라 흡수하고, 융합할 때도 열을 흡수합니다. 그러니 철에 열을 가해서 융합 반응이나 분열 반응을 일으킬 수가 없습니다.

핵융합을 하지 못하면 결국 중력에 의한 수축 압력을 받게 될 것입니다. 이 수축 압력이 높아지면 앞에서 설명한 전자의 축퇴압력에 도달합니다. 별의 질량이 충분히 크다면 중력이 이 축퇴압력을 넘어서게 될 것입니다. 전자는 원자핵 속으로 밀려 들어가게 되고 전자와 양성자가 반응해 중성자로 변합니다. 이렇게 철 원자가 중성자로 붕괴하면 순식간에 엄청난 에너지가 쏟아져 나오게 됩니다. 이것이 바로 그 유명한 초신성이 탄생하는 사건입니다.

초신성은 태양과 같은 별 수백억, 심지어는 수천억 개가 내는 에너지를 한꺼번에 쏟아내기 때문에 그 밝기는 상상도 할 수 없을 정도입니다. 그래도 한번 상상해봅시다. 우리 은하에 천억 개가 넘는 별이 있는데, 초신성 하나가 은하 전체가 내는 빛을 한꺼번에 낸다는 것을 말입니다.

초신성 폭발로 엄청난 물질이 우주 공간에 뿌려집니다. 그리고 초신성이 폭발하면서 철보다 무거운 원소들을 만들어냅니다. 초신성은 우주에 물질을 뿌리게 되고, 이렇게 뿌려진 물질들이 다시 모여서 태양이 되고, 지구가 되고, 지구의 동물과 식물이 된 것입니다. 어떻게 보면 별은 생명의 재료인 원소를 만들어내고, 초신성은 그렇게 만들어진 생명의 씨앗을 우주에 뿌리는 것이라고 할 수 있습니다. 참 묘한 일입니다. 저 밤하늘에 빛나는 별로 인해서 내가 존재하고 있다니 말입니다.

초신성 폭발이 일어나고 남은 것이 바로 중성자별입니다. 회전하고 있는 중성자별은 주기적인 빛인 펄스pulse를 냅니다. 소위 맥동성

pulsar이라고 하는 것인데, 중성자별이 일정한 주기로 회전하기 때문에 빛이 일정한 주기로 관측되는 것입니다. 마치 등대처럼 중성자별은 빛을 우주로 발사합니다. 그래서 맥동성을 우주의 등대라고도 합니다. 어떤 맥동성은 매우 빠르게 회전하기 때문에 펄스의 주기가 수천분의 1초에 이르는 것도 있습니다. 이런 별을 밀리미터 초맥동성millisecond pulsars이라고 부릅니다.

중력은 별을 붕괴시키는 주범입니다. 하지만 중력은 별을 붕괴시켜 중성자별을 만드는 것에 머물지는 않습니다. 마지막 단계는 바로 블랙홀black hole입니다.

블랙홀은 우주에 있는 천체 중에서 아마도 가장 놀랍고 신비스러운 존재가 아닌가 생각합니다. 블랙홀이라는 이름을 처음 지은 사람은 미국 프린스턴 대학의 물리학자 휠러John Archivald Wheeler, 1911-2008라고 합니다. 블랙홀이라는 이름이 없던 옛날 18세기의 과학자 존 미셸John Michel, 1724-1793과 피에르 시몬 라플라스Pierre Simon Laplace, 1749-1827는 중력이 아주 강하면 빛도 탈출할 수 없을 것이라고 생각했다고 합니다. 이들은 아마도 빛이 질량이 있는 입자라는 생각으로 그런 추측을 하지 않았을까 싶습니다. 그 후 빛은 질량이 없는 전자기파라는 것이 알려지면서 중력이 빛의 진행에 영향을 미치지 못하는 것으로 생각하게 되었고 이들의 주장도 잊히게 되었습니다.

아인슈타인은 일반상대성 이론을 완성하면서 빛도 중력에 의해 휘어진다는 것을 예측했고, 영국의 천문학자 아서 에딩턴Arthur Eddington, 1882-1944이 빛이 중력에 의해 휘어지는 현상을 실제로 관측함으로써 아인슈타인이 일약 세계적인 명사로 등극하게 되었습니다.

이제 블랙홀이 어떻게 만들어지는지 알아봅시다.

태양 질량의 8배가 넘는 별은 붕괴하여 초신성 폭발을 일으키고 마침내 중성자별이 됩니다. 그렇다면 중성자별은 중력의 압력으로 또다시 붕괴할 수는 없을까요? 당연히 가능할 것입니다. 중력이 아주 크다면 말입니다. 그런데 별이 초신성으로 폭발하게 되면 엄청난 물질이 우주 공간으로 날아가버립니다. 남은 중성자별의 질량은 원래 별의 질량보다 매우 작을 것입니다. 따라서 남은 질량에서 생기는 중력은 중성자별을 붕괴시키기에는 부족한 것이 일반적입니다. 그래서 초신성 폭발의 잔해는 대부분 중성자별로 남게 되는 것입니다.

하지만 특별한 경우, 다시 말해 남은 중성자별의 질량이 아주 크다면 문제는 달라집니다. 원자를 붕괴시키기 위해서는 전자의 축퇴압력을 이겨야 한다고 했는데, 중성자별을 붕괴시키기 위해서는 중성자의 축퇴압력을 이겨야 합니다.

중성자의 축퇴압력은 전자의 축퇴압력보다 매우 큽니다. 하지만 불가능한 것은 아닐 것입니다. 실제로 가능합니다. 그 증거가 바로 블랙홀입니다. 중력이 중성자의 축퇴압력을 넘어서면 중력을 멈추게 할 수 있는 것은 아무것도 없습니다. 무한히 작은 영역으로 쪼그라든다는 것입니다. 무한이라고? 그렇습니다. 무한! 어떻게 그런 일이 일어날 수 있을까요? 그래서 그 점을 특이점singularity 또는 singular point이라고 부르는 것입니다.

특이점이 무엇인지 좀 이해할 필요가 있습니다. 특이점은 계산 결과가 무한대가 되거나 무한소가 되는 경우를 말합니다. 예컨대, 1÷0, 즉 $\frac{1}{0}$은 무한대가 되는데 이런 점이 특이점입니다. 수학적으로는 가능하나 실제 자연현상에서 특이점은 존재하지도 않고 존재해서도 안 됩니다. 어떤 이론을 적용해 계산했을 때 특이점이 나온다면 그 이론이 완전하지 못하거나 틀렸다는 것을 의미합니다. 블랙홀의 중심이 특이점이 된다는 것은 아직 블랙홀을 완전하게 설명할 수 있는 이론이 없다는 의미이기도 합니다.

물리학에서 가장 큰 난제는 양자역학과 일반상대성 이론의 중력을 통합하는 이론을 만드는 것입니다. 양자역학은 미시세계를 설명하는 이론인 반면, 중력이론은 거시세계를 설명하는 이론입니다. 이 둘이 통합되어야 이 자연을 완전히 설명하는 이론이 될 터인데 둘의 통합이 아직 이루어지지 않았습니다. 이들을 통합하는 과정에서도 특이점 문제가 발목을 잡고 있습니다. 그래도 미시세계는 양자역학이 설명하고, 거시세계는 일반상대론의 중력으로 설명하면 대부분은 해결됩니다. 하지만 블랙홀이나 빅뱅 초기의 상태는 매우 작은 세계면서 강한 중력이 작용하기 때문에 양자역학의 영역이면서 동시에 일반상대론의 영역이기도 합니다. 블랙홀 문제에서 특이점이 생기는 것도 두 이론의 통합이 이루어지지 않았기 때문일지도 모릅니다. 그런 의미에서 블랙홀 연구는 현대 물리학의 최전선이라고 할 수 있습니다.

블랙홀의 중심에 특이점이 존재한다면 블랙홀이라는 물체의 크기를 얼마로 보아야 할까요? 특이점은 크기가 무한히 작은 점이니 블랙홀은 크기가 없다고 보아야 할까요? 참 난감한 문제입니다. 모든 물질은 특이점으로 빨려 들어가버리고 텅 빈 공간에서 블랙홀의 존재는 어떤 의미가 있는 걸까요? 블랙홀이 특이점으로 붕괴해 들어가더라도 블랙홀의 질량과 중력의 작용은 변함없이 존재합니다. 그래도 어디서부터 어디까지를 블랙홀이라고 해야 할까요?

블랙홀의 공간적 경계를 설정하는 것이 바로 사건 지평선event horizon* 입니다. 사건 지평선은 빛이 블랙홀로부터 탈출할 수 있는 한계선입니다. 블랙홀에서 멀리 떨어진 곳은 블랙홀의 중력도 약할 것이므로 빛도 자유롭게 다닐 수 있을 것입니다. 하지만 블랙홀에 가까워지면 블랙홀의 강한 중력으로 인해 빛이 끌려 들어가게 될 것입니다. 사건 지평선을 넘는 순간의 빛뿐만 아니라 이 세상의 어떤 것도 탈출은 불가능합니다.

블랙홀의 중심에서 사건 지평선까지의 거리를 이론적으로 계산한 사람은 독일의 물리학자 카를 슈바르츠실트Karl Schwarzchild, 1873-1916였습니다. 그는 1차 세계대전에서 독일군 병사로 러시아와의 전투에 투입되었는데, 그곳에서 얻은 병으로 일찍 세상을 떠난 천재 물리학자였습니다. 그는 처음으로 블랙홀의 크기를 알아낸 사람이라고 할 수 있습니다.

생각해봅시다. 모든 물질은 블랙홀의 특이점으로 빨려 들어가버리고 그 바깥에서 사건 지평선까지는 텅 빈 공간입니다. 하지만 그 공간은 정말 아무것도 아닌 공간이 아닙니다. 강한 중력이 작용하고 있는 공간입니다. 세상의 모

***사건 지평선**
블랙홀을 둘러싸고 있는 가상의 경계면을 말하는데, 이 경계보다 더 접근하면 빛조차도 탈출할 수 없음. 이 사건 지평선의 크기는 블랙홀의 질량에 의해서 결정됨.

든 물체는 가까이 가면 접근을 막지만, 블랙홀은 어느 정도 가까이 가면 다 잡아먹어 버립니다. 우주의 괴물입니다. 하지만 잡아먹더라도 마구잡이로 잡아먹는 게 아니라 사건 지평선이라는 선을 그어놓고 그 선을 넘는 놈만 잡아먹습니다.

블랙홀이 물질과 에너지를 잡아먹는다는 것만으로 그렇게 신비한 존재는 아닙니다. 블랙홀은 '모든 것'을 잡아먹습니다. 심지어 '정보'조차도 말입니다. 정보를 잡아먹는다고요? 그렇습니다. 나는 앞으로 물리학계에서 가장 중요한 화두는 '정보'일 것이라고 감히 주장합니다. 엔트로피가 열역학의 조연에서 주연으로 화려하게 등장했듯이, 지금 물리학 책에 조연 축에도 끼지 못하는 정보가 머지않아 주연으로 등장하게 될지도 모릅니다. 아니, 틀림없이 그렇게 될 것입니다. 정보는 모든 것입니다. 무엇이 존재한다는 것은 정보가 있기 때문입니다.

그런데도 정보가 물리학의 주연으로 등장하지 못하는 것은 물리학자들이 정보와 기존의 물리학 개념들인 에너지, 엔트로피, 질량 등과 완전한 관련을 만들어내지 못하고 있기 때문입니다. 사람들은 돈을 주고 에너지를 사고팔지만 알고 보면 정보를 사고판 것이라는 것을 깨닫게 되는 날이 올 것입니다. 일반인은 기름을 샀다고 생각하는데, 물리학자는 에너지를 샀다고 생각합니다. 하지만 머지않아 정보를 샀다고 할 날이 올 것입니다.

블랙홀이 정보를 잡아먹는다는 것은 블랙홀 속을 절대로 알 수 없다는 말이기도 합니다. 무엇이 블랙홀의 사건 지평선을 넘어가 버리면 그것에 대해 아무것도 알 수 없다는 말이 됩니다. 그러니 블랙홀 속이 어떻게 되어 있는지도 알 길이 없습니다. 정보가 나올 수 없기 때문입니다.

정보 문제는 잠시 접어두고 엔트로피 문제로 돌아가 봅시다. 블랙홀은 엔트로피도 잡아먹어 버립니다. 여기 엔트로피가 담긴 상자가 있다고 합시다. 뜨거운 기체가 담겨 있다면 엔트로피가 높은 기체라고 할 수 있습니다. 이 상자를 사건 지평선 너머로 던졌다고 합시다. 당연히 그 상자는 물론 그 속의 기체가 가지고 있는 엔트로피도 블랙홀 속으로 사라질 것입니다. 그렇게 되면 이 우주의 엔트로피 중 일부가 블랙홀 속으로 사라져버린 것입니다. 이것은 우주의 엔트로피가 감소했다는 말이 아닌가요?

열역학 제2법칙에 따르면 우주의 엔트로피는 절대로 감소할 수 없다고 하지 않았던가요! 물리학자들은 에너지 보존은 양보해도(물론 양보할 사람은 없겠지만) 엔트로피의 법칙인 열역학 제2법칙은 절대로 양보하지 못하는 사람들입니다. 그런데 블랙홀은 이 법칙을 깨어버린다는 말입니다.

이 문제는 물리학계에서 매우 심각한 문제 중 하나였습니다. 자연에서 에너지 보존 법칙이 깨어지는 것처럼 보이는 현상이 나타나면 물리학자들은 무엇이 잘못되었는지 밤을 새워 증명하려고 할 겁니다. 엔트로피도 마찬가지입니다. 엔트로피가 감소하는 현상이 나타나면 물리학자들은 긴장합니다. 그리고 어디에 잘못이 있는지 밤새워 고민합니다.

하나 더 있습니다. 정보입니다. 정보가 사라진다는 것은 엔트로피 문제보다 더 심각합니다. 정보란 존재의 모든 것이기 때문입니다. 정보가 사라진다는 것은 이 세상이 사라진다는 것과 마찬가지입니다.

블랙홀이 엔트로피를 잡아먹는다는 사실은 말이 안 됩니다. 어디에 분명 논리적인 허점이 있으리라 생각했습니다. 그것을 처음으로 밝힌 사람이 이스라엘 출신이자 블랙홀이라는 이름을 지은 휠러의 제자인 제이콥 베켄스타인Jacob David Bekenstein, 1947-2015이었습니다. 그는 블랙홀 열역학black hole thermodynamics이라는 새로운 분야를 개척한 사람이기도 합니다.

베켄스타인의 생각은 이랬습니다. 블랙홀이 엔트로피가 가득한 상자를 잡아먹었다는 것은 그 속에 든 에너지도 잡아먹었다는 말입니다. 아인슈타인의 유명한 식 $E=mc^2$에 따르면 에너지는 곧 질량입니다. 블랙홀의 질량이 증가했을 것입니다. 질량이 증가하면 사건 지평선의 반지름이 증가합니다. 이것은 앞에 설명했던 슈바르츠실트의 계산 결과이기도 합니다. 블랙홀이 엔트로피를 잡아먹었다는 것은 에너지를 잡아먹었다는 것인데, 잡아먹었다는 사실을 완전히 숨기지는 못한 것입니다. 블랙홀의 배가 불룩이 나온 걸 보고 '저놈이 무엇을 잡아먹었구나!' 하고 눈치를 챌 수 있으니 말입니다. 블랙홀이 정보를 완전히 사라지게 할 수는 없습니다.

이어지는 긴 이야기는 생략하고, 블랙홀이 엔트로피를 잡아먹으면 자신의 엔트로피는 더 증가합니다. 이제 열역학 제2법칙은 베켄스타인 덕분에 위기에서 벗어날 수 있었습니다. 정보 문제도 해결되었습니다. 블랙홀은 자기 바깥세상의 엔트로피를 감소시키지만 자기의 엔트로피는 더 많이 증가시킵니다. 정보가 블랙홀에 들어간다고 해서 사라지는 것도 아닙니다.

블랙홀은 질량과 부피는 물론 온도도 있습니다. 온도가 있다는 말은, 복사가 가능하다는 말입니다. 이것이 바로 그 유명한 호킹 복사 Hawking radiation*가 가능한 이유입니다. 블랙홀 온도는 블랙홀이 작을수록 높습니다. 작은 블랙홀은 스스로 증발해 버릴 수도 있다는 것입니다. 알고 보니 블랙홀은 아주 검은 것은 아니었습니다. 블랙홀이 괴물이기는 하지만 그래도 우주의 법을 지키는 괴물인 것입니다.

괴물 같은 블랙홀이 이 우주에 하나둘이 아닙니다. 과학자들은 거의 모든 은하의 중심에는 블랙홀이 있다고 생각합니다. 유니콘이라는 별명을 가진 작고 가까운 블랙홀은 1500광년 떨어져 있습니다. 우리 은하의 중심에는 사지타리우스Sagittarius A라는 초대형 블랙홀이 있는데 그 질량은 무려 태양의 400만 배나 된다고 하는데 최근 우리나라를 포함한 세계의 과학자들이 협력하여 이 블랙홀의 사진을 찍는 데 성공했습니다.

블랙홀은 주위에 있는 물질과 에너지를 계속 흡수하므로 그 덩치는 자꾸만 커질 것입니다. 블랙홀이 삼킨 모든 것은 특이점으로 들어가버렸기 때문에 블랙홀이 커진다는 것은 결국 사건 지평선이 더 멀어진다는 말입니다. 다시 말하면 슈바르츠실트 반경이 증가한다는 것을 의미합니다. 사건 지평선은 보이지도 않으니 블랙홀 근처를 다닐 때는 조심해야 합니다. 블랙홀이 가까이 있지 않다는 것은 우리에게는

***호킹 복사**
스티븐 호킹은 블랙홀이 모든 에너지를 흡수만 하는 것이 아니라 방출도 한다고 주장했는데, 이 에너지 방출을 호킹 복사라고 함.

행운일지도 모릅니다. 만약 블랙홀이 몇 광년 거리에라도 있다면 그 강한 중력이 우리에게 어떤 짓을 했을지 알 수 없는 일이니 말입니다.

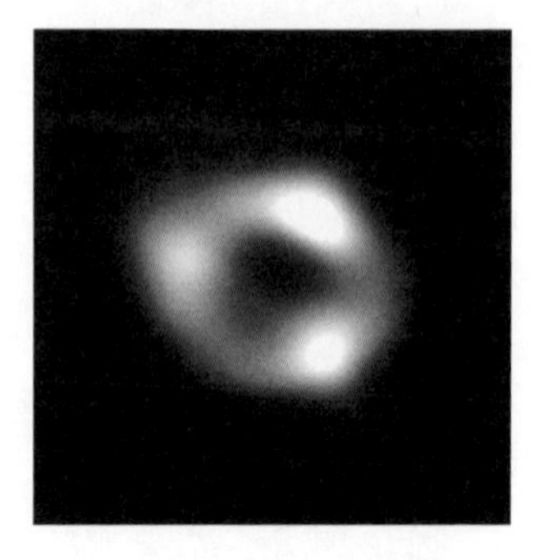

[그림 13] 우리은하 블랙홀 사지타리우스 A

블랙홀은 자기의 강한 중력으로 주변의 모든 것을 빨아들입니다. 계속 빨아들이기만 합니다. 먹어도 먹어도 배고파하는 신비한 존재입니다. 그래서 과학자 중에는 블랙홀이 아주 먼 공간을 서로 이어주거나 다른 우주로 통하는 웜홀$_{\text{wormhole}}$이라고 생각하는 사람들도 있습니다. 블랙홀이 우주의 웜홀이면 블랙홀이 다른 우주로 통하거나 과거와 미래로 통하는 관문이 될지도 모른다는 생각을 하기도 합니다. 하지만 아직 아무것도 확실한 것은 없습니다. 과학계에서는 블랙홀에 관한 온갖 유언비어가 난무하고 있는 상태라고 할 수 있습니다. 아무튼 블랙홀에 관한 연구가 더 이루어져 특이점이 나타나지 않는 블랙홀 이론이 나오게 되면 이러한 유언비어가 많이 사라지게 될 것입니다.

확실한 것은 블랙홀이 물질은 물론 빛도 잡아먹는 우주의 무덤이라는 것입니다. 블랙홀이 이렇게 모든 걸 삼키고 나면 무엇이 될까요? 혹시 우주의 괴물이 되지나 않을까요? 하지만 물리학자에게 괴물은 절대로 존재하지 않습니다. 언젠가는 이 블랙홀에 생기는 특이점의 수수께끼도 풀리게 될 날이 올 것입니다. 그리고 블랙홀이 괴물의 모습을 벗고 우리의 친구로 다가올지도 모릅니다.

끈, 궁극의 물질

데모크리토스는 물질을 쪼개고 또 쪼개면 결국 쪼갤 수 없는 입자가 나오리라고 생각했고, 그것을 '원자'라고 했습니다. 현대 물리학은 이 원자를 찾는 과정이라고 해도 틀린 말은 아닙니다. 러더퍼드Ernest Rutherford, 1871-1937가 원자핵의 존재를 확인하여 원자가 핵과 전자로 이루어진 것이 밝혀짐으로써 우리가 발견한 원자가 데모크리토스가 예언한 그 원자가 아님이 분명해졌습니다. 원자가 원자핵과 전자로 구성되어 있다는 사실은 원자가 더 쪼갤 수 없는 궁극의 입자가 아니라는 말입니다.

사람들은 과학자들이 발견한 원자는 바로 데모크리토스가 예언한 그 원자라고 생각했습니다. 하지만 자연에 존재하는 원자는 92가지나 됩니다. 원자가 궁극적인 입자라면 이렇게 많은 궁극적인 입자가 있다는 것은 너무 이상한 일입니다. 과학자들은 원자는 원자핵과 전자로 되어 있고, 원자핵은 양성자와 중성자로 구성되었다는 걸 원자 탐구로 알았습니다. 또 양성자와 중성자는 쿼크로 되어 있는데, 쿼크에는 업쿼크, 다운쿼크가 있다는 것도요. 이렇게 보면 만물의 구성단위는 전자, 업쿼크, 다운쿼크 세 종류의 입자로 되어 있는 것처럼 보였습니다.

얼마나 단순합니까? 이 세상의 모든 물질은 전자와 두 종류의 쿼크로 되어 있다는 것이! 하지만 여전히 이것이 궁극적인 입자가 될 수는 없습니다. 왜 하나가 아니고 셋이나 된단 말인가요?

그런데 뜻하지 않게 뉴트리노Neutrino라는 아주 이상한 입자가 발견되고 이어서 전자와 똑같지만 질량이 200배나 무거운 뮤온muon이 발견됨으로써 일대 혼란이 일어났습니다. 입자들을 강하게 충돌시키면 수많은 입자가 생겨났기 때문입니다. 그렇다면 데모크리토스가 말한 그 궁극적인 입자는 어디에 있단 말입니까?

끈 이론은 궁극적인 입자를 찾는 과정에서 나타난 아주 특이한 생각입니다. 여태까지 과학자들은 '입자'에 대한 선입견을 품고 있었습니다. 입자라는 말이 주는 어감이랄까, 그 이미지가 알갱이 모습이기 때문이었는지는 모르지만, 동그란 알갱이를 항상 머릿속에 그리고 있었던 것입니다. 데모크리토스의 원자는 알갱이기는 하지만 더 쪼갤 수 없는 알갱이여야 합니다. 그래서 크기가 없는 점 입자로 생각했던 것이지요. 그런데 점이라면 부피가 없으므로 이것을 수학적으로 기술하는 과정에서 무한대라는 도저히 받아들일 수 없는 결과가 나올 수밖에 없었지요. 점이 존재한다면 질량이 있는 입자라면 밀도가 무한대가 되어야 하고, 전하를 가지고 있는 입자라면 전하의 밀도가 무한대가 되어야 합니다.

점이란 수학적으로는 가능하지만, 자연에 점인 입자가 존재한다

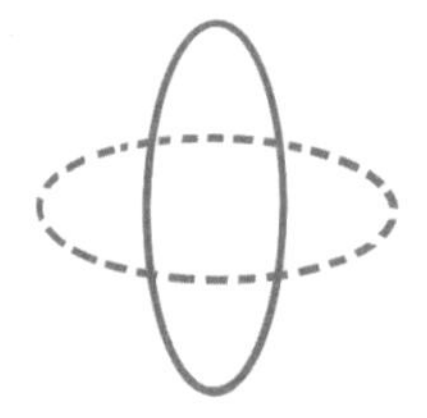

[그림 14] 끈의 진동

는 것은 상상하기 어렵습니다. 끈 이론은 입자가 점이 아니라 '끈'으로 되어 있다는 주장입니다. 모든 입자는 진동하는 끈이라는 것이지요.

입자의 질량은 끈의 진동수가 결정합니다. 파동에서 진동수는 그 파동의 에너지를 나타냅니다. 질량이 곧 에너지이므로 끈의 진동수가 질량과 관련되어 있다는 것은 매우 설득력이 있습니다. 입자는 질량만 아니라 전하도 가지고 있습니다. 전하 외에도 스핀도 있고 다른 물리적 성질도 가지고 있습니다. 이런 다양한 물리적 성질은 진동하는 패턴(소리로 말하면 음색과 같은 것)이 결정한다고 보는 겁니다.

그렇다면 이 '끈'이라는 것은 또 무엇으로 되어 있단 말일까요? 어떤 과학자는 끈이 궁극적인 입자라면 그것이 무엇으로 되어 있는가, 하는 질문은 의미가 없다고 주장합니다. 가장 궁극적인 것이 끈인데 끈이 다른 무엇으로 되어 있다면 끈이 궁극적인 입자가 될 수 없기 때문입니다.

과학자들은 끈을 굵기가 없는 1차원적인 것이라고 합니다. 굵기가 없다면 크기가 없는 소립자인데 끈에서도 무한대라는 도저히 받아들일 수 없는 결과가 나올 수밖에 없지 않을까요? 그래서 더 발전된 끈 이론에서는 굵기가 있는 끈을 상정하기도 합니다. 멀리서 보면 굵기가 없지만, 더 자세히 들여다보면 굵기가 있다는 것이지요. 끈의 굵기와 같은 차원을 숨겨진 차원이라고 합니다. 거시적인 공간은 3차원이지만 미시세계는 10차원으로 되어 있다고 주장합니다. 그래야 끈 이론으로 미시세계를 설명할 수 있다고 합니다. 나의 생각으로는 끈이라는 어떤 실체가 존재하는 게 아니라 그냥 '진동'

이라는 현상만 존재하는 것이 아닐까 합니다. 빛을 파동이라고 하지만 빛도 물질은 아니지 않습니까? 끈도 그런 것이 아닐까요?

끈 이론을 다 이해하지 못한다고 해도, 이러한 발상은 매우 신선하고 매력적입니다. 끈 이론을 주장하는 학자들에 따르면 끈 이론은 그동안 과학계의 미해결 과제로 남아 있던 양자역학과 일반상대론을 통합하는 것이 가능하다고 합니다. 더욱 놀라운 것은, 아직 발견되지는 않았지만 존재한다고 믿고 있는 중력자(중력을 매개하는 입자)가 끈 이론의 결과로 나온다고 합니다.

하지만 끈의 길이는 플랑크 길이(약 10^{-35}m)보다 작다고 합니다. 이것은 현재의 기술로 측정할 수 있는 길이가 아닙니다. 현재 기술이 아니라 아무리 기술이 발전한다고 해도 양자역학적인 한계를 벗어나는 길이이기 때문에 측정이 불가능합니다. 끈 이론이 옳다는 것을 실험으로 증명하는 것은 불가능합니다. 그렇다면 끈 이론을 과학 이론으로 받아들이는 것이 전혀 불가능하다는 말일까요? 그렇지는 않습니다. 만약 끈 이론을 사용해서 현재의 양자역학이나 상대론으로 설명하지 못하는 어떤 현상을 설명하게 된다면 끈 이론을 과학 이론으로 받아들일 수도 있을 겁니다. 그리고 소립자의 어떤 특성, 예컨대, 전자의 전하량을 끈 이론으로 계산해서 나온다면 거의 확정적으로 받아들일 수 있겠지요. 하지만 끈 이론은 아직 그런 수준에 도달하지 못했습니다. 그래서 일부 과학자들은 끈 이론을 받아들이지 않고 있습니다.

많은 위대한 이론이 처음에는 대부분 배척당했습니다. 끈 이론도 그런 과정에 있는지도 모릅니다. 끈 이론이 살아남을지 알 수는 없지만, 지금까지 끈 이론을 연구해온 것이 절대로 헛된 일은 아니었을 겁니다. 과학도 실패를 딛고 이룩한 구조물이기 때문입니다.

과학자들은 아직도 데모크리토스의 '원자'를 찾지 못한 것 같습니다. 어쩌면 영원히 그런 원자는 찾지 못할지도 모릅니다.

플러스 알파(+α)

존재란 무엇인가?

과학과 철학의 궁극적인 질문은 이것이 아닌가 생각합니다. 과학에서 존재라고 한다면 물질을 의미하는 것입니다. 자연과학은 물질의 성질과 물질의 본질을 탐구하는 학문이라고 해도 과언이 아닙니다. 하지만 물질의 본질을 이해해가는 과정에서 너무나 분명하고 확실한 존재였던 물질이 그렇게 간단한 대상이 아니라는 것을 알게 되었습니다. 물질은 원자로 이루어져 있는데, 원자는 다시 핵과 전자로 이루어져 있고, 핵은 다시 양성자, 중성자로 이루어져 있고, 양성자, 중성자는 아직 실험적으로 관찰되지 않은 쿼크라는 이상한 존재로 되어 있습니다. 이렇게 자꾸 물질의 본질을 추구해가다 보면 물질은 비물질적인 어떤 것으로 되어 있으리라는 생각에 이르게 됩니다. 물질이라는 확실한 존재가 비물질적인 존재로 되어 있다면 존재하는 것이 물질이라는 믿음이 깨어지는 것입니다. 다시, '존재란 무엇인가'라는 질문을 던지지 않을 수 없게 됩니다.

사실 빛이라는 것은 전통적으로 생각하는 그런 물질이 아닙니다. 물질의 가장 중요한 특성이 질량인데, 빛은 질량이 없기 때문입니다. 하지만 비물질인 빛이 물질을 만들어냅니다. 바로 $E=mc^2$라는 식이 가리키는 의미이기도 합니다. 빛이 물질이 아니라고 빛이 '존재'하지 않는다고 어떻게 말할 수 있을까요. 세상에서 빛보다 더 확실한 존재가 어디 있단 말입니까?

물체가 존재하는 가장 직접적인 증거가 보이는 겁니다. 보인다는 것은 빛이 있다는 말입니다. 그러니 물질이 존재하는 증거를 비물질에서 찾는 이상한 일이 벌어지는 것입니다. 이제 '존재란 무엇인가'라는 질문은 더욱 심각한 질문이 되어버렸습니다.

과학에서는 이제 빛을 비물질적인 존재로 보지 않습니다. 그렇다면 빛과 물질이 이 우주에 존재하는 전부일까요? 정신은 어떤가요? 정신이 '존재'합니까?

아직 정신이 과학의 영역은 아닙니다. 과학적으로 정신은 '존재'하지 않는 것이나 마찬가지입니다. 하지만 정신이 존재하지 않는다는 것을 어느 누가 받아들일 수 있을까요? 어떻게 보면 정신보다 더 확실한 존재가 이 세상에 어디 있을까요? 데카르트의 유명한 말, '나는 생각한다. 고로 나는 존재한다'처럼 정신이 없다면 물질이 존재한다는 것을 어떻게 인식할 수 있을까요.

과학은 정신은 고사하고 생명이라는 현상도 아직 다 이해하지 못하고 있습니다. 생명체는 물질로 이루어져 있지만, 그 생명체가 나타내는 특성은 전통적으로 생각하는 물질의 특성과는 거리가 멉니다. 생명이나 정신과 같은 현상은 이 우주에서 매우 특이하고 중요한 현상인데도 그 존재에 대한 이해는 턱없이 부족한 것이 사실입니다.

원자 한 개가 생명현상을 만들어낼 수는 없습니다. 원자 한 개에 정신이 있다고 할 수도 없습니다. 하지만 원자로 이루어져 있는 인간은 생명체일 뿐만 아니라 정신이 있는 존재입니다. 생명이나 정신 현상은 수많은 입자가 모여서 만들어내는 어떤 특성임은 틀림없습니다. 하지만 입자가 많이 모인다고 생명체가 되는 것도, 생각하는 존재가 되는 것도 아닙니다. 그렇다고 생명이나 정신이 물질 없이 존재할 수 있는 것도 아닙니다. 물질들이 모여서 어떻게 이런 현상이 만들어지는 걸까요?

우주는 복잡합니다. 하지만 우주의 복잡성이 원래부터 있었던 것은 아닙니다. 빅뱅의 순간은 아마도 단순함의 극치였을 것입니다. 더는 단순할 수 없는 상태가 빅뱅의 순간이 아니었을까요? 우주는 이 단순함이 점차 복잡성을 생성하면서 만들어진 것입니다.

우주의 변화는 단순함에서 복잡함으로 변해 갔습니다. 소립자보다는 원자가 더 복잡하고, 원자보다는 분자가 더 복잡합니다. 분자 중에서도 무기 분자가 더 복잡하고, 무기 분자보다는 유기 분자가 더 복잡합니다. 그리고 유기 분자로 이루어진 세포는 더 복잡하고, 세포로 만들어진 생명체는 더욱 복잡합니다.

숲은 나무로 되어 있지만, 숲에는 나무가 가진 특성만 있는 것은 아닙니다. 외롭게 서 있는 나무 밑에는 이끼가 없지만, 숲속의 나무 밑동에는 이끼가 낍니다. 숲이 형성되면 한 그루의 나무에서는 볼 수 없던 새들도 깃들고, 없던 미생물도 자랍니다. 이처럼 개체가 모여 집단이 형성되면 개체가 가지고 있지 않은 특성이 나타나게 됩니다. 복잡성은 개개의 단순한 집합이 아닙니다. 1+1=2가 되는 것 같은 산술적 합이 아닙니다. 복잡해지면 원래의 원소가 가지지 못했던 특성이 나타납니다.

은하는 별로 구성되어 있지만, 은하가 별의 단순한 집합체는 아닙니다. 은하의 중심부에는 대부분 블랙홀이 존재한다고 하는데 이 블랙홀은 별과는 전혀 다른 존재입니다. 사람의 몸이 원자로 이루어져 있지만, 원자가 슬픔과 기쁨을 느끼지는 못합니다. 이처럼 단순함이 결합해서 복잡성을 띠게 되면 전에는 없던 새로운 특성이 생겨나는 것입니다.

물체의 특성이라는 것은 사실 복잡성에서 만들어지는 것입니다. 소립자 하나도 나름의 특성이 없다고 할 수는 없지만, 소립자의 특성은 질량, 전하량, 스핀 등 단순한 물리량만 가질 뿐입니다. 빨갛고 파랗고, 딱딱하고 물렁물렁하고, 이런 특성들은 복잡한 구조로부터 만들어진 것입니다. 물체가 가지고 있는 성질이라는 것도 근본적으로는 그것을 구성하는 원자의 특성이 아니라 원자들이 모인 복잡성이 만들어낸 현상이라고 할 수 있습니다.

특히 생명은 우주에서 가장 복잡한 구조라고 생각되는데, 생명현상이 이처럼 독특하고 다양한 것은 그 구조가 복잡하기 때문입니다.

하나 더하기 하나가 둘이 아니라 둘 이상이 되는 이상한 덧셈 법칙이 우주가 이런 다양한 모습을 나타내는 근본 원리라고 할 수 있습니다. 1+1=2+α에서 이 α가 우주 생성의 핵심입니다. 만약 α가 없다면 우주는 그냥 원자들의 집합체일 뿐이었을 겁니다. 이 α로 말미암아 물체의 색깔이 생겨나고, 단단한 놈, 물렁물렁한 놈이 생겨나고, 잘난 놈, 못난 놈이 생겨나고, 그래서 이 세상이 만들어진 것입니다.

그런데 α란 놈의 실체가 무엇일까요? 따져 들어가 보면 1밖에는 실체라고는 아무것도 없습니다. 결국 α는 실체라고 할 수 없습니다. 물체의 색깔을 생각해봅시다. 빨갛고, 파랗고 그런 다양한 색깔은 분명히 우리 눈으로 볼 수 있는 확실한 현상입니다. 하지만 빨간 것은 빨간 무엇이 존재해서 나타나는 현상이 아닙니다. 원자가 파장이 700nm인 빛을 발산하면 빨갛고, 500nm인 빛을 발산하면 파랗습니다. 빨갛거나 파란 무엇이 존재하는 것은 아닙니다.

사람이 임종하기 직전과 임종한 직후의 육체는 동일한 육체지만 하나는 살아 있고, 하나는 죽어 있는 엄청나게 다른 육체입니다. 이 다름도 결국 α에 해당하는 것입니다. 세상은 1로 만들어져 있지만, 1이 모여서 만들어내는 α가 1을 제치고 더 중요한 역할을 하는 것입니다. 우리의 마음이라는 것도 1이 아니라 α입니다.

과학은 1이 연구 대상이지만 과학의 거의 모든 언어는 α로 되어 있습니다. 힘, 에너지, 운동량, 스핀 등 모든 것이 1이 아니라 α입니다. 1을 텍스트라고 한다면 α는 콘텍스트context입니다. 1이 말이라면 α는 말의 의미입니다. α가 빠진 세상은 무의미한 세상일 것입니다.

텍스트와 콘텍스트

미국의 시인이자 사회활동가인 뮤리엘 러카이저Muriel Rukeyser는 "세계는 원자가 아니라 이야기로 이루어져 있다."라고 말했습니다. 물리학자가 듣기에는 참으로 거북스러운 말입니다. 하지만 이 말은, 존재란 무엇인가, 라는 질문에 대한 깊은 통찰의 결과라고 생각합니다.

존재란 무엇일까요? 우리가 '존재한다'라고 말할 때 그 존재란 무엇일까요? 눈에 보이면 존재하고 보이지 않으면 존재하지 않는 것일까요? 공기는 눈에 보이지 않지만 분명히 존재합니다. 우리의 오감으로 관찰될 수 있어야 존재합니까? 우리의 오감은 믿을 것이 못됩니다. 있는 것을 보지 못하기도 하고 없는 것을 보기도(환청, 환시, 환각) 합니다.

존재의 문제는, 과학은 말할 것도 없고 철학의 중요 주제 중 하나입니다. 하지만 아직도 인간은 존재가 무엇인지 명확하게 알지 못합니다. 심지어 이 세상이 꿈이 아니라는 것을 반증하는 것조차 불가능하다고 해도 지나친 말이 아닙니다.

나는 존재를 텍스트적인 존재와 콘텍스트적인 존재로 나누기를 좋아합니다. 책으로 말하면 텍스트는 글자로 쓰인 내용이고, 콘텍스트는 명시적으로 표현되지는 않았지만, 맥락적으로 나타나는 그 무엇을 말합니다. 1+1=2+α에서 1이 텍스트라면 α가 콘텍스트입니다.

여기 아름다운 정원이 있다고 합시다. 나무, 돌, 꽃들로 이루어진 정원은 분명히 존재합니다. 그런데 정원의 아름다움은 존재합니까? 당연히 아름다움도 존재합니다. 여기서 정원을 텍스트적인 존재라고 한다면 아름다움은 콘텍스트적인 존재입니다. 사실 텍스트적인 존재보다 콘텍스트적인 존재가 정원이라는 존재에서 더 중요할지 모릅니다.

텍스트적인 존재는 시공간에 국지적으로 존재합니다. 텍스트적인 존재는 언제, 어디에 있는지 말할 수 있어야 합니다. 하지만 콘텍스트적인 존재는 시공간에 편재되어 있습니다. 정원의 아름다움은 어디에 있는가, 라고 묻는다고 합시다. 사실 이 질문은 질문 자체가 성립하지 않는 질문입니다. 콘텍스트적 존재를 텍스트적으로 물었기 때문입니다. 정원의 아름다움은 꽃에 있는 것도, 나무에 있는 것도, 정원석에 있는 것도 아닙니다. 이 모든 것이 어우러져 만들어내는 그 무엇입니다.

우리는 일상생활에서는 물론 학술적 연구 활동에서조차 이 두 존재의 구분을 무시하기 때문에 불필요한 논쟁을 하게 되는 경우를 많이 보게 됩니다. 하느님은 텍스트적인 존재인가요, 콘텍스트적인 존재인가요? 만약 하느님이 텍스트적인 존재라면 '하느님은 남자인가, 여자인가?', '어디에 있는가?', '백인인가, 흑인인가?', '키는 어느 정도인가?' 등의 질문에 답을 할 수 있어야 합니다. 하지만 하느님이 콘텍스트적인 존재라면 이런 질문은 질문 자체가 성립하지 않습니다.

정신도 마찬가지입니다. 정신은 뇌신경망이 만들어내는 콘텍스트적인 현상입니다. 그렇기에 뇌를 전자현미경으로 샅샅이 뒤져도 정신을 찾을 수는 없을 것입니다. 정신은 콘텍스트적인 존재이기 때문입니다. 정신이 어디 있느냐는 질문은 질문 자체가 잘못된 질문입니다.

콘텍스트적인 존재를 텍스트적인 존재로 착각하는 것은 사고의 수준이 유치하기 때문입니다. 그런데 텍스트적인 존재를 콘텍스트적인 존재로 인식하는 것은 깊은 통찰의 결과일 수 있습니다. 이렇게 생각해봅시다. '나'라는 존재는 분명 텍스트적인 존재입니다. 남자이고, 키가 170센티미터고, 몸무게가 65킬로그램인 텍스트적인 존재입니다. 하지만 그것만이 나라는 존재의 전부일까요? 내가 살아온 과정, 인간관계, 내가 하는 생각 등은 '나'라는 존재에 속하지 않는 것일까요? 이렇게 보면 '나'라는 존재는 텍스트적이 아니라 콘텍스트적이라고 해야 할 것입니다.

세상이 원자가 아니라 이야기로 되어 있다는 것도 세상이 텍스트가 아니라 콘텍스트라는 것을 우회적으로 표현한 말입니다. 보이는 것보다 보이지 않는 것이 더 존재스러운 존재입니다.

창발

인공지능 연구가 활발해지면서 인공지능이 자연스럽게 인간처럼 생각하는 존재로 발전할 수 있을 것인지에 대한 의문을 가지게 되었습니다. 이 과정에서 당연히 나올 수 있는 질문이 생명체는 어떻게 정신이라는 것을 획득하게 되었고, 생각하는 존재가 되었는가,

하는 것입니다.

정신 현상은 분명히 생명체가 가지고 있는 특성이고, 생명체는 물질로 이루어져 있는데 어떻게 물질로 이루어진 존재가 정신이라는 것을 획득하게 되었을까요? 그 획득 과정을 알 수 없기에 창발emergence이라는 개념을 도입한 것입니다.

창발은 창조라는 말과는 다릅니다. 창조가 무에서 유가 만들어지는 것을 말한다면, 창발은 무엇이 모여서 만들어내는 어떤 것을 의미합니다. 하지만 창발은 크게 과학적인 의미는 없다고 보아야 합니다. 그냥 모른다는 말의 다른 표현이 아닐까 생각합니다.

창발이라는 개념을 자꾸 확장하다 보면 신비주의에 빠져들게 될 위험도 없지는 않습니다. 하지만 물질들이 모여서 복잡한 구조를 갖게 되면, 그 물질들 각각이 가지고 있지 않던 다른 특성이 만들어지는 것은 분명한 사실입니다. 이것을 창발 현상이라고 한다면 창발 현상은 존재하는 것입니다. $1+1=2+\alpha$에서 α가 창발일 수 있고, 텍스트와 콘텍스트에서 콘텍스트가 이 창발 현상일 수도 있습니다. 명칭을 어떻게 붙이건 그것은 그렇게 중요한 것이 아닙니다.

α를 숫자로 환원할 수는 없습니다. 다시 말하면 수학의 영역을 벗어난다는 말입니다. 수학의 영역을 벗어난다는 것은 알 수 없다는 말일지도 모릅니다. 1로 이뤄진 세상에 존재하는 α로 말미암아 세상은 재미있어졌지만, 이것으로 말미암아 세상은 결국 불가사의한 것이 되었는지도 모릅니다. 다 알면 재미가 없을 테니까 말입니다.

빅뱅으로 물질이 창조된 이후 이 우주는 물질로 가득하게 되었지만, 그 물질에 의해 만들어진 이차적인 특성은 물질 자체보다 더 의미가 있습니다. 생명현상과 정신 현상이 바로 그것입니다. 이 우주에 생명체가 없고 생각하는 존재가 없었다면 얼마나 삭막했을까요?

이제 다시 빅뱅으로 돌아가 봅시다. 1은 빅뱅으로 창조되었습니다. 물리학은 1을, 오로지 1만을 탐구했습니다. 그들이 쌓아올린 탑은 높았고, 아름다웠고, 놀라웠습니다. 그들은 1만이 진정한 존재라고 생각했습니다. 하지만 이제 그들도 1이 아닌 무엇이 있다는 것을 깨닫기 시작했습니다. 아니, 그들도 α가 존재한다는 것을 알았지만, 1이 쌓아올린 아름다움에 심취해 애써 그것을 무시해왔는지도 모릅니다. 이제 그들은 어쩌면 1이 만든 α가 더 중요할지도 모른다는 불안감에 젖어들기 시작했습니다. 1을 진정으로 알기 위해서는 α를 알아야 할지도 모른다는 불안감 말입니다.

그런데 1은 어떻게 생겨난 것인가요? 1을 만든 것은 무엇일까요? 빅뱅 이전, 아무것도 없는 무無의 세상에 1이 나타났습니다. 그것이 바로 빅뱅이 아니었던가요? 빅뱅은 0이 1이 되는 사건이 아니었던가요? 무와 진공, 그것이 0이라면 세상 만물은 1이고, 세상 모든 현상은 α입니다. 0이 1을 낳고, 1이 α를 낳고, 그래서 이 세상이 되었습니다. 하지만 우리가 이 α에 대해서 아는 것이 너무 없습니다. 0에 대해서 아는 것은 더더욱 없습니다. 0, 무, 진공, 이 셋은 '최후의 질문'일지도 모릅니다. 그리고 이 α가 '궁극의 질문'이 될지도 모릅니다.

There are more things
on heaven and earth,
Horatio, than are dreamt
of in your philosophy

호레이쇼여, 하늘과 땅에는 너희 철학이 몽상하는 것보다
더 많은 것이 있다네.

_윌리엄 셰익스피어

CHAPTER

우주

빅뱅으로 우주가 탄생했습니다. '태초에 말씀이 있었느니라'처럼 그렇게 우주가 탄생했습니다. 그 우주에 별이 생기고 생명이 생기고 문명이 생겼습니다. 하지만 이 우주가 유일한 우주는 아니라고 합니다. 우리 우주 말고도 수많은 우주가 있다는 것이 빅뱅 우주론의 불가피한 결론입니다.

우리 우주만으로도 버거운데, 이 우주는 수많은 우주 중 하나일 뿐이라니, 이 사실을 어떻게 받아들여야 할까요? 이런 상상을 문학자나 예술가, 철학자가 한다면 모르지만 물리학자가 하고 있다니 놀랍지 않습니까?

우주론이 과학의 영역으로 들어오면서 과학자의 상상력은 문학이나 예술의 상상을 뛰어넘게 되었습니다. "우주에는 너희 철학이 몽상하는 것보다 더 많은 것이 있다네."라고 한 셰익스피어의 말은 놀라운 예언이었습니다.

모든 존재는 우주를 갈망합니다. 우리가 일상으로 보고 만지는 하찮은 물건도 138억 년이나 되는 역사를 가지고 있는 놀라운 존재들입니다. 그렇기 때문에 모든 존재는 우주적 존재입니다.

나의 삶, 우리의 삶, 인류의 삶이 모두 우주적인 의미를 가지고 있습니다. 우주를 알면 알수록 모든 존재는 놀라운 존재임을 깨닫게 됩니다.

과학은 몽상하는 것이 아니라 발견하는 것입니다. 발견한 것으로도 몽상의 세계를 넘어섰습니다. 과학자들이 발견한 우주의 놀라운 모습을 살펴봅시다.

우주라는 말

우주

우주를 한문으로 宇宙라고 씁니다. 宇나 宙나 모두 집이라는 의미입니다. 더 구체적으로는 宇는 시간을, 宙는 공간을 의미한다고 합니다. 그것이 사실이라면 '우주'라는 말은 정말 깊은 의미가 있는 말입니다. 우주에서 공간만 중요한 것이 아니라 시간도 중요하기 때문입니다. 우주는 '무엇'과 '언제'와 '어디'로 되어 있습니다. 물질의 위치를 '언제'와 '어디'로 나타내는 것이 물리학입니다.

언제, 어디와 더불어 '왜why'가 있어야 한다고 생각하나요? 당연합니다. 하지만 '왜'를 묻는 것은 철학자의 몫입니다. 과학자의 마음속에도 당연히 '왜'가 있고 자기 나름의 생각도 있을 것입니다. 하지만 과학자는 그 생각을 논문으로 '발표'하지는 않습니다. 궁극적인 '왜'는 과학의 영역을 벗어나기 때문입니다.

아인슈타인의 상대성 이론은 바로 시간과 공간을 통합한 이론입니다. 우와 주가 시간과 공간을 의미하는 것이라면, 우주라는 말은 철학적으로는 물론 과학적으로도 매우 의미 있는 용어가 아닐 수 없습니다. 옛 동양의 성현들이 시간과 공간이 우주를 이해하는 핵심이라는 것을 어떻게 알았는지 알 수는 없지만 놀라운 일이 아닐 수 없습니다.

유니버스

우주를 표현하는 우리말은 '우주'라는 말 하나뿐이지만 영어에서는 스페이스, 유니버스, 코스모스 등 다양한 말이 있습니다. 스페이스space라고 하면 우주 공간을 의미하는 것으로 진정한 의미에서 우주를 말하는 것은 아닙니다.

우주를 지칭하는 말에는 유니버스universe가 있습니다. 영어의 universe라는 말은 uni와 verse라는 말의 복합어입니다. uni는 uniform(같은), unitary(단일), union(통합)과 같은 의미를 가지고 있습니다. verse는 글의 한 절이나 시의 한 구절을 의미하는 것인데, diverse(다양한), transverse(변환) 등에서 보듯이 다양한 어떤 모습을 의미하기도 합니다. 즉, verse는 여러 가지 모습의 세상을 의미합니다.

요즈음 많이 사용하는 메타버스metaverse는 가상 세계를 의미하고, 멀티버스multiverse는 다중 세계를 의미합니다. 따라서 유니버스는 '하나인 세상'이라는 의미이기도 합니다.

하나인 세상이라는 말에는 무슨 의미가 내포되어 있을까요? 우선 공간적으로 같은 공간에 존재하는 세상이라는 의미입니다. 같은 공간이란 접근 가능한 공간이라는 의미입니다. 같은 우주에 있다면 방문 가능해야 할 것입니다. 직접 찾아가는 방문도 방문이지만 신호를 보내거나 받는 것도 방문입니다.

천문학자들이 망원경으로 별을 관측하는 것도 방문일 수 있습니다. 같은 공간에 있다는 것은 어떤 방법으로든 교류할 수 있다는 것을 의미합니다. 지금 기술로는 불가능하더라도, 미래의 기술로라도 방문할 수 있다면 같은 공간입니다.

하나의 세상이라는 말의 또 다른 의미는, 같은 물리법칙의 지배를 받는다는 의미이기도 합니다. 한때 사람들은 하늘을 지배하는 법칙과 땅을 지배하는 법칙이 다르다고 생각했습니다. 그런데 뉴턴이 발견한 중력은 땅에 있는 물체들 사이에만 작용하는 것이 아니라 천체들 사이에도 작용합니다. 그래서 중력gravitation을 만유인력universal gravitation이라고도 불렀습니다. 하지만 중력뿐 아니라 전기력을 포함한 모든 상호작용은 우주적인 보편성을 가지고 있습니다.

만약 별에서 성립하는 물리법칙과 지구에서 성립하는 물리법칙이 다르다면 우리가 별을 보거나 통신하는 것이 불가능할지도 모릅니다. 별빛을 보고 별에 어떤 원소가 있고, 별에서 무슨 일이 벌어지는지 알 수 있는 것은 별에서 성립하는 물리법칙이 지구의 물리법칙과 같기 때문입니다. 우리는 우주의 모든 곳에서 같은 물리법칙이 성립한다고 믿고 있습니다.

이 유니버스는 같은 공간을 점유하고, 같은 물리법칙의 지배를 받은 세상입니다.

코스모스

코스모스cosmos는 카오스chaos에 대응하는 말로 질서를 의미합니다. 혼돈이 아니라 질서가 있는 세상, 노력하면 이해가 가능한 세상을 의미합니다. 유니버스가 과학적 탐구의 대상인 우주를 의미한다면, 코스모스는 철학적이고 사변적인 우주라고 생각할 수 있습니다.

이 우주는 광대무변하여 과학으로 탐구한다고 해도 과학자들이 알아낸 우주는 우주의 아주 작은 부분일 뿐이며 유니버스만으로 표현되지 않는 더 많은 우주가 있기에 코스모스라는 말을 사용하는 것이 아닐까요?

멀티버스

코스모스라는 말로도 이 우주를 다 표현하기에는 부족한 것 같습니다. 최근에는 멀티버스multiverse, 즉 다중우주라는 말을 많이 사용합니다. 다중우주란 우리가 살고 있는 이 우주, 과학자들이 관측하는 이 우주가 아닌 다른 우주가 있다는 것입니다. 그냥 다른 우주가 있는 것이 아니라 무수히 많은 우주가 있고, 우리의 우주는 수많은 우주 중 하나일 뿐이라는 것입니다.

이런 생각이 그냥 몽상가들이 하는 생각이 아니라 물리학자들이 하는 생각입니다. 보이는 우주가 아닌 그런 우주를 어떻게 알아냈을까요? 과학이 관찰의 학문이라고 하지만 다중우주를 관찰로 알아낸 것은 아닙니다. 물론 관찰한 결과를 설명하기 위해서 생각해낸 것이기는 하지만 관찰 가능한 것은 아닙니다. 빅뱅 우주를 설명하기 위해서는 다중우주는 불가피한 결론이기 때문입니다.

우리가 사용하는 말에 '하늘'이라는 말이 있지만, 이것은 우주를 의미한다기보다는 땅과 대비되는 의미로 쓰였을 겁니다. 영어의 스페이스란 말과 비슷한 의미가 아닐까요? 중국어로는 우주를 태공太空이라고 부른다고 합니다. 아마 여러 민족의 언어를 분석해본다면 우주라는 명칭은 더욱 다양할 것입니다. 우주가 다양한 만큼 그 이름이 다양한 것은 당연한 일이 아닐까요?

우주의 탄생

별은 왜 떨어지지 않는가?

옛날 중국 기杞나라의 우憂라는 사람이 별이 떨어지는 것을 걱정했다고 해서 기우杞憂라는 말이 생겼다고 합니다. 하지만 기우는 아인슈타인을 괴롭혔던 문제이기도 했습니다.

우주에는 수많은 별이 있습니다. 이 별은 서로 중력으로 끌어당기고 있습니다. 그렇다면 서로 접근해서 한 덩어리가 되어야 하지 않을까요? 하지만 우주에 별들이 무한히 많다면 그렇게 되지 않을 겁니다. 별 하나를 생각해봅시다. 그 별 주위에 있는 별은 모두 그 별에 중력을 작용할 겁니다. 이렇게 사방에서 끌어당기고 있다면 그 별이 어느 쪽으로 끌려가야 할까요? 모든 방향에서 같은 힘이 작용한다면 그 별은 그 자리에 가만히 있을 수밖에 없을 겁니다.

우주 공간이 무한히 넓고, 무한한 공간에 별이 골고루 분포하고 있다면 별이 어느 쪽으로 떨어질 까닭은 없습니다. 기우가 해결된 것처럼 보입니다. 그런데 아인슈타인은 자기의 중력 방정식에서 이상한 것을 발견했습니다. 중력방정식에 따르면 그런 상황에서 별은 안정된 상태를 유지할 수 없다는 것입니다. 무한하고 영원하며 정적인 우주를 믿었던 아인슈타인은 이것은 절대로 말이 안 된다고 생각해서 자기의 중력방정식에 소위 우주상수라는 항을 하나 추가해서 안정적인 우주가 되도록 만들었습니다. 아인슈타인은 후에 우주상수를 도입한 것을 자기의 일생일대 최대의 실수라며 후회했다고 합니다. 그런데 아이러니하게도 후에 우주상수가 아인슈타인의 의도와는 달리 우주론에서 암흑 에너지라는 것이 밝혀지면서 우주상수는 다시 우주론에서 중요한 역할을 하게 되었습니다. 최대의 실수가 최대의 행운이 된 것입니다.

참으로 이상하지 않습니까? 아인슈타인은 어떤 과학자보다 기존의 고정관념에서 자유로운 사람이었는데 우주가 정적이라는 일반인들과 같은 고정관념에서 벗어나지 못했다니 말입니다.

그 후 러시아의 알렉산드르 프리드먼Alexandre Friedman, 1888-1925과 프랑스 신부 조르주 르메트르Georges Lemaitre, 1894-1966가 아인슈타인의 중력 방정식으로 정적인 우주가 아니라 팽창하는 우주가 안정적이라는 결과를 얻었습니다. 프리드먼은 우주의 나이까지 거의 정확하게 계산해냈습니다. 그런데 프리드먼의 주장은 과학자들에게 외면당했습니다. 그때까지 천문학에서 우리 은하가 우주 전부였고, 은하의 별들이 팽창한다는 증거는 아무것도 없었기 때문입니다. 프리드먼은 이 논문을 1922년에 발표했는데, 허블이 이 우주에 수많은 은하가 있다는 것을 발견한 것은 프리드먼이 생을 마감하던 1925년이었습니다. 프리드먼은 시대를 너무 앞서갔던 것입니다.

우주는 가만히 있는 것이 아니라 팽창하고 있습니다. 정지한 상태가 안정적이라는 것이 당연한 것 같지만 사실은 정지보다 운동하는 상태가 더 안정적입니다. 달을 보아도 그렇고 지구를 보아도 그렇습니다. 달이 정지해 있다면 저렇게 오래 하늘에 떠 있을 수 없습니다. 지구도 태양 주위를 돌지 않으면 태양으로 빨려 들어가 사라지고 말았을 것입니다. 모든 것은 움직이지 않으면 사라집니다. 인생도 그렇지 않나요? 움직이지 않으면 죽음입니다. 이 우주도 마찬가지입니다. 가만히 있다면 우주는 존재할 수 없습니다. 우주가 팽창하고 있기에 존재하는 겁니다.

빅뱅 우주

이제, 빅뱅으로 우주가 탄생했다는 사실은 초등학교 학생들도 다 아는 상식이 되었습니다. 그런데 '상식'을 모든 사람이 다 아는 생각이라고 하지만, 사실은 제대로 아는 사람이 아무도 없는 것이 '상식'이기도 합니다. 빅뱅도 그런 면에서 '상식'에 속합니다.

빅뱅 우주론의 개척자라 불리는 조지 가모프George Gamow, 1904-1968는 은하들이 서로 멀어진다는 사실로부터 시계를 역방향으로 돌리면 우주가 한때 매우 뜨거운 플라스마로 차 있던 때가 있었을 것이라고 주장했습니다. 우주가 아주 작았을 때는 온도가 매우 높았을 것이고, 온도가 높았다면 초기 우주의 수소와 헬륨 기체들은 모두 이온화되어 태양 표면과 같은 상태였다고 생각했습니다. 그는 이 우주의 플라스마를 실제로 볼 수 있다고 주장했습니다.

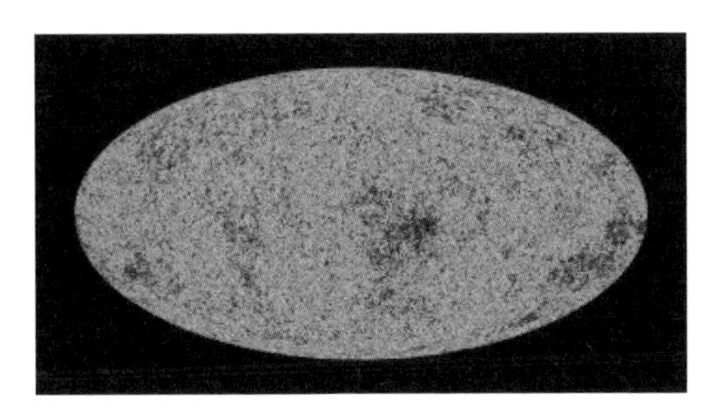

[그림 15] 태초의 우주 빛 지도

가모프의 이 예측은 실제로 아르노 펜지아스Arno Allan Penzias, 1933- 와 로버트 윌슨Robert Woodrow Wilson, 1936- 에 의해서 우주 배경 복사가 발견되면서 사실로 확인됐습니다. 말하자면 빅뱅 우주가 사실로 밝혀진 것이지요.

플라스마는 이온들의 기체이므로 빛이 플라스마 벽을 통과할 수 없습니다. 이온들은 자기에게 오는 빛을 흡수해버리기 때문입니다. 태양 표면이 밝아도 빛이 태양 표면을 뚫고 들어갈 수 없는 것도 이 때문입니다. 하지만 우리가 태양 표면을 볼 수 있듯이 이 플라스마 장벽을 볼 수 있을 것입니다.

별빛이 지구로 오기까지는 시간이 걸리므로 망원경으로 우주를 보면 가까운 곳에는 늙은 은하들이 보일 것이고, 멀리에는 젊은 은하들이 보일 것이며, 더 멀리에는 우주 초기의 플라스마의 장벽이 마치 지금 우리가 보는 태양 표면처럼 보일 것으로 생각했습니다. 하지만 가모프는 플라스마에서 나온 빛은 우주가 팽창하면서 파장이 많이 길어졌으므로 가시광선이 아니라 파장이 긴 적외선이 되었을 것으로 생각했습니다.

하지만 플라스마 장벽 그 너머는 빛이 이 장벽을 통과할 수 없으므로 절대로 볼 수가 없습니다. 우리가 관측할 수 있는 우주는 여기까지입니다. 그래서 우리가 볼 수 있는 한계인, 플라스마 장벽을 우주의 지평선horizon이라고 합니다. 지평선 밖은 볼 수 없습니다. 하지만 앞으로 기술이 발전해 중력파 망원경이 생긴다면 그 너머도 볼 수 있을 날이 올지도 모릅니다. 중력은 플라스마 장벽을 통과할 수 있기 때문입니다.

천문학자가 할 수 있는 일은 여기까지입니다. 그보다 더 멀리, 다시 말하면 더 과거는 물리학의 영역입니다.

이제 시간을 빅뱅의 시작으로 돌아가 봅시다. 빅뱅이 어떻게 시작했는지는 모르지만 아주 작은 영역이 팽창했을 것입니다. 나중에 설명하게 되겠지만, 아주 초기에는 급팽창이 있었습니다. 급팽창이 시작되는 초기의 상태를 알 수는 없지만, 그 공간은 플랑크 크기 정도에서 시작해 아주 짧은 시간(10^{-35}초) 동안 계속됐을 것입니다. 이 급팽창으로 생긴 물질은 너무나 고온이었기 때문에 원자가 될 수는 없었습니다. 초기에는 쿼크와 전자 같은 소립자들뿐이었을 것입니다. 우주가 팽창함에 따라 우주의 온도도 점점 내려갔을 것입니다. 시간이 지나면서 쿼크가 모여 중성자와 양성자가 만들어졌겠지만, 아직 양성자와 전자가 만나 원자를 이루지는 못하고 플라스마 상태였습니다.

플라스마 상태에서는 광자가 생겼다고 해도 플라스마 기체에 바로 흡수되어 빛이 우주 공간을 날아다닐 수는 없습니다. 플라스마의 온도가 3000K 정도로 식었을 때 비로소 빛이 우주를 활보할 수 있었습니다. 빅뱅 이후 38만 년이 되었을 때의 일이며, 이때 출발한 빛이 지금 막 지구에 도착하고 있습니다. 빛이 바로 우주의 배경 복사라는 것입니다.

138억 년 전에 빅뱅이 일어났고, 처음에는 급팽창이 있었고, 38만 년이 지나서야 비로소 원자가 태어났습니다. 그 당시는 대부분이 수소였고, 헬륨이 약간 있었습니다. 중력의 작용으로 수소와 헬륨의 기체가 모여서 별이 생기고 이 별들이 모여 은하라는 큰 구조가 만들어졌습니다.

이렇게 생긴 우주는 지금도 팽창하고 있습니다. 우주 초기에는 감속 팽창했지만 지금은 가속 팽창하고 있습니다.

이것이 빅뱅 우주의 간략한 역사입니다.

우주의 시공간: 나이와 크기

우주의 나이는 허블이 관측한 은하들이 멀어지는 속도, 우주의 배경 복사를 관측한 우주 초기의 모습, 그리고 아인슈타인의 중력방정식을 통해 실험 사실과 이론적 추론을 통해서 알아낼 수 있습니다. 그 결과 우주의 나이가 약 138억 년이라는 것이 밝혀졌습니다.

우주는 작은 점에서 급팽창을 시작해 한동안 감속 팽창하다가 근래에 와서 가속 팽창을 하고 있습니다. 우주 배경 복사는 빅뱅 후

38만 년이 되었을 때 출발해 지금 지구에 도달하고 있습니다. 우주 배경 복사는 거의 138억 년(38만 년은 무시할 수 있는 시간임) 동안 진행해서 지금 지구에 도착하고 있습니다. 빛이 138억 년을 진행했으나 그 빛이 이동한 거리는 138억 광년입니다. 그렇다면 우주의 크기도 138억 광년일까요?

그렇지는 않습니다. 우주는 과거에서 현재까지 계속 팽창하고 있었기 때문에 138억 년 전에 빛을 보냈던 그 원자는 지금은 그 자리에 있지 않고 더 멀리 갔을 것입니다. 우주의 팽창 속도가 어떻게 변해왔는지 안다면 그때 빛을 보낸 원자가 지금 얼마나 멀리 갔는지 계산할 수 있을 겁니다. 그런 계산을 한 결과 실제 우주의 크기는 138억 광년이 아니라 465억 광년이라고 합니다. 이렇게 되면 현재 우주의 지름은 약 930억 광년이 되는 셈입니다.

그렇다면 우주 초기의 크기는 얼마였을까요? 급팽창이 시작할 때의 우주 크기는 알 수 없습니다. 하지만 아무리 작아도 플랑크 길이(10^{-35}m)보다 작을 수는 없습니다. 이론적인 추론에 따르면 약 10^{-30}m 정도였다고도 합니다. 이 공간이 급팽창하여(급팽창은 뒤에 설명하겠습니다.) 38만 년 뒤에 우리가 보는 우주의 지평선이 만들어졌습니다. 그렇다면 우주의 지평선이 만들어졌을 때, 우주의 지평선의 크기는 얼마였을까요?

초기에 고온의 플라스마였던 기체가 식어서 수소 원자가 되기 위해서는 3000K 정도가 되어야 합니다. 그렇다면 지금 우리가 관측하는 배경 복사는 그때 출발한 빛입니다. 이 빛이 우주 공간의 팽창과 더불어 파장이 길어졌습니다. 물질이 내는 복사파의 파장은 온도에 따라 결정됩니다. 배경 복사의 파장은 2.7K 온도에 해당합니다. 그렇다면 3000K였던 것이 식어서 2.7K가 되었으니 약 1100배나 식은 겁니다. 온도가 내려가는 이유는 공간이 팽창하기 때문입니다. 이렇게 보면 공간도 1100배 커졌다는 것이 분명합니다. 지금의 우주가 930억 광년이니 그때의 우주는 930억 광년의 1100분의 1인 약 8500만 광년 정도의 크기였을 것입니다.

계산에 따르면 빅뱅이 일어나고 10^{-12}초가 지났을 때 우주는 지구와 태양 사이의 크기 정도였고, 3시간이 지났을 때는 은하수 은하의 크기인 10만 광년 정도였습니다. 38만 년이 되었을 때는 그 크기가 무려 8500만 광년으로 팽창했습니다.

빅뱅 우주의 두 가지 문제

빅뱅 우주는 그 자체로도 아주 흥미로운 이론입니다. 하지만 빅뱅 우주론이 안고 있는 두 가지 큰 문제가 있습니다. 그것은 우주의 균질성homogeneity과 공간의 평탄성flatness 문제입니다. 빅뱅 우주론을 이해한다는 것은 이 두 문제의 의미를 이해하는 일이기도 합니다.

균질성 문제

1964년 벨 연구소에서 연구하던 전파 천문학자 아르노 펜지아스와 로버트 윌슨은 우주의 모든 방향에서 오는 이상한 전파를 발견했습니다. 이것을 우주의 배경 복사라고 합니다. 이 배경 복사의 파장을 분석해보았더니 그림 16과 같은 파장 분포를 하고 있었습니다.

물리학자들은 모든 물체는 전파를 내고 있다는 것을 오래전부터 알고 있었습니다. 뜨거운 물체가 빛을 내는 것은 당연하지만 그렇지 않은 보통 물체도 눈에 보이지 않는 적외선이라는 빛을 내고 있습니다. 물체가 내는 빛의 스펙트럼은 온도에 따라 다르게 나타납니다. 온도가 높은 물체는 짧은 파장의 빛(자외선, X선 등)을, 온도가 낮은 물체는 긴 파장의 빛(적외선)을 냅니다. 태양은 0.00006mm 정도인 빛(가시광선)을 냅니다. 태양은 한 가지 파장의 빛만 내는 것이 아니고 여러 파장이 섞인 파장의 빛을 내지만 가장 많이 내는 빛의 파장이 그렇다는 것입니다. 온도가 낮으면 점점 긴 파장의 빛을 냅니다.

펜지아스와 윌슨이 발견한 전파의 파장 분포(그림 16)를 분석했더니 온도가 2.73K인 물체가 내는 파장 분포와 같았습니다. 이 전파를 보내는 우주의 어떤 곳의 온도가 2.73K라는 말입니다. 이것은 거의 절대온도 0도에 근접하는 매우 낮은 온도입니다.

그런데 이상한 일은 우주에서 오는 빛은 사방에서 오는데, 모든 곳에서 오는 빛의 스펙트럼이 같다는 것입니다. 같아도 보통 같은 것이 아니라 매우 정밀하게 같다는 것입니다. 이것이 무슨 말일까요? 우주 모든 곳의 온도가 같다는 것을 의미합니다. 서로 가까이 있는 공간의 온도가 같아지는 것은 서

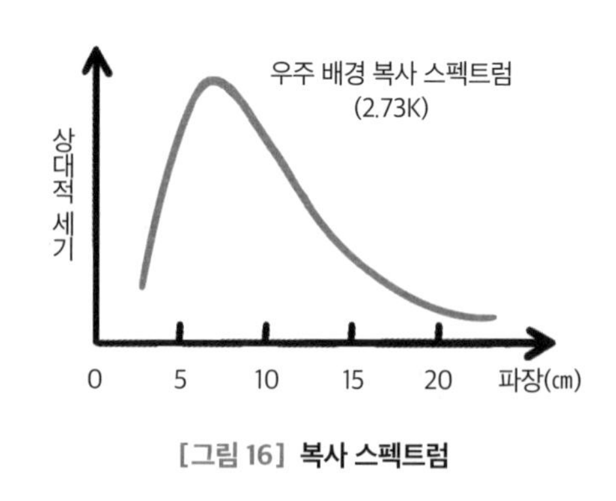

[그림 16] 복사 스펙트럼

로 섞여서 평형을 이루었기 때문이라고 할 수 있지만, 우주의 이쪽 끝과 저쪽 끝의 온도가 같은 것은 어떻게 설명할까요?

물론 우주가 아무리 크다고 해도 장구한 시간이 주어진다면 평형을 이루지 못할 이유가 없을 것이라고 생각할 것입니다. 그런데 이 우주에 정말 그런 장구한 시간이 있었을까요?

우리가 이미 알고 있는 것과 같이 우주는 138억 년 전 빅뱅으로 탄생했습니다. 우주의 이쪽과 저쪽 사이의 거리는 이보다 훨씬 더 멉니다. 138억 년 동안에는 도저히 갈 수 없는 거리입니다. 우주의 끝에서 오는 전파가 이제 막 지구에 도착했습니다. 이렇게 도착한 전파가 바로 펜지아스와 윌슨이 측정한 우주의 배경 복사입니다. 그러니 어떻게 서로 섞이거나 통신할 수 있었겠습니까?

그렇다면 어떻게 우주의 이쪽과 저쪽의 온도가 같게 되었을까요? 빅뱅이 일어날 때 모두 같이 있었으니까, 그때는 서로 아주 가까이 있었으니까 왕래하면서 평형을 이루었을 것이라고 생각할 수도 있습니다.

우주의 오른쪽과 왼쪽에서 오는 빛은 거의 138억 년 전에 출발한 빛입니다. 물론 빅뱅 후 38만 년이 될 때까지 플라스마 상태였던 우주에 중성인 원자가 만들어졌으니 빛이 출발한 것은 빅뱅 후 38만 년이 되었을 때였습니다. 하지만 38만 년은 138억 년에 비하면 없는 시간이나 마찬가지입니다. 그래서 그냥 138억 년 전에 출발했다고 합시다.

그 당시 우주의 크기가 얼마였는지는 몰라도 상당히 작았을 것입니다. 우주의 크기가 작았고 온도가 매우 높았다면 모든 공간에 온도가 균일했으리라고 생각할 수 있겠지요? 찻잔의 물은 이곳이나 저곳의 온도가 모두 같을 것입니다. 왜 그럴까요? 물 분자들이 이리저리 운동하면서 온도를 같게 만들어버렸기 때문입니다. 우주 초기의 공간도 이 찻잔과 같은 상태가 아니었을까요? 그렇다면 온도가 같아야 하는 것은 당연한 것 같습니다.

하지만 문제는 그렇게 간단하지 않습니다. 우주의 오른쪽과 왼쪽에서 오는 빛이 이제 막 지구에 도착했다는 말은 우주에서 처음으로 만들어진 빛이 138억 년 동안 우주 공간의 반(우리가 보았을 때 지구가 우주의 중앙에 있으므로)밖에 가지 못했다는 것을 의미합니다.

우주가 태어나서 출발한 빛이 이제 막 우주의 반을 가로지를 수 있었다면, 시간을 역으로 돌려서 우주 초기로 가 본다고 해도, 이 빛은 그 작은 우주의 반 정도밖에 진행할 수 없었다는 것을 의미합니다. 우주의 크기가 지금의 반일 때를 생각해봅시다. 그때의 우주 나이는 지금의 반인 69억 년이었을 겁니다. 빛이 69억 년 동안에 갈 수 있는 거리는 지금 우주의 반인 69억 광년입니다. 그러니 시간을 아무리 과거로 돌려도 그 우주에서 빛이 갈 수 있는 거리는 그 당시의 우주 크기의 반입니다. 빅뱅이 일어나는 순간, 아무리 우주가 작았더라도 빛은 그 우주의 반밖에 갈 수 없었을 겁니다. 우주의 크기가 작더라도 나이도 그에 비례해서 어리므로 자기 나이로 갈 수 있는 거리도 짧아지기 때문입니다.

이제 다시 우주를 찻잔으로 생각해 우주 초기 상태에서 우주를 가득 채운 물질(그것이 무엇이건 간에)이 우주 찻잔 속을 돌아다닌다고 생각합시다. 하지만 그 물질이 빛의 속도 이상으로 우주를 날아다닐 수는 없습니다. 그러니 그 당시 찻잔 우주의 이쪽과 저쪽의 온도가 달랐다고 해도 우주에 있는 물질은 우리의 찻잔 속의 물 분자처럼 서로 왕래해서 온도를 균일하게 만들 방법이 있었을까요? 불가능합니다. 지금 우주에서 우주의 모든 곳의 온도가 평형을 이루는 것이 불가능하다면 빅뱅 초기에도 마찬가지로 불가능했다고 봐야 합니다.

그런데 우주의 배경 복사를 관측해보면 우주의 모든 방향에서 오는 복사파의 스펙트럼이 같다는 것입니다. 그것은 우주의 이쪽과 저쪽의 온도가 같다는 것을 의미합니다. 초기 우주의 이곳과 저곳이 서로 왕래할 수 없었다면 이런 균질성은 매우 신기한 일이 아닐 수 없습니다.

그렇다면 빅뱅이 일어나기 전에 우주의 모든 곳이 균질해지도록 하는 어떤 과정이 있어야 했는데, 그것이 무엇일까요. 이것이 바로 우주 배경 복사의 균질성 문제입니다.

평탄성 문제

제1장에서 공간의 문제를 다룰 때 휘어진 공간에 관해서 알아보았습니다. 천문학자들이 관측한 바에 따르면 우주 공간은 매우 평탄하다는 것입니다. 물론 이것도 큰 스케일에서 그렇다는 것입니다. 아인슈타인의 상대론에 따르면 태양이나 무거운 별 근처에서는 공간이 휘어집니다. 블랙홀 근처에서는 매우 심하게 휘어지지요. 하지만 몇억 광년 정도의 큰 스케일에서는 우주가 평탄하다는 것입니다.

우주가 평탄할 수도 있고 휘어졌을 수도 있는데, 우리 우주가 평탄하다고 해서 누가 시비를 걸 수 있겠습니까? 하지만 과학자들의 계산에 따르면 우주의 곡률은 우주의 에너지 밀도에 관계되는데, 그 값이 조금만 달라져도 이 우주는 크게 휘어져버린다는 것입니다. 이것은 아인슈타인의 우주 방정식을 수학적으로 해석하는 과정에서 나오는 결론입니다. 그들의 결론에 따르면 우주의 밀도가 아주아주 조금만 달라도 이 우주가 평탄하기는 어렵다는 것입니다.

하지만 우주가 그런 기막힌 평형 상태가 되는 것이 불가능할까요? 물론 가능합니다. 여러분은 날카로운 심이 있는 연필을 책상 위에 바로 세우는 것이 가능하다고 생각합니까? 물론 어렵지요. 하지만 아주 불가능한 것은 아닙니다. 우주가 평탄하기 위해서는 연필 세우는 것보다 수천, 수만 배, 아니 수억 배 더 우주의 밀도가 정확하게 어떤 값을 가져야 합니다. 빅뱅 초기에 이 값이 조금만 달랐어도 장구한 세월이 지나면 연필이 넘어지듯이 우주는 붕괴하고 말았을 겁니다.

백두산, 아니 에베레스트산 높이만 한 길고 가는 연필을 책상 위에 세운다고 생각해보세요. 이것도 불가능한 것은 아닐지 모르지만 그런 연필이 서 있는 것을 본다면 누구나 까무러치게 놀랄 것입니다. 그것도 잠깐이 아니라 수십억 년 동안 그렇게 서 있다고 상상해보세요. 그런 연필을 본다면 무슨 보이지 않는 끈이 연필을 잡아주고 있다고 생각하지 않을 수 없을 겁니다. 우주의 평탄성 문제가 바로 이와 같은 상황입니다. 이것은 아주 불편하고 부자연스러운 일입니다. 자연현상에서 이런 부자연스러움을 제거하고 자연스러운 어떤 원인을 찾아내는 것이 과학이 할 일입니다.

그런데 우주의 공간이 평탄하다는 것은 관측된 사실입니다. 연필도 바로 세우기가 어려운데 어떻게 이런 일이 일어났을까요? 이것이 바로 평탄성 문제입니다.

급팽창: 날벼락 같은 발견

앞에서 우리는 우주의 배경 복사가 우주 초기의 플라스마 상태였던 때의 모습이라고 했습니다. 플라스마 장벽은 우주가 빅뱅 후 38만 년이 지났을 때의 모습입니다. 이때에는 우주가 이미 상당히 팽창한 후였습니다. 우주 배경 복사가 균질하다는 것은 그 당시의 플라스마로 가득 찬 우주 모든 곳의 온도가 같았다는 것을 의미합니다. 왜 온도가 같았는가 하는 것이 바로 우주의 균질성 문제입니다.

그런데 우주의 나이가 38만 년이었을 때, 그 우주 모든 곳의 온도가 같았다면, 당연히 빅뱅이 일어나고 난 후, 우주의 온도가 같아지는 어떤 과정이 있었어야 합니다. 하지만 과학자들은 그 과정을 전혀 알 길이 없다는 것이지요. 이때 나타난 구세주가 바로 급팽창 cosmic inflation 이론입니다. 이것은 정말 과학계의 날벼락 같은 선물이었습니다. 급팽창으로 빅뱅의 두 가지 골칫거리인 균질성 문제와 평탄성 문제가 일시에 해결되어버렸기 때문입니다.

급팽창이란 일정한 시간에 두 배씩 늘어나는 방식의 팽창을 의미합니다. 이것은 폭발적인 팽창을 의미합니다. 어떤 길이를 100번 배증하면 원래 길이의 2^{100}배, 다시 말하면 약 10^{30}배나 됩니다

($\log 2^{100} = 100 \log 2 \simeq 30$). 급팽창 이론에 따르면 공간은 약 10^{-37}초에 한 번씩 배증했다고 합니다. 급팽창이 시작되는 공간의 크기를 정확히 알 수는 없지만 대충 10^{-30}m 정도라고 한다면, 그리고 이만한 크기가 10^{-37}초 만에 한 번씩 두 배로 증가한다면, 이것이 100번만 계속해도 앞에서 설명한 것과 같이 10^{30}배가 됩니다. 이것은 급팽창이 시작한 후 10^{-35}초 만에 약 1m 정도인 크기가 된다는 것을 의미합니다. 정말 순식간이지요.

이 작은 우주를 빅뱅이 넘겨받아서 3시간 뒤에는 은하수 은하만 한 크기가 되었다가, 38만 년 후에는 8500만 광년의 크기가 되었다가, 지금은 930억 광년의 크기로 자랐습니다.

공간이 이렇게 어마어마하게 팽창하면 어떻게 될까요?

여기 탁구공이 하나 있다고 합시다. 이 탁구공 위에 구슬을 올려놓는 것은 매우 어려울 겁니다. 탁구공의 곡면이 많이 휘어져 있기 때문입니다. 탁구공을 축구공만큼 키웠다고 합시다. 그러면 구슬을 올려놓기가 약간 더 쉽겠지요. 이제 탁구공을 지구 크기만큼 키웠다고 합시다. 이 탁구공의 표면이 휘어져 있다는 것을 느낄 수 있을까요? 처음에 쭈글쭈글한 탁구공이었어도 매끈한 평면으로 보일 겁니다. 이처럼 휘어진 공간도 팽창하면 할수록 평탄해집니다.

만약 우주가 급팽창했다면 우주 공간은 평탄하지 않을 수가 없을 겁니다. 아무리 울퉁불퉁한 공간이었다고 하더라도 엄청난 팽창을 하게 되면 모든 공간이 다 평탄해지지 않을 수 없습니다. 빅뱅 이론에 따르면 우주는 애초에 아주 평탄했어야 했지만, 인플레이션은

애초에 평탄하지 않았다고 하더라도 엄청난 팽창을 하게 되면 어쩔 수 없이 평탄해진다는 주장입니다. 따라서 이 우주가 급팽창했다면 우주의 평탄성 문제는 자연스럽게 해결됩니다.

그렇다면 균질성 문제는 어떨까요? 만약 빅뱅이 급팽창을 이어받은 것이라면, 빅뱅이 이어받은 공간은 그것이 아무리 큰 것일지라도 원래는 매우 작은 한 점이 급팽창해서 만들어진 공간일 겁니다. 이 작은 점은 균질했을 겁니다. 너무 가까이 있었고 동시에 만들어진 물질이었으니까요.

비록 처음에 균질하지 않았다고 하더라도 그 공간을 더 작게 잡으면 됩니다. 물론 아무리 작게 잡아도 플랑크 길이(m)보다 작게 잡을 수는 없습니다. 급팽창은 어마어마한 팽창이므로 균질한 부분이 될 때까지 얼마든지 작은 부분을 시작점으로 잡을 수 있을 것입니다. 아무리 작은 부분이라도 급팽창은 우주만큼이라도 크게 만들 수 있습니다.

급팽창은 모든 공간이 엄청나게 팽창하는 것이니 이 균질한 작은 점이 팽창한 것도 균질할 수밖에 없을 겁니다. 이처럼 빅뱅이 넘겨받은 우주는 급팽창으로 이미 균질해져 있었던 것입니다. 균질한 물질 덩어리가 팽창해서 만들어진 것이 38만 년 후의 플라스마 우주입니다. 이 우주는 급팽창으로 균질하게 만들어진 우주입니다. 플라스마 상태가 끝나면서 나온 빛이 바로 우주 배경 복사이므로 이것이 균질하다는 것은 당연합니다. 이렇게 해서 균질성 문제도 급팽창으로 해결되었습니다.

돌이켜 생각해보면, 우주의 배경 복사가 균질하다는 사실에서 초기의 플라스마 상태인 우주의 균질성을 설명할 수 없었다면, 우주 초기에 플라스마 우주를 균질하게 만드는 어떤 과정이 있었다고 보아야 하지 않았을까요? 그렇다면 가장 쉽게 예상할 수 있는 것이 애초에 우주가 한 점에서 시작했을 것이라는 가정이 아니었을까요? 그랬더라면 한 점에서 어떻게 플라스마 우주가 만들어졌는지 좀 더 심각한 고민을 했을 것이고 그 고민은 자연스럽게 급팽창으로 연결될 수 있었을 것 같은데, 앨런 구스Alan Guth가 급팽창을 발표할 때까지 아무도 그런 생각을 하지 않았다는 것은 좀 이해하기 어려운 일이기도 합니다. 그래서였을까요? 미국의 물리학자이자 노벨 물리학상을 받은 스티븐 와인버그Steven Weinberg, 1933-2021가 급팽창 소식을 듣고 그 간단한 것을 자기가 먼저 알아내지 못한 것을 매우 한스러워했다는 일화가 있습니다.

빅뱅은 급팽창한 우주, 다시 말하면 균질하고 평탄한 우주를 넘겨받았으므로 당연히 그 후에 우주가 아무리 팽창해도 균질성과 평탄성은 자연스럽게 유지될 수밖에 없습니다. 빅뱅이 급팽창에서 시작한 것이냐 급팽창이 끝난 후로 보아야 하느냐 하는 논쟁이 있을 수 있지만 그것은 관점의 차이일 뿐입니다. 급팽창이 계속된 시간은 겨우 10^{-35}초 정도로 엄청나게 짧은 순간이었으니까 그 시간만큼 앞이냐 뒤냐를 따지는 것은 큰 의미가 없습니다. 하지만 개인적으로는 급팽창과 빅뱅을 분리해서 생각하는 것이 나중에 다중우주를 설명하기에 편리하다는 생각은 합니다. 그래서 빅뱅은 급팽창을 이

어받아 시작했다고 보겠습니다.

비록 급팽창이 균질성 문제와 평탄성 문제를 잘 해결했다고 해도, 왜 이 우주는 급팽창했느냐, 우주의 물질은 어디서 왔느냐 하는 의문은 남아 있습니다.

급팽창은 원자보다 작은 영역에서 시작되었습니다. 이 영역이 균질했다고 말했는데, 이것은 정확한 표현은 아닙니다. 원자 정도의 크기에서 보면 맞는 말이지만 원자보다 작은 공간에서는 그렇지 않습니다. 원자보다 작은 플랑크 크기의 시간과 공간으로 들어가면 세상은 불확정성 원리가 지배합니다. 불확정성 원리가 지배하게 되면 균질성을 보장할 수 없습니다. 소위 양자 요동이라는 요동이 존재합니다. 미세한 양자 요동은 급팽창과 함께 팽창합니다. 아주 균질한 것 같지만 자세히 들여다보면 얼룩이 보입니다. 이 얼룩이 결국 우주의 배경 복사에 그대로 반영되어 있습니다. 이 얼룩들이 발전해 은하가 만들어진 것입니다.

아무것도 없던 공간에서 물질이 생기는 것도 이 양자 요동 때문입니다. 이렇게 말하면 무에서 유가 생겼으니 에너지 보존 법칙은 어떻게 되느냐고 묻고 싶을 것입니다. 그렇습니다. 에너지 보존이 깨어지는 것같이 보입니다. 하지만 물리학자들은 이 경우에도 에너지 보존 법칙이 성립하도록 이론을 만들어냈습니다.

지구가 태양 둘레를 공전하고 있지요. 만약 지구가 태양에 끌려 더 가깝게 접근한다면 지구는 더 빨리 공전하게 됩니다. 그러면 지구의 운동에너지가 증가한 것인데 이 에너지는 어디서 온 것일까요? 그것은 태양의 중력장에서 지구가 가지고 있던 중력 에너지(이것을 퍼텐셜 에너지라고 합니다.)에서 온 것입니다. 즉, 지구의 퍼텐셜 에너지가 줄어들고 운동에너지가 증가한 것입니다. 그래서 전체의 에너지는 변화가 없었다고 하는 겁니다.

그렇다면 진공의 양자 요동에서 생긴 에너지는 어떻게 된 것일까요? 이것은 진공(중력장)에서 가지고 온 것입니다. 진공은 양(+)의 에너지를 주고 대신 자기는 음(-)의 에너지를 갖는 것입니다. 이렇게 되면 전체의 에너지는 변함이 없게 됩니다. 급팽창하는 동안 이 양의 에너지도 증가하지만, 음의 에너지도 증가합니다. 양의 에너지는 우리가 관찰할 수 있고 음의 에너지는 진공에 남아 있어서 관찰할 수 없습니다.

마치 은행원이 은행에 있는 돈을 몰래 가지고 나와서 그 돈을 사용하는 것과 마찬가지입니다. 그 은행원과 거래하는 사람은 은행원이 가지고 있는 돈은 보이지만, 은행의 금고 속은 들여다볼 수 없습니다. 그래서 사람들은 그 은행원이 진짜 돈을 가지고 있다고 생각할 것입니다. 사실이 들통나기 전까지 이 은행원은 부자 행세를 할 수 있습니다.

은행이야 사람이 사기 칠 수도 있다고 하지만 진공에서 사기를 치다니 참 어처구니없는 일입니다. 하지만 그것이 사실입니다. 우주도 언젠가 이 사실이 들통나서 파산하는 날이 올까요? 모르겠습니다. 아마도 이 우주가 끝나는 날까지 그런 날은 오지 않을 겁니다.

이렇게 급팽창으로 평탄하고 균질한 물질로 가득한 우주를 물려받은 이 우주는 처음에는 감속 팽창하다가 최근에는(약 50억 년 전부터) 가속 팽창하고 있습니다. 가속 팽창도 급팽창의 일종이지만 초기의 급팽창이 10^{-37}초마다 두 배가 되는 팽창이었다면 지금의 우주는 80억 년마다 두 배가 되는 팽창이라는 점이 다릅니다.

다중우주

지평선 그 너머

약 138억 년 전에 빅뱅으로 이 우주가 시작됐습니다. 우리가 하늘을 보면 수많은 별이 보입니다. 그 별빛이 지구까지 오는 데는 시간이 걸립니다. 138억 광년보다 멀리 있는 별을 볼 수 있을까요? 그런 별이 있다고 해도 그 별에서 나온 빛은 아직 우리에게 도착하지 못했을 겁니다. 그러니 우리에게 보이는 세상이 세상 전부라고는 할 수 없습니다. 우리가 보는 우주는 138억 광년 안에 있는 공간뿐입니다. 볼 수 없다는 것은, 가는 것은 물론이고 통신조차 할 수 없다는 것을 의미합니다. 빛보다 더 빠른 물체도 없고, 더 빠른 통신방법도 없습니다. 이것은 인간의 기술이 부족해서가 아니라 우주의 본질이 그렇다는 것입니다.

앞에서 우주의 배경 복사를 설명하면서 빅뱅 후 38만 년이 될 때까지 우주는 플라스마 안개 속에 있었고, 빛조차도 이 플라스마 속을 자유롭게 다닐 수가 없었다고 했습니다. 우주의 온도가 3000K 정도 되었을 때 비로소 빛이 해방됐습니다. 이 빛이 지금 우리가 보는 우주의 배경 복사입니다. 이 빛은 빅뱅 후 38만 년이 되었을 때 나온 빛입니다. 빅뱅 후 38만 년 동안에도 우주가 팽창했고 그것이 배경 복사 뒤쪽에 있겠지만, 우리는 그 우주를 볼 수 없습니다. 배경 복사 그 너머는 빅뱅 후 38만 년 전의 플라스마 장벽이 가로막고 있기 때문입니다. 그래서 우주의 배경 복사는 우리가 보는 우주의 끝입니다. 배경 복사파가 오는 우주 초기의 플라스마 장벽을 우주의 지평선이라고 부릅니다.

우주의 지평선이 우리가 볼 수 있는 우주의 끝이지요. 그렇다면 지평선 너머에는 아무것도 없을까요? 그렇지는 않습니다. 빅뱅 이후 38만 년 동안의 우주 역사가 그곳에 있을 겁니다. 만약 빛이 아니라 플라스마를 통과할 수 있는 다른 통신 수단, 예컨대 중력파를 이용한다면 지평선 그 너머를 볼 수 있을지 모릅니다. 하지만 중력파의 존재를 확인하기는 했지만, 아직 이것으로 통신할 수 있는 기술은 없습니다.

138억 광년 거리에 있는 별을 지금 우리가 본다고 합시다. 그 별빛은 138억 년 전에 출발한 별입니다. 팽창하는 우주에 살고 있는 우리는 그 별이 이미 138억 년보다 더 멀리 가버렸을 겁니다. 그러니 138억 광년을 우리 우주의 크기라고 생각하는 것도 말이 안 되지요. 그보다 더 멀리에 별이 있다는 것이 분명합니다. 실제 우리 우주의 가장자리는 465억 광년이고 우주의 지름은 930억 광년으로 계산됩니다.

이 지구가 아니라 지구에서 100억 광년 떨어진 다른 지구에 있는 누군가가 보는 우주는 우리 우주와 같은 우주일까요? 그 별에서 보는 우주의 지평선은 우리의 지평선과는 다를 겁니다. 그들이 보는 지평선은 그들로부터 반경이 138억 광년인 공간이고, 우리의 지평선은 우리로부터 반경이 138억 광년인 공간입니다. 그러니 그들의 우주와 나의 우주는 같은 공간에 있기는 하지만 그 영역은 다른 우주라고 할 수 있습니다.

우주의 공간이 무한하다고 한다면, 이 무한한 우주에는 관찰자가 어디에 있느냐에 따라 서로 다른 우주가 수없이 많이 있을 것입니다. 보이는 것이 전부는 아닙니다.

급팽창과 다중우주

"옛날 옛적에, 급팽창이 있었어요. 급팽창이 우리의 빅뱅을 만들었어요. 우리의 빅뱅이 은하를 만들었어요."(『Our Mathematical Universe』, p.113.) 어린이에게 이야기를 들려주듯이 하는 이 빅뱅 이야기를 맥스 테그마크Max Tegmark는 너무 순진한 이야기라고 했습니다. 이 세상에 빅뱅이 한 번만 일어나지도, 우리의 빅뱅 우주만 있는 것도 아니라는 것입니다.

급팽창 이론에 따르면, 우주의 급팽창은 끝없이 진행한다고 합니다. 시작도 없고, 끝도 없는 팽창이 급팽창입니다. 그렇다면 우주 공간에서 우리의 빅뱅이 유일한 빅뱅일 수는 없습니다.

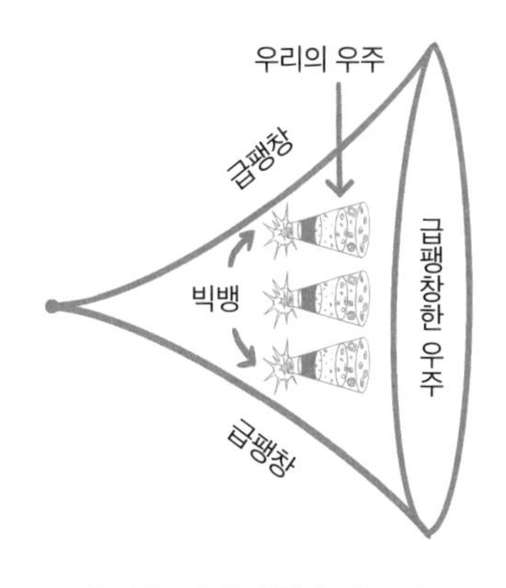

[그림 17] 급팽창과 다중우주

급팽창은 암흑 에너지라고 하는 급팽창 물질 때문입니다. 이 물질이 무엇인지는 모르지만, 그 물질도 결국은 붕괴할 것입니다. 방사능 붕괴에서 보듯이 모든 물질은 붕괴합니다. 즉 죽는다는 말입니다. 급팽창 물질이 붕괴하면 보통 물질이 생겨납니다. 빅뱅은 바로 이 급팽창 물질이 붕괴하면서 생기는 현상이라고 할 수 있습니다.

그렇다면 급팽창 물질의 붕괴는 한 번만 일어날까요? 공간이 팽창하면서 급팽창 물질은 계속 생겨나지만 붕괴도 일어날 것입니다. 다만 붕괴하는 반감기(반으로 줄어드는 시간)보다 급팽창으로 생겨나는 배증기(두 배가 되는 시간)가 더 짧아야 합니다. 이렇게 되면 급팽창은 영원히 계속될 것입니다. 그리고 그 붕괴가 일어나는 곳에서 빅뱅이 시작된다면 이 우주에는 수없이 많은 빅뱅이 있었고, 지금도 일어나고 있으며, 앞으로도 빅뱅은 계속될 것입니다.

우리의 우주는 이 수많은 빅뱅 중 하나의 빅뱅이 만들어낸 것입니다. 그렇다면 우주에는 수많은 우주가 태어났고, 태어나고 있고, 앞으로도 계속 태어날 것입니다. 우주에는 얼마나 많은 우주가 있을까요?

아무리 상상력이 풍부한 공상과학 소설가가 소설을 쓴다고 해도 급팽창 우주와 같은 우주를 상상할 수 있었을까요? 현실 우주는 어떤 몽상가가 몽상하는 것보다 더 대단한 일이 벌어지는 공간입니다. 상상보다 관찰(물론 다중우주는 관찰의 결과가 아니라 계산의 결과이기는 하지만)의 결과가 더 신기한 것입니다. 이 우주는 우리가 상상할 수 있는 것을 넘어서는 세상입니다.

이런 다중우주는 우리의 우주와 같은 모습일까요?

다중우주가 같은 모습일 가능성은 거의 없을 것입니다. 우리의 빅뱅 우주만 해도 수많은 우연이 결합해서 만들어진 것입니다. 물질과 반물질이 생겨나는 과정에서 물질과 반물질의 비율이 얼마일지 아무도 모릅니다. 우연히 우리 우주는 물질이 반물질보다 아주 약간 많았습니다. 다중우주에서 다른 우주도 우리 우주와 같은 물질/반물질 비율이 되라는 법은 없습니다. 그 비율에 따라 우주의 모습은 달라질 것입니다. 그 비율이 지금과 아주아주 약간만 달랐어도 이 우주에 생명이라는 것은 존재하지 못했을지도 모릅니다. 그러니 다른 우주가 우리 우주와 같은 우주일 가능성은 거의 없다고 보아야 합니다. 물질과 반물질 비율만이 아닙니다. 다른 수많은 우주의 초기 조건 중에 어느 하나만 달라도 전혀 다른 우주가 되어버렸을 것입니다.

하지만 다중우주가 무한히 많다고 하면 아무리 작은 확률이라도 현실이 될 가능성은 있습니다. 무한이라는 말은 불가능이 존재하지 않는다는 말과 마찬가지입니다. 시간이 무한하다면 내가 무슨 일이든 못할 것이 있겠습니까? 우주가 무한하다면 그 무한 속에 우리 우주와 같은 우주가 절대로 없다는 말은 못할 것입니다.

누가 알겠습니까? 이 우주와 같은 쌍둥이 우주가 있고, 그 우주에 쌍둥이 권재술이 있어서 지금 나와 똑같은 글을 쓰고 있을지 말입니다.

양자론과 평행우주

리처드 파인만처럼 존 휠러의 제자였던 프린스턴 대학의 휴 에버렛Hugh Eeverett III, 1930-1982은 술과 담배로 비운의 일생을 마친 미국의 물리학자였습니다. 그의 주장은 코펜하겐 학파 사람들에게 배척당했으나, 맥스 테그마크는 그의 책(『Our Mathematical Universe』, 한국어 번역판: 『맥스 테그마크의 유니버스』)에서 "언젠가는 뉴턴이나 아인슈타인과 동급의 천재로 인정받을 것"이라는 칭송을 마지않았습니다.

에버렛은 평행우주가 실제로 존재해야 한다는 것을 양자역학적으로 증명한 과학자였습니다. 양자역학에서는 물리적인 상태는 여러 상태가 서로 중첩superposition되어 있다가 관찰하는 순간 어느 한 상태로 붕괴collapse한다고 합니다. 이와 관련한 예화로 슈뢰딩거의 고양이가 있습니다.

에르빈 슈뢰딩거Erwin Schrödinger, 1887-1961는 자기가 양자역학의 파동함수wave function를 만들어낸 사람이지만 고전역학적인 믿음을 가지고 있었던 사람입니다. 상태의 중첩을 받아들이지 못했던 슈뢰딩거는 이것을 반박하기 위해서 고양이 역설을 만들어냈습니다. 하지만 그의 의도와는 달리 이 고양이 역설은 양자 중첩을 설명하는 아주 좋은 이야깃거리가 돼버렸습니다.

슈뢰딩거의 고양이 역설은 다음과 같습니다.

상자에 고양이 한 마리가 있습니다. 상자에는 아주 위험한 방사성 물질이 있고, 방사성 물질에서 방사선이 나오면 고양이는 즉사하게 됩니다. 상자 안에는 버튼이 있는데 그 버튼을 고양이가 밟게 되면 방사선이 나오게 되어 있습니다. 고양이가 걸어다니다가 그것을 밟을 수도 있고 밟지 않을 수도 있을 것입니다. 확률은 반반이라고 합시다. 상자의 뚜껑이 닫혀 있어서 밖에서는 고양이가 죽었는지 살았는지 알 방법이 없습니다.

문제는 고양이가 '실제로' 죽었을까, 살았을까, 하는 것입니다. 당연히 죽었을 수도 있고 살았을 수도 있을 것입니다. 가능성은 50:50입니다. 열어본다면 죽어 있을 수도 있고, 살아 있을 수도 있을 것입니다. 그런데 문제는 뚜껑을 열기 전에 죽었을까 살았을까, 하는 것입니다. 이것을 양자역학에서는 산 상태와 죽은 상태가 중첩되어

[그림 18] 슈뢰딩거의 고양이

있다고 말합니다.

슈뢰딩거는 이 해석이 말이 안 된다고 주장합니다. 살았으면 살았고, 죽었으면 죽었지, 반 죽고 반 살았다는 것은 말이 안 된다는 것이지요. 사람들은 대부분 슈뢰딩거의 생각에 동조할 것입니다. 하지만 양자역학에서는 고양이가 반은 살고 반은 죽었다는 것을 인정합니다.

이 예화를 우리가 살아가면서 겪게 되는 선택의 문제로 바꾸어 보겠습니다. 내가 고등학교 3학년일 때의 일입니다. 나는 물리과를 선택할 수도 있었고, 화학과를 선택할 수도 있었습니다. 이럴까 저럴까 망설이다가 결국 물리과를 선택했고 물리학자의 길을 가게 되었습니다. 그런데 내가 선택을 하기 전에 나의 미래는 어떤 상태였을까요? 화학과를 선택한 화학자의 인생이었을까요, 물리과를 선택한 물리학자의 인생이었을까요? 선택하기 전의 나의 미래는 정해지지 않았습니다. 나의 미래는 아직 결정되지 않았기 때문에 물리학자의 인생과 화학자의 인생이 중첩된 상태가 바로 나의 미래였을 겁니다. 내가 입학 원서에 물리과라고 적는 순간 나의 미래는 물리학자의 인생이 되고, 화학자의 인생은 '사라져'버렸습니다.

양자 중첩 현상을 이해하기는 쉽지 않습니다. 그런데 휴 에버렛이 다중우주를 이용해 이 문제를 다르게 해석하는 방법을 제시했습니다. 무슨 말이냐 하면, 관찰하기 전에 두 상태가 중첩되어 있다가 관찰하는 순간 파동함수가 붕괴하여 어느 하나의 상태만 현실이 되는 것이 아니라, 두 상태는 각각 독립적으로 실재하다가 관찰하는 순간 두 상태는 각각의 우주로 분리된다는 것입니다. 이 두 실재 상태가 한 상태는 이 우주에 나타나고 다른 한 상태는 다른 우주에 나타나는 것입니다. 이 두 우주를 평행우주라고 합니다.

내가 물리과를 선택해서 물리학자의 인생을 사는 우주가 있고, 화학과를 선택해서 화학자의 인생을 사는 다른 우주가 실제로 존재한다는 것입니다. 그 평행우주에 살고 있을 화학자 권재술의 인생이 궁금해지네요. 아무리 궁금해도 그 우주와 이 우주는 서로 연결되어 있지 않아서 알 방법은 존재하지 않습니다. 어떻습니까? 정말 그런 우주가 있을까요?

만약 이런 우주가 존재한다면 매 순간 우주가 만들어질 것입니다. 내 인생만 해도 수많은 선택이 있었습니다. 그 선택마다 다른 우주가 생긴다면 얼마나 많은 우주가 생겨났을까요? 얼마나 많은 내가 얼마나 많은 우주에 살고 있을까요?

여러분은 과학자가 무슨 이런 말도 안 되는 상상을 하느냐고 생각할지 모르지만, 과학자들은 근거 없이 상상하는 것이 아니라 그런 생각에 어떤 문제가 있는지를 따지고, 문제가 없으면 그럴 가능성도 있다고 열어둡니다.

끈 이론과 우주의 풍경

끈 이론은 물리학에서 추구하는 만물의 이론TOE: Theory of Everything*에 가장 근접한 이론이라고들 합니다. 제1장에서도 설명했지만, 이 세상 만물은 끈으로 이루어져 있고, 끈의 진동하는

*만물의 이론
궁극적인 통일장 이론으로 세상만사를 하나의 원리로 설명할 수 있는 이론.

양식에 따라 전자도 되고 쿼크도 됩니다. 이 이론은 수학적으로 아름다울 뿐만 아니라 입자 물리학의 난제를 해결할 수 있는 유력한 이론으로 인정하는 사람도 많습니다.

하지만 끈 이론 방정식의 해(결론)는 수없이 많다는 것이 문제입니다. 과학에서는 단 하나의 해만 나와야 합니다. 그것은 이 우주가 하나뿐이라는 생각 때문입니다. 물리법칙은 우주의 모든 곳에서 동등하게 성립해야 한다는 확실한 믿음 때문입니다. 물리학자는 그런 이론을 찾는 사람들입니다. 그렇게 되려면 이론이 예측하는 해는 하나여야 합니다. 초기 조건이 같으면 같은 결과가 나와야지 같은 조건에서 여러 결과가 나온다면 그 이론은 불완전한 것입니다. 그런데 끈 이론의 해는 하나가 아니라 수없이 많다는 것입니다.

다중우주가 등장하면서 끈 이론의 해가 많다는 것이 오히려 끈 이론의 구원자가 될지도 모릅니다. 우주가 하나뿐이 아니라 수없이 많다면 많은 해가 나오는 것은 어쩌면 당연할 수도 있습니다. 끈 이론의 계산에 따르면 가능한 진공의 종류는 10^{500}개나 된다고 합니다. 그만큼 많은 풍경 우주가 존재하는 것입니다. 우주에 있는 원자 수가 10^{80}개 정도라는 것을 생각하면 10^{500}은 거의 무한하다고 할 수 있는 숫자입니다. 이렇게 많은 진공이 존재한다는 것은, 그렇게 많은 우주가 존재한다는 것으로 해석하면 끈 이론에서 나오는 다중해는 어쩌면 당연한 일일지도 모릅니다. 오히려 끈 이론이 우리 우주에만 성립하는 이론이 아니라 수많은 다중우주까지 설명하는 이론이 될 수 있을 것이니 말입니다.

끈 이론의 해 하나하나가 하나의 호주머니 우주에 해당하고, 우리의 우주는 이 수많은 호주머니 우주 중 하나일 뿐입니다. 수많은 호주머니 우주가 우주의 풍경을 만들어내는 것입니다. 이 우주도 벅찬데, 그 많은 우주가 왜 필요할까요? 그런 상상을 하는 과학자들이 놀랍지만, 더욱 놀라운 것은, 그런 상상으로도 실제 우주의 다양함과 방대함에는 닿을 수도 없다는 것이 아닐까요?

시뮬레이션 다중우주

나는 가끔 내가 살고 있는 이 우주가 현실이 아니라 꿈이 아닐까 하는 생각을 해보기도 합니다. 현실이 꿈이 아니라는 것을 증명하는 것이 가능할까요? 그것이 불가능하다면 내가 보는 모든 것이 꿈일 수도 있지 않을까요?

컴퓨터에서는 여러 가상현실을 시뮬레이션합니다. 그 속에 등장하는 인물은 점점 인간을 닮아가고 있습니다. 언젠가 그 가상현실 속에 등장하는 인물이 인간과 구별 불가능한 지경까지 발전할지도 모릅니다. 그렇게 되면 그 시뮬레이션 속에 등장하는 인물은 자기가 보는 세상이 실재라고 생각하지나 않을까요?

우리의 이 현실도 혹시 저 멀리 어떤 존재의 컴퓨터 속에 있는 시뮬레이션일 가능성은 없을까요? 물론 무모한 상상이기는 하지만, 지금은 불가능하더라도 기술이 아주 발전한 미래라면 이 우주의 모든 현상을 시뮬레이션할 수 있는 컴퓨터를 만드는 것이 가능하지 않을까요?

끈 이론을 연구하는 컬럼비아 대학의 교수이자 유명한 저술가인 브라이언 그린Brian Green은 미래의 기술은 그것이 가능하다는 주장을 합니다. 원시인에서부터 지금의 모든 인간의 두뇌가 연산한 정보는 약 10^{35}개라고 합니다. 이 정도는 미래 지구 크기의 양자컴퓨터라면 순식간에 해치울 수 있는 양이라고 합니다. 그렇다면 이 우주가 어떤 뛰어난 존재의 컴퓨터 속에서 만들어낸 시뮬레이션일 수도 있다는 겁니다.

정말 황당한 이야기입니다. 이 황당한 이야기를 정신 이상자가 하는 것이 아니라 정신이 멀쩡한, 아니 학계에서 이름 있는 과학자들이 하고 있다는 것이 더 황당합니다.

다중우주는 정말 황당한 이론입니다. 하지만 이런 이론이 그냥 상상의 산물로 나온 것이 아니라 물리학 이론을 더 정교하게 만들어가는 과정에서 사용한 수학의 논리적 귀결로 나온 것들입니다.

다중우주가 주는 철학적 함의

다중우주는 정말 황당한 이야기지만, 물리학계에서는 대부분 받아들이는 견해입니다. 다중우주는 우주론에서 나온 것이지만, 우주처럼 큰 공간과 장구한 시간으로부터 나온 것이 아니라 아주 작은 세계와 아주 짧은 시간을 탐구하는 과정에서 나온 것입니다.

급팽창도 우주의 아주 초기, 아주 작은 공간에서 일어났고, 이 급팽창이 있었다면 다중우주가 불가피한 결론이 되었습니다. 휴 에버렛의 평행우주도 양자역학의 슈뢰딩거 방정식을 해석하는 과정에서 나온 것입니다. 수없이 많은 풍경 우주도 초미세 구조에 관한 끈이론에서 나온 것입니다. 이처럼 아주 작은 세계와 아주 큰 세계는 불가분의 관계에 있습니다. 참 묘한 세상이지요.

다중우주는 과학이라는 학문에 대한 본질적인 질문을 던지고 있습니다. 과학은 객관적인 학문입니다. 객관적이라는 것은 누가 보아도 같은 결론에 도달할 수 있다는 것을 의미합니다. 어떤 과학 이론이 과학적으로 합당한 이론이 되기 위해서는 그 이론의 결론이 하나여야 합니다.

과학의 이 속성은 양자역학이 나오면서 도전을 받게 되었습니다. 양자역학은 확률적으로만 결과를 예측할 수 있기 때문입니다. 이것을 좀 더 전문적인 방식으로 설명하면 양자역학의 파동함수는 확률적인 예측만을 제공하고, 실험으로 관측하는 결과는 그 확률 중의 어느 하나라는 것입니다. 그렇다면 그 나머지는 어떻게 되었단 말입니까? 이것을 양자역학에서는 파동함수의 붕괴라는 매우 이상한 논리로 설명합니다. 휴 에버렛은 이것은 옳지 않다고 생각한 겁니다. 그래서 파동함수가 붕괴하는 것이 아니라 다른 우주에서 나타난다고 주장하는 겁니다. 일반인들은 이것이 파동함수의 붕괴보다 더 황당하다고 생각할지 모르지만, 물리학자들 중에는 파동함수의 붕괴가 더 황당하다고 생각하는 사람이 많습니다.

이 문제는 끈 이론에서도 더욱 심하게 나타납니다. 끈 이론의 해는 거의 무한에 가까울 정도로 많다고 합니다. 고전적인 과학의 견해에 비추어보면 이것은 말이 안 됩니다. 하지만 다중우주가 있다면 말이 됩니다. 그 수많은 해 중의 하나가 우리의 우주이고, 다른 해들은 다른 다중우주일 수 있기 때문입니다.

다중우주가 존재한다면 과학 이론의 본질에 관한 생각을 바꾸어야 합니다. 과학 이론이 하나의 결론이 아니라 수많은 다양한 결론에 도달해도 되기 때문입니다. 이것도 맞고 저것도 맞는 것이 과학적일 수 있다는 말이 됩니다. 어쩌면 다중우주 이론이 더 인간적일 수 있다는 생각이 들기도 합니다. 융통성이 없던 딱딱한 과학에서 유연성이 있는 부드러운 과학이 되는 것이니까요.

다중우주는 과학의 본질뿐만 아니라 자연과 인생의 의미에도 새로운 철학적 문제를 제기합니다. 만약 무한히 많은 다중우주가 있다면 그리고 서로 구별되는 다중우주의 수가 유한하다면(끈 이론에서는 10^{500}개라고 함) 우리 우주와 같은 우주가 하나 이상이라는 논리적 결론에 도달합니다. 그렇다면 나와 똑같은 존재가 다른 우주 어디엔가 있다는 말이 됩니다. 또 다른 권재술이 다른 우주 어디에서 이와 똑같은 글을 쓰고 있다는 것을 어떻게 받아들여야 할까요?

공상과학 소설에나 나올 법한 이야기가 아니라 현실 우주의 이야기입니다. 물론 다중우주가 과학계에서 완전히 받아들여지는 이론은 아니고 일부 과학자들이 주장하는 이론이지만, 그 일부 과학자가 그냥 과학의 변방에 있는 사람들이 아니라 과학계에서 주목을 받는 학자들의 주장이기 때문에 그냥 웃고 넘어갈 수만은 없는 일입니다. 아마 앞으로 이 다중우주 문제는 과학계는 물론 인류에게 큰 화두가 될 것이 틀림없습니다.

인간 원리

우연과 필연

살아온 과거를 돌아보면 기적처럼 느껴지는 것이 나만의 느낌은 아닐 것입니다. 한순간 한순간이 기적 같은 결정이었고 우연이 아닌 것이 없습니다. 그 많은 우연이 모여 나의 인생이 된 것입니다. 하지만 그것이 모두 우연이라 하기에는 무언가 빠진 듯한 기분이 듭니다. 그렇게 되면 내 인생이 무의미해지는 것 같고, 내 인생에서 나는 아무것도 아닌 것 같다는 허무감이 밀려오기 때문입니다.

그래서 그런가요? 사람들은 우연을 받아들이기 어려워합니다. 그 모든 순간이 어떤 계획이 있었기 때문이라고 생각하게 되는 것은 인간이라면 누구나 갖는 감정일 것입니다. 우연이 잦으면 필연이 된다는 말처럼 많은 우연을 보게 되면 어딘가 보이지 않는 손의 작용이 있었을 것만 같습니다. 그런데 정말 그런 손이 있을까요?

이렇게 생각해봅시다. 돌 하나를 힘껏 던져봅시다. 저 멀리 어딘가에 떨어질 것입니다. 비슷한 돌을 다시 힘껏 던져봅시다. 같은 곳에 떨어질까요? 아무리 여러 번 던져도 정확히 같은 곳에 떨어질 가능성은 거의 없습니다. 돌의 낙하지점에 관계되는 요인은 엄청나게 많습니다. 돌을 잡는 방법, 던지는 각도, 던지는 세기, 던질 때 돌에 가하는 회전, 바람의 방향, 공기의 저항, 그날 기온은 물론 심지어는 던지는 사람의 기분도 관계가 있을 것입니다. 돌이 바로 그 지점에 떨어지기 위해서는 수없이 많은 조건이 관계되어 있었기 때문입니다. 돌을 다시 던져서 그와 같은 조건을 맞추는 것은 거의 불가능합니다. 그래서 아무리 여러 번 던져도 같은 지점에 떨어지지 않고 이곳저곳으로 퍼지게 되는 것입니다.

그 돌이 떨어진 지점이 별로 특별할 것도 없는 운동장의 어느 한 지점이라면 그냥 우연이라고 생각하고 말겠지만, 그 돌멩이가 군중들 속에 있는 대한민국 대통령 동생 아내의 사촌 누이의 애꾸눈 남편의 하나뿐인 오른쪽 눈에 맞았다면 이것이야말로 우연히 일어난 것이 아니라고 생각하게 되지 않을까요? 더구나 그 애꾸눈이 대통령을 움직이는 실세였다면 여기에는 모종의 음모가 있었다고 사람들은 믿지 않을까요?

하지만 그 돌멩이가 대한민국이 무엇인지, 그 나라의 대통령이 누구인지, 그 동생의 아내가 누구인지 무슨 관심이 있었겠습니까? 자연은 대한민국 대통령이건 나무 막대기건 알지도 못하고 관심도 없습니다. 그러니 그것을 위해서 무슨 음모를 꾸밀 아무런 이유도 없는 것입니다.

우연으로 생기는 현상도 수많은 우연이 중첩되면 우연이 아닌 것처럼 보입니다. 필연이라고 하는 모든 현상도 세부적으로 들어가 보면 수많은 우연이 관련되어 있습니다. 그렇지만 인간은 모든 현상 사이에는 어떤 관계가 있다고 생각하는 경향이 있습니다. 이런 경향이 있기에 과학이라는 학문도 성립할 수 있었을 겁니다. 더구나 이런 인간의 속성이 있기에 문명이라는 거대한 구조물을 이 지구에 건설할 수 있었을 겁니다.

필연은 우연이 만들어낸 착시현상입니다. 양자역학적으로 보면, 모든 현상은 확률적입니다. 우리가 필연이라고 생각하는 현상도 양자역학적으로는 확률이 높은 결과일 뿐이지 필연은 아닙니다. 와인버그는 "이 우주는 알면 알수록 무의미해지는 것 같다."라고 했지만, 인간은 그 무의미 속에서 의미를 찾으려는 안타까운 존재인지도 모릅니다.

우주는 인간을 위해 창조되었나?

우주론에 인간 원리라는 것이 있습니다. 우주를 탐구하면 할수록 생명, 생명 중에서도 인간이 생긴 것은 기적과 같은 일임을 깨닫게 됩니다.

우주론에서 밝혀진 바에 따르면 진공의 에너지 밀도는 믿을 수 없을 정도로 0에 가깝다고 합니다. 만약 진공 에너지 밀도가 음의 값으로 약간만 컸다면 이 우주는 수축해 사라져버렸을 것이고, 조금만 양의 값으로 컸다면 은하가 생기기도 전에 팽창해서 사라졌을 것이라고 합니다. 그 '조금' 다르다는 정말 상상할 수 없을 정도로 조금만 달랐어도 그렇다는 것입니다. 이것을 '미세조정fine tuning'이라고 합니다. 진공 에너지 밀도가 이렇게 작은 것은, 우주 공간이 믿을 수 없을 정도로 평평하다는 것을 아주 멋지게 설명했던 급팽창 이론으로도 설명할 수 없습니다. 진공의 상태는 급팽창과 관계없이 만들어졌기 때문입니다.

진공 에너지뿐만 아니라 중력 상수를 포함한 우주의 모든 상수 중 어느 하나라도 이런 미세조정이 되지 않았더라면 생명의 출현은 불가능했을 것입니다. 빅뱅 이후 138억 년이라는 장구한 세월 동안 그 어느 한 과정이 약간만 어긋났어도 이 우주에 생명이 출현하는 것은 불가능했을 것입니다. 생명은 말할 것도 없고, 원자 자체가 생기지도 못했을 것입니다.

원자가 없었으면 별이 없었을 것이고, 별이 없었으면 다양한 원소가 만들어지지 않았을 것이고, 원소가 없었으면 태양과 지구도 태어나지 못했을 것입니다. 맞습니다. 하지만 그렇다고 해서 그 모든 우연이 생명의 출현을 위해서 의도적으로 미세조정되었다고 주장하는 것이 과연 옳을까요?

이런 미세조정이 그냥 우연히 생긴다는 것도 상상할 수 없으므로 이 우주에 생명이 출현한 것은, 빅뱅이 일어나는 순간부터 인간이 출현하도록 의도적으로 미세조정이 되어 있었다고 생각하는 것입니다.

이 우주에 생명이 출현한 것은 기적 같은 일입니다. 물리 상수의 어느 하나만 달랐어도 생명의 출현은 불가능합니다. 어떻게 그런 미세조정이 가능했는지 도무지 알 수 없습니다. 그렇다고 해서 거기에 어떤 보이지 않는 손의 개입이 있었다고 해야 할까요?

앞에서 돌멩이 던지는 예화를 다시 생각해봅시다. 돌멩이가 대통령과 관련이 있는 누구를 맞혔습니다. 그것이 일어나기 위해서는 당연히 '미세조정'이 있었을 겁니다. 던지는 속력, 방향, 바람의 세기, 기온 등 모든 것이 그렇게 미세조정되지 않았다면 '그' 사람이 맞지 않았을 것입니다. 그렇다고 그 현상이 일어나도록 무엇이 의도적으로 개입했던 것일까요? 모든 미세조정이 우연이지 무슨 의도가 있었던 것은 아닙니다.

우주에 생명이 출현한 것은 기적 같은 일이기는 하지만 이 일이 일어나기 위해서 우주가 창조된 것은 아닙니다. 우주에 생명을 출현시키기 위해서 미리 계획을 세웠다는 것은 더욱 말이 안 됩니다. 그냥 우연히 이런 우주가 생겼습니다. 다시 빅뱅이 일어난다고 해도 이런 우주가 생길 가능성은 절대로 없을 것입니다.

나는 이 인간 원리야말로 비과학적인 발상이라고 생각합니다. 이 우주에 생명이 출현한 것은 기적 같은 일입니다. 하지만 '기적'에는 반드시 보이지 않는 손이 있었다는 것도 말이 안 됩니다. 기적같이 보이는 것에도 기적이 아닌 어떤 필연적인 원리를 가정하는 것이 과학입니다. 하지만 그 기적 같은 현상에 보이지 않는 손의 존재나 신의 뜻을 가져오는 순간 사이비 과학이 되는 것입니다. 그런데도 이 인간 원리를 심각하게 고민하는 과학자들이 있다는 사실이 더 놀랍습니다. 그냥 모른다고 하는 것이 낫지 않을까요?

이 인간 원리를 해소하는 한 가지 방법으로 선택 효과selection effect를 제안하기도 합니다. 다중우주 이론에 따르면 세상에는 우리 우주 말고도 수많은 우주가 있다고 주장합니다. 특히 끈 이론에 따르면 10^{500}개나 되는 다양한 우주의 풍경이 존재한다고 합니다. 다른 말로 하면 그만큼 다양한 진공이 존재한다는 것입니다. 그중에는 진공 에너지의 밀도가 0인 것, 작은 것, 큰 것 등 다양한 진공들이 있을 것입니다. 우리 우주는 그중에서 공교롭게도 지금의 진공 상태인 우주였던 것입니다.

우주 중에는 우리 우주와는 다른 진공인 우주도 있을 것입니다. 생명이 존재하지 않는 우주도 무수히 많이 있을 것입니다. 생명이 있는 이 우주는 수많은 우주 중 하나일 뿐일지 모릅니다. 모든 우주가 다 우연으로 생긴 것이고, 우리의 우주도 우연의 산물일 뿐입니다. 다행히 내가 우연히 이 생명이 출현할 수 있는 우주에 태어난 것뿐입니다. 여기에 무슨 보이지 않는 손이 작용했다고 할 수 있는 아무런 과학적인 이유도 없는 것입니다. 다만 인간은 이 모든 것이 우연이 아니라 필연이라고 믿고 싶어 하는 안타까운 존재일 뿐입니다.

하마터면 큰일 날 뻔했습니다. 내가 이 우주가 아니라 다른 우주에 태어났더라면 말입니다.

The universe is
a pretty big place.
If it's just us, seems like
an awful waste of space

이 거대한 우주에 생명이 있는 곳이 지구뿐이라면
크나큰 공간의 낭비다.

_칼 세이건

CHAPTER three 3

생명

이 책은 우주 이야기이고, 따라서 이 단원은 지구가 아니라 우주의 생명 이야기가 되어야 합니다. 지구의 생명은 이 단원의 작은 한 부분에 지나지 않을 뿐이니까요. 하지만 안타깝게도 우리가 아는 생명은 지구 생명뿐입니다.

그렇다고 해서 지구 밖의 저 광활한 우주에 생명이 없다고 어느 누가 상상할 수 있겠습니까? 지구라는 작은 행성이 이 우주에서 유일한 행성이 아니듯이, 지구 생명도 우주의 유일한 생명일 수는 없습니다.

하지만 안타깝게도 우리는 지금, 작고 이상한 지구라는 행성에 사는 이상한 생명밖에는 아는 생명이 전혀 없습니다. 그렇지 않았더라면, 생명의 이야기는 정말 풍성한 이야기가 되었을 것입니다.

거기에는 아마도 지구 생명에 관한 신기한 이야기로 시작했을지도 모릅니다. 식물과 동물이라는 아주 이상한 생명이 있다느니, 지구의 생명은 암수가 따로 있다느니, 인간이라는 아주 특별한 종이 있어서 그들끼리 서로 죽이고, 존재하지도 않는 신을 만들어놓고는 자기들만 사랑한다고 믿는다느니, 돈이라는 종이 쪼가리에 목숨을 거는 참으로 이상한 존재가 사는 행성이라느니, 하면서 이 장을 시작했을지도 모릅니다.

먼 훗날 어떤 작가가 나타나서 우주 생명 이야기의 한 귀퉁이에 지구 생명 이야기를 쓸 그런 날을 상상해봅니다. 하지만 지금은 이 지구의 생명을 말할 때입니다. 지구 생명만으로도 충분히 놀랍고 경이롭습니다. 그 생명이 어디서 와서 어디로 가고 있는지, 그 놀라운 세계로 떠나봅시다.

생명의 역사

뿌리

킨타쿤테, 알렉스 헤일리의 소설『뿌리』의 주인공입니다. 이 소설은 저자의 조상이 아프리카 감비아의 한적한 마을에서 미국의 노예가 되기까지를 그린 실화소설입니다. 족보도 없이 7대에 걸친 자기 조상을 찾기까지 그 집념이 오죽했을까요?

사람들은 젊었을 때는 관심도 없다가 늙으면 부모님 산소를 이장해 좋은 곳에 모시거나 재단장하기도 하고, 벽장에서 먼지를 뒤집어쓰고 있는 족보를 꺼내서 보게 됩니다. 왜 그럴까요?

나는 누구인가요? 나는 아버지의 아들입니다. 아버지는 누구인가요? 할아버지의 아들입니다. 할아버지는? 증조할아버지의 아들, 증조할아버지는 고조할아버지의 아들……. 이렇게 끝없이 이어지는 나의 뿌리. 나는 안동 권씨 시조 권행의 35세손입니다. 그러면 권행은? 그분은 경주 김씨에서 왔다고 합니다. 그 이상은 나도 모릅니다. 그렇다고 궁금하지 않은 것은 아닙니다. 더 올라가면 아마도 무슨 알에서 나왔거나 하늘에서 떨어졌거나 했을 것입니다.

여기까지 아는 것에 만족하는 사람들이 역사학자입니다. 하지만 여기에 만족하지 못하는 사람들도 많습니다. 가장 먼저 의문을 가진 사람들이 생물학자들이었습니다. 그들은 인간만이 아니라 지구 모든 생명의 뿌리가 무엇인가에 대해서 고민했습니다. 그들은 다양한 생명체를 탐구하면서 그 생명체들이 모두 같은 뿌리에서 나왔다는 것을 알게 되었습니다. 어떻게 한 뿌리에서 이렇게 다양한 생명체들이 나왔는가에 대해 설명한 이론이 바로 진화론* 입니다.

어떤 면에서 생물학뿐만 아니라 모든 학문은 이 뿌리 찾기가 아닌가 생각합니다. 고생대, 중생대, 신생대 이런 지질시대를 연구하는 지질학도 알고 보면 뿌리 찾기입니다. 지층에 새겨진 화석들을 조사하여 생명체가 어떻게 단순한 미생물에서 점차 복잡한 구조로 진화해 인간이 탄생하게 되었는지를 알게 되었습니다. 하지만 지질학자들도 고작해야 지구가 탄생한 이후의 뿌리 찾기일 뿐입니다.

지구 탄생 이전의 뿌리 찾기는 천문학자들의 몫입니다. 천문학자들은 별을 탐구합니다. 별은 지구를 만든 뿌리이기 때문입니다. 모든 원소는 별에서 만들어졌습니다. 우리 몸은 탄소, 산소, 질소, 철, 아연, 황 등 수없이 많은 원소로 이루어져 있습니다. 이 원소들은 어디에서 왔을까요? 과학자들은 이 원소들이 별에서 왔다는 것을 알게 되었습니다. 별은 수소 기체를 사용해 다양한 원

*진화론
생명체가 시간이 지남에 따라 변화해가는 과정을 설명하는 이론.

소를 만들어내는 원소 제조장입니다. 말하자면 연금술 공장이지요. 이렇게 만들어진 원소는 초신성이라는 대폭발이 일어나서 우주 공간에 퍼지고 이 퍼진 원소들이 모여서 태양계가 생겨나고 거기에서 지구도 생겨났습니다.

나는 이 뿌리의 역사를 물리학 시대, 화학 시대, 생물학 시대, 신화 시대, 역사 시대로 구분하고자 합니다. 과학자들은 태초를 빅뱅이라고 부릅니다. 빅뱅이라는 대폭발로 시간, 공간, 물질이 생겨났습니다. 이때 생긴 물질은 원자가 되기 이전의 소립자들뿐이었습니다. 여기까지가 물리학 시대입니다.

소립자들이 모여서 원자가 생겨나고 원자들이 결합해 분자가 생겨나고 분자들이 더 모여서 아미노산, 단백질 등 유기물이 생겨났습니다. 여기까지가 화학 시대입니다.

분자들이 모여서 세포가 생겨나고 이 세포가 모여서 생명체가 된 것입니다. 생명체는 매우 단순한 구조에서 점차 복잡한 구조로 변하고 이 변화의 마지막에 인간이 생겨났습니다. 여기까지가 생물학 시대입니다.

인간이 생겨나서 역사가 기록되기 이전까지의 신화 시대를 거쳐 지금의 역사 시대가 되었습니다. 이렇게 보면 동양인과 서양인이, 사람과 짐승이, 그리고 모든 미물이 우리와 같은 조상의 자손입니다. 더 나아가 나무나 돌도 나와 같은 뿌리에서 나온 것입니다. 세상에 나와 같은 뿌리에서 나오지 않은 것이 이 우주에 뭐가 있을까요? 아무것도 없습니다.

왜 인간은 모든 생명체, 나아가 모든 존재에 대해 소위 측은지심이라는 것을 가질까요? 뿌리가 같기 때문이 아닐까요? 세상에 흔하디흔한 미물도 나와 같은 뿌리일진대, 저 이북의 동포들은 말할 것도 없고, 지구에 있는 모든 사람, 백인이건 흑인이건, 얼마나 가까운 나의 뿌리입니까? 이렇게 생각하면 국제적인 분쟁이 부질없고, 친구와의 갈등은 더욱 부질없고, 친척 간의 갈등은 더더욱 부질없는 일이 아닐까요?

지구의 역사

우리가 아는 생명은 지구 생명뿐이므로 생명의 역사를 말하기 위해서는 지구의 탄생과 역사를 알아야 합니다. 지구는 어떻게 탄생했으며 초기의 지구는 어떤 모습이었을까요?

지구는 태양이 탄생하는 과정에서 생긴 부산물입니다. 태양이 탄생하기 전에 지금의 우리가 있는 공간에는 먼지와 기체가 어지럽게 퍼져 있었을 것입니다. 이들이 중력의 작용으로 뭉쳐지면서 중심에 태양이 생기고 주변에 행성이 만들어졌습니다.

태양계의 나이를 약 50억 년으로 잡으면 우주의 나이가 140억 년 정도이므로 우리 태양은 아마도 3세대 별일 가능성이 큽니다. 우리 태양계를 만든 먼지와 기체는 초신성의 잔해가 분명합니다. 지구만 보아도 우라늄을 포함한 다양한 원소가 존재합니다. 별에서 만들어지는 원소는 고작해야 원자번호 26인 철까지뿐입니다. 하지만 지구에는 철보다 원자번호가 큰 원소가 존재합니다. 철보다 무거운 원소들은 대부분 별이 폭발하면서 만들어지기 때문입니다. 그리고 태양계의 나이를 생각한다면 태양은 첫 세대 별이 폭발한 초신성의 잔해가 모여서 2세대 별이 되고, 그 별이 다시 폭발한 초신성의 잔해가 모여서 된 3세대 별일 것입니다.

태양이 형성되는 과정에서, 태양 주위에는 태양으로 빨려 들어가지 못한 먼지와 기체가 태양 주위를 돌고 있었을 것입니다. 먼지라고 하지만 작은 것부터 큰 것까지 다양한 물체들을 말합니다. 지금도 태양계에 흔한 소행성들을 생각하면 이해가 될 것입니다. 주먹만 한 것에서 큰 바위만 한 것, 더 나아가 수십 킬로미터에 달하는 대형 소행성들이 어지럽게 흩어져 있었을 것입니다.

태양 가까운 곳에는 이런 소행성들이 어지럽게 돌고 있었고, 먼 곳은 기체 구름이 더 많았습니다. 그래서 태양에서 가까운 곳에는 수성, 금성, 지구, 화성과 같은 딱딱한 지각이 있는 행성이 태어나고, 먼 곳은 목성, 토성, 천왕성 같은 기체 행성이 태어났습니다. 태양 주위에 행성들이 생겨나면서 어지러운 태양계는 어느 정도 질서가 잡히게 되었습니다. 하지만 그때까지도 자리 잡지 못한 물체들은 많았을 것이고, 행성의 반열에 들지 못한 소행성들도 많았을 것입니다. 그러다가 대형 충돌 사고를 일으키기도 했을 겁니다.

지구가 생기고 5000만 년에서 1억 년 사이에, 테이아Theia라는 거의 화성 정도의 소행성이 지구와 충돌했다고 합니다. 이 충돌로 지구의 한 부분이 우주로 날아갔고, 그 충돌 잔해들이 지구를 돌다가 다시 뭉쳐져서 달이 되었다고 합니다. 그 충돌로 지구의 자전축이 지금처럼 23.5도 기울어졌습니다. 이 충돌이 없었다면 달도 없었을 것입니다. 달이 없는 지구, 상상이 갑니까? 달이 없는 지구의 역사는 지금과는 완전히 달랐을 것입니다. 지구에 사는 생물도, 지구의 생태계도, 인류의 문명도 달이 없었다면 전혀 달라졌을 것입니다. 어쩌면 지구에 생명이 생기지 못했을지도 모릅니다. 달이 없었다면 말입니다. 그러니 태고의 이 충돌은 이 지구에 가져다준 축복이었을지도 모를 일입니다.

이것이 태양과 지구가 태어난 간략한 역사입니다.

이렇게 생긴 지구는 생명이 탄생하기에는 안성맞춤인 행성이었습니다. 이것은 기적이었습니다. 왜 기적이라고 하는지 그 이유를 살펴봅시다.

먼저 지구의 위치입니다. 지금보다 태양에 조금 더 가깝거나 멀었어도 생명이 탄생하기에는 너무 뜨겁거나 너무 차가웠을지 모릅니다. 지구의 자전축이 이 정도로 기울어지지 않았다면 사계절이 생기지 못했을 것입니다. 지구 생성 초기에 어떤 소행성이 지구를 때리지 않았다면 달이 생기지 못했을 것이며, 달이 없었으면 밀물과 썰물 현상이 없었을 것입니다. 달이 있었기에 지구의 많은 생명체는 그들의 생존과 번식을 달의 조석 주기에 맞췄습니다. 지구가 자전하지 않거나 너무 느리거나 너무 빨리 자전했어도 지구의 온도가 지금처럼 안정적으로 유지되기는 어려웠을 것입니다. 물이 지금처럼 풍부하지 않았다면 강과 바다가 없었을 것이고, 지자기가 없었다면 외계에서 오는 방사선에 무방비 상태였을 것이며, 오존층이 없었다면 자외선으로 지구 표면은 거의 멸균되었을 것입니다.

이 모든 것이 절대로 당연한 것은 아니었습니다. 그렇다고 계획적인 것도 아니었습니다. 모두가 우연이었습니다. 이 많은 우연이 모여서 지금과 같은 생명이 넘치는 지구가 되었습니다. 그 많은 우연 중에 하나만 어긋났어도 지구에 생명이 출현하기는 어려웠을 것입니다.

물론 이것은 결과론적인 해석입니다. 다른 환경에서는 다른 유형의 생명이 출현해 다른 유형의 생태계를 만들었을지도 모르기 때문입니다. 하지만 우리는 다른 유형의 생명 출현에 대한 아무런 지식이 없습니다. 태양계 내에도 여러 행성이 있지만, 그곳에 생명이 있다는 증거는 발견되지 않았습니다. 이것은 지구와 다른 환경에서 생명이 생기기 어렵다는 증거일지 모릅니다.

지구에 생명이 출현한 것은 기적 같은 일입니다. 이것을 보고 어떤 사람들은 신의 존재를 확신하기도 합니다. 하지만 과학에 신을 끌어들여서는 안 됩니다. 신을 끌어들이면 감동이 생길 수 있을지는 모르지만, 신비감은 사라져버립니다. 신비감은 설명할 수 없을 때 생기는 감정이니까 말입니다. 그래서 과학자들은 이 모든 것이 신비스럽기만 합니다.

과학자들은 이 신비감을 해소하기 위해서 연구를 하지만 하나의 신비를 해소하면 두 개의 신비가 생겨납니다. 아래의 돌을 산 위로 올려놓아도 돌이 다시 굴러내리는 형벌을 받은 시시포스처럼 과학자들은 신비를 해결하기 위해서 노력하지만 아무리 노력해도 신비는 더 많이 생겨납니다. 이것이 과학자에게 축복일까요, 아니면 형벌일까요?

지질학자들은 지구의 역사를 지질 시대로 구분합니다. 지질 시대 구분은 크게 누대累代, Eon, 대代, Era, 기期, Period, 세世, Epoch로 나눕니다. 누대는 다시 명왕冥王, Hadean누대, 시생始生, Archean누대, 원생原生, Proterozoic누대, 현생顯生, Phanerozoic누대로 나눕니다.

우리 말의 누대 명칭은 참 재미있습니다.

명왕누대의 명은 밝을 명明이 아니라 어두울 명冥입니다. 어둡다는 것이 빛이 없다는 의미는 아닙니다. 그 당시에도 태양이 있었기 때문에 어둡지는 않았을 것입니다. 어둡다는 말은 모른다는 말입니다. 명왕누대는 지구가 만들어지기 시작하고 10억 년도 지나지 않은 때였고, 생명은 물론 지층도 제대로 형성되지 않아서 알 수 있는 것이 거의 없는 시대입니다. 영어 명칭인 Hadean도 그리스 로마 신화에 나오는 지옥의 신인 하데스에서 나온 이름입니다. 지옥이라는 말은 그 시대를 잘 표현한 말이라고 생각합니다. 크고 작은 운석이 수시로 때리는 지구는 그야말로 지옥이었을 테니 말입니다.

시생누대는 생명이 시작한다는 말입니다. 실제로 이 시기에 광합성을 하는 첫 생명이 탄생했다고 학자들은 보고 있습니다. 이 시기에 최초의 광합성 세균의 화석이라고 생각되는 스트로마톨라이트 stromatolite가 생성되었습니다.

원생누대는 생명의 원년이라고 보아도 될 듯합니다. 최초의 진핵생물과 이어서 다세포 생물이 이 시기에 출현했기 때문입니다. 늘어나는 생명체들로 인해서 대기 중에 산소가 증가하여 지금과 같은 대기가 조성되는 시기였습니다. 최초의 다세포 동물인 에디아카라 ediacara가 생긴 시기이기도 합니다. 최초의 대륙인 로디니아Rodinia 대

<표 1> 지질학적 시대 구분

이온	대	기	세	현재로부터 100만 년 단위
				현재
현생누대	신생대	제4기	홀로세	0.01
			플라이스토세	2.6
		신제3기	플라이오세	5.3
			마이오세	23.7
		고제3기	올리고세	36.6
			에오세	57.8
			팔레오세	66.4
	중생대	백악기		144
		쥐라기		206
		트라이아스기		245
	고생대	페름기		286
		석탄기 펜실베이니아세		320
		석탄기 미시시피세		360
		데본기		408
		실루리아기		438
		오르도비스기		505
		캄브리아기		570
원생누대				2500
시생누대				3800
명왕누대				4550

륙이 분열을 막 시작한 시기이기도 합니다.

현생누대는 지구에 생명이 넘쳐나는 시기입니다. 삼엽충을 비롯한 우리가 보는 화석은 대부분 이 시기에 나타났습니다. 현생의 현은 현대라는 현現이 아니고 나타날 현顯입니다. 생명이 나타난다는 말일 수도 있고, 모든 것이 분명해진다는 의미일 수도 있습니다. 현생누대는 신생대, 중생대, 고생대로 나뉘는데, 이 시대는 말 그대로 생명이 폭발적으로 나타나는 시기였습니다. 캄브리아기 대폭발이라고 일컬어지는 시기가 바로 현생누대 초기인 고생대입니다. 이 시기에 이미 현대 생물의 많은 종이 나타났습니다. 지금도 지하에 있는 석탄은 이 시대 식물의 시체라고 할 수 있습니다. 아이들이 그렇게 좋아하는 공룡은 중생대에 나타났습니다.

돌이켜 보면, 생명은 참 놀라운 존재가 아닐 수 없습니다. 지구 초기의 지옥과 같은 환경에서 생명의 씨앗이 만들어지고, 이 씨앗이 생명이 되어 황량한 지구를 덮어 낙원을 만들었으니 말입니다. 만약 지구에 생명이 없었다면 어땠을까요? 금성과 같은 생지옥이 되었거나 화성처럼 물도 바다도 없는 사막이 되었을까요? 생명이 없는 지구가 지구일 수 있었을까요?

생명의 씨앗

이 우주는 원자로 이루어져 있습니다. 물론 이 말은 완전히 옳은 말은 아닙니다. 우주에는 원자 말고도 암흑 물질과 암흑 에너지라는 원자보다 더 많은 물질이 존재한다고 하니 말입니다. 하지만 우리가 볼 수 있고, 만질 수 있고, 감지할 수 있는 것은 원자들뿐입니다.

빅뱅으로 원자가 탄생했지만, 생명이 생기기 전까지 우주는 무생물뿐이었습니다. 원자들이 모여서 생명이 탄생함으로써 우주는 생명을 갖게 된 것입니다. 생명이 없는 원자들이 모여 생명이라는 현상을 만들어내고, 생각이 없는 원자들이 모여 생각이라는 신기한 현상을 만들어냈습니다. 이 우주에서 이보다 더 놀라운 일이 무엇일까요?

생명의 탄생, 그것은 우주적 대 사건이었습니다. 길거리에 굴러다니는 생각 없는 돌멩이도 원자로 되어 있고, 이 글을 쓰고 있는 나의 육체도 원자로 되어 있습니다. 돌멩이의 원자나 내 몸의 원자나 다 같은 원자입니다. 모두 같은 물리법칙의 지배를 받는 같은 원자입니다. 그런데 돌멩이와 나는 왜 이토록 다를까요?

원자가 혼자 있을 때와 모여 있을 때는 같은 원자이기는 하지만 겉으로 나타나는 특성은 매우 달라집니다. 물은 산소와 수소로 되어 있습니다. H_2O가 바로 그것입니다. 하지만 같은 산소라고 해서 다 같은 것은 아닙니다. 물(H_2O)에 있는 산소와 산소 기체(O_2)에 있는 산소는 다 같은 산소 원자(O)이기는 하지만 그 둘의 특성은 전혀 다릅니다. 물은 0도에서 얼고 100도에서 끓습니다. 하지만 산소(O_2)는 영하 118도에서 끓습니다. 오존(O_3)과 산소(O_2)는 다 같이 산소 원자(O)만으로 이루어져 있지만, 그 특성은 너무나 다릅니다. 산소는 호흡에 없어서는 안 되는 물질이지만, 오존을 들이마시는 것은 매우 위험합니다.

이처럼 같은 원자지만 어떻게 결합하여 어떤 분자를 만드느냐에 따라 그 특성은 얼마든지 달라질 수 있습니다. 생명체를 이루는 물질은 분자입니다. 분자 중에서도 탄소, 수소, 산소를 근간으로 하는 유기화합물입니다. 유기화합물 중에서 단백질의 구성단위인 아미노산이 아마도 생체를 구성하는 가장 중요한 물질 중 하나일 것입니다. 아미노산은 중앙의 탄소에 수소 한 개와 아미노기(NH_2)와 카

복실기(COOH)가 붙어 있고, 곁가지인 R기가 결합한 화합물입니다. 이 R기가 무엇이냐에 따라 다양한 아미노산이 만들어집니다. 우리 몸의 주성분인 단백질을 만드는 아미노산에는 20종이 있습니다. 이 20종의 아미노산이 어떻게 결합하느냐에 따라서 수없이 다양한 단백질이 만들어지는 것입니다.

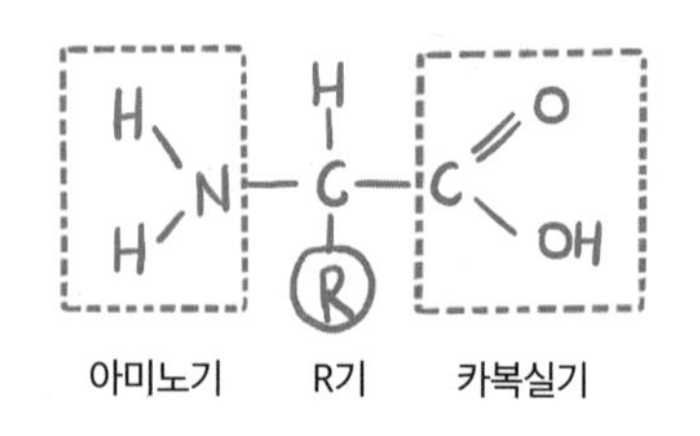

[그림 19] **아미노산의 구조**

아마도 독자 중에는, 이 다양한 생명체를 만드는 구성요소가 고작 20개인가 의아해할지 모릅니다. 하지만 한글 역시 자음 모음 합쳐서 24자뿐이지만, 이것으로 얼마든지 많은 문장을 만들어낼 수 있지 않나요? 아미노산 20개로 만들 수 있는 단백질의 종류는 수학적으로는 무한합니다.

이렇게 보면 아미노산이 우리 몸을 이루는 '원자'인 셈입니다. 그렇다면 생명체의 원자인 아미노산이 어떻게 만들어졌는지를 알아야 할 것입니다. 하지만 탄소, 수소, 산소, 질소들을 모아놓는다고 해서 아미노산이 만들어지는 것은 아닙니다. 산소와 수소를 모아 놓고 불을 붙이면 금방 '펑' 하는 소리와 함께 물 분자가 만들어집니다. 하지만 아미노산은 이런 방식으로는 만들어지지 않습니다. 그렇다면 최초에 아미노산이 어떻게 만들어졌는지를 아는 것이 생명 탄생의 의문을 푸는 첫 번째 열쇠가 되지 않을까요?

지구 탄생 초기를 생각해봅시다. 크고 작은 운석들이 어지럽게 부딪치는 온통 난장판이었을 겁니다. 이들이 중력으로 서로 끌어당겨 지구라는 큰 덩어리가 되었을 겁니다. 초기에는 어지러운 충돌로 발생한 열에 의해서 거의 불덩어리였겠지만 그 후 지각은 차츰 식었을 것입니다. 하지만 아직 지구의 내부는 뜨거웠을 것이고 화산 활동은 상상하지 못할 정도로 빈번했을 것입니다. 화산들은 여러 가지 기체(메탄, 이산화탄소, 수증기 등)를 뿜어냈을 거고 이것이 대기를 이루었을 겁니다. 이 두꺼운 대기에서는 천둥과 번개가 수없이 쳐댔을 겁니다. 지구에서 생명이 만들어졌다면, 생명의 씨앗은 이런 가혹한 환경 속에서 만들어졌음이 분명합니다.

생명의 씨앗인 아미노산도 초기 대기환경에서 만들어졌을 것입니다. 무슨 다른 방법이 있었을까요? 생명이 다른 외계에서 온 것이 아니라 지구에서 만들어졌다면 어쩔 수 없이 초기의 혼란 속에서 만들어질 수밖에 없지 않았을까요?

1920년대에 이런 생각을 한 사람들이 있었습니다. 한 사람은 러시아의 생화학자 알렉산드르 오파린Aleksandr I. Oparin, 1894-1980이고 다른 한 사람은 영국의 생물학자 할데인J. B. S. Haldane, 1892-1964이었습니다.

이들은 앞에서 설명한 것과 같은 이유로 지구 생성 초기에 무기물에서 생명의 씨앗인 아미노산이 만들어졌을 것으로 생각했습니다. 이를 위해서는 먼저 지구 초기의 대기(그것을 원시대기라고 합니다.)의 성분을 알아야 했습니다. 그들은 목성 등 두꺼운 대기가 있는 행성들의 대기와 초기 지구의 대기 성분이 비슷했을 것으로 생각했습니다. 왜냐하면 태양계의 행성들은 모두 태양 주위에 있던 기체 덩어리들이 모여서 만들어졌을 것이기 때문입니다.

기체 덩어리는 태양으로부터의 거리에 따라 밀도와 성분이 약간 다를 수는 있겠지만 상당히 유사했을 것입니다. 그렇다면 원시대기의 성분도 금성이나 다른 태양계 행성들의 대기에 있는 성분과 상당히 비슷했을 것으로 추정할 수 있습니다. 이들 행성 대기의 주성분은 수소, 메탄, 암모니아, 수증기입니다. 그렇다면 지구의 원시대기도 비슷한 성분이었을 가능성이 큽니다. 이런 원시대기에 번개가 치면서 복잡한 화학반응이 일어났을 것이고, 그중에서 아미노산도 만들어졌다고 생각했습니다. 이것을 오파린-할데인 가설이라고 합니다.

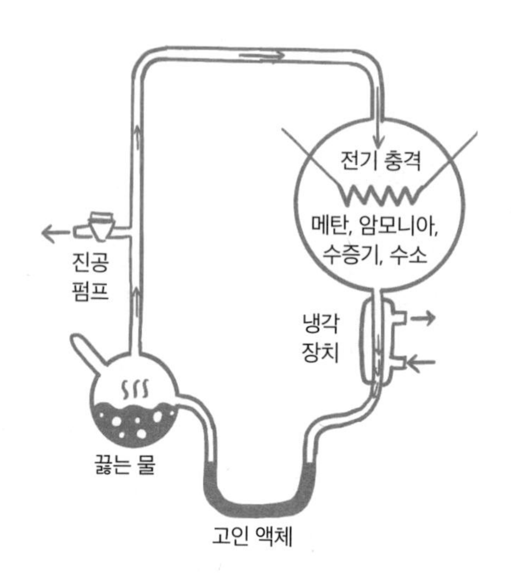

[그림 20] 밀러와 유레이의 실험

이 가설을 실험으로 증명한 사람들이 있었습니다. 그들은 1952년, 시카고 대학의 스탠리 밀러Stanley Miller와 그의 스승인 헤럴드 유레이Harold Urey였습니다. 그들은 시험관에 원시대기의 성분인 수소, 메탄, 암모니아와 수증기를 넣고, 인공 번개인 전기 스파크를 일으켰습니다. 그 결과 시험관 바닥에서 다양한 합성물질이 발견되었고, 그중에는 아미노산도 있음이 확인되었습니다. 그 후에도 많은 실험이 이루어졌고, 대부분 다양한 아미노산의 합성이 확인되었습니다.

아무튼 우리는 무기물에서 유기물이 만들어질 수 있다는 증거를 확보한 셈입니다. 하지만 생명의 기원을 밝히기 위해서는 가야 할 길이 멉니다. 아미노산이 생명체에 없어서는 안 될 필수적인 물질임은 틀림없지만, 아미노산은 단순한 유기물 분자에 지나지 않습니다. 이것에서 어떤 과정을 거쳐 단백질 합성에 필요한 정보를 저장하고 전달하는 DNA와 RNA 분자가 만들어졌으며, 세포라는 생명체 단위가 만들어졌는지 알아내기에는 갈 길이 너무나 멉니다.

진정한 생명체가 되기 위해서는 세포가 만들어져야 하고, 세포가 만들어지기 위해서는 세포핵이 만들어져야 하고, 세포핵이 만들어지기 위해서는 현재의 세포핵 속에 있는 유전물질인 DNA가 만들어져야 합니다. 학자들은 초기에는 DNA보다 단순한 RNA가 풍부하게 존재했고, 이것이 어떤 과정을 거쳐서 DNA로 변환되었을 것으로 생각했습니다. 이것이 생명의 RNA 기원설RNA Word hypothesis입니다.

하지만 최근에 DAPDiamidophosphate, $PO_2(NH_2)_2$라는 보다 단순한 화합물이 DNA와 RNA를 모두 합성할 수 있다는 연구 결과가 나왔다고 합니다. 그렇게 되면 DAP가 생명 탄생의 결정적인 역할을 했을지 모릅니다. 하지만 이 모든 것은 가설에 지나지 않습니다. 비록 실험실에서 그런 과정을 재현했다고 해서 실제로 지구 초기에 그런 과정을 거쳐서 생명이 탄생했다고 단언할 수는 없습니다. 다른 길을 달려서도 같은 목적지에 도달할 수 있기 때문입니다.

아미노산이 지구 생명체에는 필수적인 단위이기는 하지만 그렇다고 우주의 모든 생명체가 아미노산 기반이라고 단정할 수는 없습니다. 원자들이 만들어낼 수 있는 분자는 수도 없이 많고, 그 많은 분자 중에 우리가 알고 있는 것은 빙산의 일각에 지나지 않습니다.

아미노산 말고 다른 어떤 분자가 또 다른 생명의 씨앗이 되었을지 알 수 없는 일입니다.

하지만 우주의 다른 곳에서 생긴 생명 중에는 분명 아미노산 기반의 생명체도 존재할 것입니다. 지구에서 생기는 현상이 광활한 우주 어디에서 생기지 말라는 법이 없기 때문입니다. 분명한 것은 아미노산 기반의 생명체가 그렇지 않은 생명체보다는 우리와 조금은 더 유사할 가능성이 더 크다는 점입니다. 먼 미래 우주 공동체가 생긴다면 우리는 아마도 아미노산 기반의 외계인과 더 빨리 동맹을 맺지 않을까요?

생명의 시작

지구에서 발견된 가장 오래된 생명의 흔적은 35억 년 전으로 거슬러 올라갑니다. 학자들이 주목하는 것은 바로 스트로마톨라이트라는 화석입니다. 이 암석은 미생물이 퇴적해서 만들어진 화석입니다. 호주에서 발견된 스트로마톨라이트는 약 35억 년 전의 것으로 추산됩니다. 가장 오래된 것은 2016년에 그린란드에서 발견된 화석으로 37억 년 전으로 추산하고 있습니다.

37억 년 전의 화석에서 처음으로 생명의 흔적을 발견했다고 해서 생명이 정말로 37억 년 전에 시작되었다고 하는 것은 너무 순진한 생각일지도 모릅니다. 지구가 만들어지기 시작한 초기에는 우주에 떠돌아다니는 무수한 작고 큰 천체 덩어리들이 어지럽게 부딪치며 이합집산을 하던 시기입니다. 어느 정도 지구의 모양이 갖추어진 이후에도 대형 충돌은 수없이 일어났을 것입니다.

지구 형성 초기에 거의 화성 정도인 원시 행성이 지구와 충돌하고, 그 충돌로 떨어져 나간 파편들이 모여서 달이 되었다는 것이 달의 기원에 관한 가장 믿을 만한 가설입니다. 그 충돌은 여러 가지 증거에 의해 거의 45억 년 전으로 추산하고 있습니다. 이런 여러 증거를 종합해 과학자들은 최소한 39억 년 전까지는 대형 우주 물체와의 충돌이 잦았을 것으로 생각하고 있습니다. 그렇다면 39억 년 이전에 생명체가 생겼다고 하더라도 그러한 난장판 속에서 그리고 충돌로 일어난 엄청난 열기에 의해 거의 다 멸종되었을 것이고, 일부 화석이 만들어졌다고 해도 격심한 지각 변동으로 사라졌을 가능성이 큽니다.

그렇다면 생명의 시작은 37억 년보다 수억 년 앞으로 당겨져야 할 것입니다. 정확한 시작 연대를 모른다고 하지만, 작게 잡아도 지구가 탄생하고 10억 년도 채 안 된 시기에 생명이 탄생했다는 것은 우주의 생명 이야기에서 매우 중요한 의미가 있습니다. 지구의 나이가 46억 년이라는 것을 고려하면 10억 년은 초기라고 할 수 있습니다. 더구나 우주의 나이가 138억 년이라는 것을 생각하면 생명이 만들어지는 데는 그렇게 오랜 시간이 걸리지 않는다는 것을 의미합니다.

만약 생명이 지구 초기 수억 년, 아니면 수천만 년 만에 생겨났다면 지구와 유사한 환경을 가진 행성에는 거의 생명체가 존재한다는 가설이 힘을 얻을 수 있기 때문입니다. 그렇게 되면 생명은 우주에서 매우 특이한 현상이 아니라 보편적인 현상일 가능성이 크다는 것을 의미합니다.

하지만 우리가 올바른 추리를 하기에는 아직 우리의 지식이 많이 부족합니다. 생명을 탄생시키는 행성의 환경이 어떤 것인지에 대한 지식이 부족하기 때문입니다. 그 하나는 지구의 초기 상태에 관한 지질학적, 천문학적 지식이 부족하고, 다른 하나는 무생물에서 생명으로 전환되는 기제를 잘 알지 못한다는 것입니다. 지금 시점에서는 어떤 확실한 결론도 내리기 어렵습니다.

그런데 스트로마톨라이트 화석을 만든 미생물은 어떻게 만들어졌을까요? 이것은 또 다른 논란거리가 아닐 수 없습니다. 생명의 씨앗인 아미노산이 만들어졌다고 해서 그것이 바로 생명체가 되는 것은 아닙니다. 원자들이 모여 유기물인 아미노산 분자가 만들어지는 것보다 아미노산에서 최초의 생명체가 만들어지기까지는 이보다 더 복잡한 과정과 장구한 세월이 걸렸을 것입니다.

지구에서 생명이 어떻게 출현했는가에 관한 다양한 학설이 있습니다. 그중에서 대표적인 것으로 원시 수프 가설, 심해 열수구 가설, 진흙 촉매 가설 등을 들 수 있습니다. 어찌 되었건 그곳에서 세포가 만들어졌을 것이며, 세포가 만들어지기 전에 세포핵이 만들어졌을 것이며, 세포핵이 만들어지기 위해서는 DNA와 RNA가 만들어졌어야 할 것입니다.

하지만 더 이상 논의를 진행하기에는 우리가 아는 것이 너무 없습니다. 이쯤에서 생명 탄생의 비밀 풀기를 멈추고, 그냥 "옛날 옛적에 생명이 탄생했다네."로 만족하기로 합시다.

대멸종

이렇게 어렵게 탄생한 생명이 지구를 생명이 차고 넘치는 초록별 낙원으로 만들기까지 순탄한 여정은 아니었습니다. 지구의 생명은 아기와 같이 포근한 요람에서 탄생한 것은 아니었습니다. 최초의 지구 생명이 태어난 환경에 비하면 예수가 태어난 마구간은 너무 포근한 장소였습니다.

초기 지구의 물리적 환경은 난폭했습니다. 쉴 새 없이 때리는 크고 작은 운석들 때문에 겨우 생겨난 미생물 수준의 연약한 생명이 자기를 지키는 것은 너무 힘들었을 것입니다. 그래도 생명은 참으로 끈질긴 속성을 가지고 있어서 이런 악조건을 극복하고 진화를 거듭해 마침내 지금과 같은 풍성한 생태계를 이루었습니다. 하지만 그 과정은 복잡했고, 순간순간은 위기의 연속이었습니다.

생명의 역사는 멸종의 역사라고 해도 과언이 아닙니다. 37억 년보다 이른 시간 생명의 씨앗이 생겨나서 생명이 지구 표면을 덮은 후에도 최소한 다섯 차례에 걸친 대멸종이 있었습니다. 오르도비스기 대멸종, 데본기 대멸종, 페름기 대멸종, 트라이아스기 대멸종, 그리고 백악기 대멸종이 그것입니다.

멸종이라는 말은 단지 생물의 개체 수가 급격히 감소하는 것을 의미하는 것은 아닙니다. 멸종이란 해당 종이 거의 전멸하여 대를 이어갈 수 없는 상태를 의미합니다. 개체 수의 감소는 언제나 일어나는 일이지만 그것으로 종이 사라지지는 않습니다. 대멸종은 종 자체가 사라지는 현상이기 때문에 극심한 재앙이 닥치지 않고는 나타날 수 없는 것입니다. 대멸종의 원인은 빙하기의 도래로 인한 해수면 하강, 대기의 이산화탄소량의 급격한 변화, 해양 무산소증, 초대형 화산 활동, 운석의 충돌 등 다양합니다.

<표 2> 대멸종의 규모와 그 원인

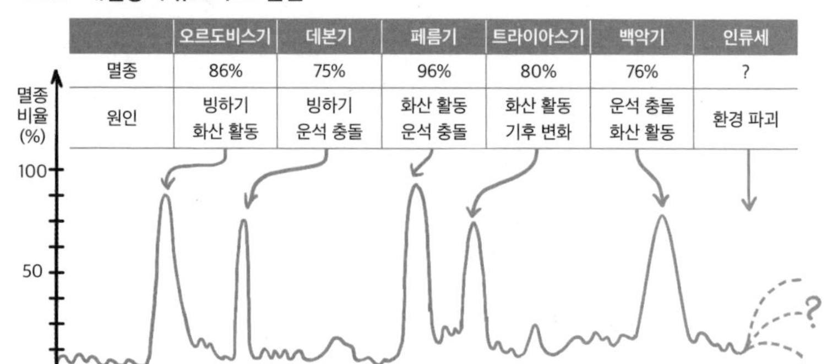

	오르도비스기	데본기	페름기	트라이아스기	백악기	인류세
멸종	86%	75%	96%	80%	76%	?
원인	빙하기 화산 활동	빙하기 운석 충돌	화산 활동 운석 충돌	화산 활동 기후 변화	운석 충돌 화산 활동	환경 파괴

오르도비스기 대멸종

오르도비스기 대멸종Ordovician Extinction은 우리가 알고 있는 가장 오래된 대멸종으로 약 4억 5000만 년 전에 일어났습니다. 전체 종의 약 85%가 사라진 역사상 두 번째로 큰 멸종이었습니다. 오르도비스기 대멸종에 관한 학설은 분분합니다. 우주의 초신성 폭발로 인한 감마선 폭풍이 원인이라는 설도 있지만 설득력이 낮습니다. 감마선 폭풍은 짧은 순간 일어나는 현상이기 때문에 지구에서 감마선을 맞는 쪽과 반대쪽의 피해는 극과 극일 것이지만, 지질학적으로 그런 차이는 발견되지 않았습니다. 더구나 감마선이 심해에까지 영향을 미치기는 어려우므로 해양 생물의 멸종을 설명하기가 어렵습니다.

가장 유력한 가설은 해수면 하강이라고 할 수 있습니다. 해수면 하강은 빙하기와 관련이 있고, 빙하기는 이산화탄소와 관련이 있습니다. 오르도비스기에는 지금의 화산과는 비교할 수 없을 정도의 초대형 화산 활동이 있었습니다. 화산 활동은 대기의 이산화탄소 농도를 증가시키게 됩니다. 이산화탄소의 증가는 불가피하게 지구 온난화를 불러옵니다. 온난화와 화산 활동 그리고 대규모 지각 운동으로 대형 산맥이 형성되었습니다. 산맥의 형성은 대량의 풍화작용이 일어나고 풍화작용은 대기의 이산화탄소를 흡수하게 됩니다. 이 과정을 탄산염-규산염 순환carbonate-silicate cycle이라고 합니다. 이에 더해 육상식물이 번성함으로써 대기의 이산화탄소를 흡수했습니다. 그 결과 오르도비스기 말에는 대기의 이산화탄소가 급격히 감소해 기온이 급강하하기 시작했습니다. 이 때문에 빙하기가 찾아왔다고 보는 겁니다.

더구나 오르도비스기의 대륙은 지금의 대륙과는 전혀 달랐습니다. 지금은 동서와 남북을 가로지르는 대륙과 일부의 섬들로 이루어져 있지만, 그 당시는 크고 작은 대륙들이 섬처럼 흩어져 있던 시기였습니다. 섬은 다윈의 진화론을 가능하게 했던 갈라파고스 군도처럼 생명 다양성에 이바지하기도 하지만, 빙하가 진출하는 경우에는 피난처를 찾을 수 없는 치명적인 지형이기도 합니다.

빙하기가 닥쳐올 때, 지금의 아메리카 대륙처럼 남북으로 길게 연결되어 있으면 생물이 빙하와 함께 오르내리면서 빙하기를 견딜 수 있었겠지만, 오르도비스기에는 그것이 불가능했습니다. 그런 지형에서 빙하기는 생명체에게 치명적일 것입니다.

더구나 조산 활동*으로 인한 왕성한 풍화작용은 대량의 무기염류가 해양으로 유입됩니다. 이것은 해양에 녹조 현상을 초래해 바닷속의 산소가 고갈되고, 산소의 고갈은 해양생물을 멸종으로 몰아갔습니다.

데본기 대멸종

데본기 대멸종Devonian Extinction은 약 3억 7000만 년 전에서 3억 6000만 년 사이로 비교적 장기간에 걸쳐서 이루어진 대멸종이며, 약 75%가 사라졌습니다. 데본기는 산재해 있던 육지(섬)들이 모여서 곤드와나Gondwana 초대륙을 형성하던 시기였습니다. 생명은 대부분 바다에 있었고, 네발 생물이 바다에서 육지로 막 진입하던 시기였습니다.

데본기 멸종은 두 차례에 걸쳐서 일어났는데, 켈바세르Kellwasser와 하겐베르크Hagenberg 멸종 사건입니다. 켈바세르 사건은 약 3억 7600만 년에서 3억 6000만 년 전에 일어났고, 하겐베르크 사건은 3억 5900만 년경 전에 일어났습니다.

데본기 멸종은 거의 해양생물의 멸종이었고, 막 육지로 진입하던 네발 생물도 대부분 멸종되었습니다. 이 당시 네발 생물은 지금의 육상동물의 원조이기는 하지만 어류에 더 가깝다고 보면 됩니다. 그들 중에는 발가락이 5개만 있었던 것이 아니고, 8개, 7개, 6개인 사지동물이 있었고, 서로 다른 생활양식을 하고 있었을 겁니다. 그런데 대멸종 기

*조산 활동
대규모의 습곡 산맥을 형성하는 지각 변동을 일컫는 것으로 지각의 융기에 의한 것과 지각의 이동에 의한 것으로 구분할 수 있음.

간에 겨우 살아남은 것은 공교롭게도 발가락이 5개인 사지동물뿐이었습니다. 이것이 우리의 손가락과 발가락이 5개인 이유입니다. 대멸종 시기에 그들의 생활양식이 조금만 달랐으면 우리의 손가락이 6개나 8개가 되었을지도 모를 일입니다. 그렇게 되었다면 우리가 10진법이 아닌 12진법이나 16진법 숫자를 사용하게 되었을지도 모릅니다. 그 태곳적 데본기의 '우연'이 나비효과를 가져와서 지금의 지구 문명이 이런 모습이 되었다는 것을 생각하면 참으로 묘한 생각이 들기도 합니다.

데본기 멸종의 원인은 불분명합니다. 운석 충돌설도 있지만, 운석 충돌을 나타내는 어떤 증거도 찾지 못했습니다. 학자들은 빙하기의 도래와 더불어 해수면 하강과 육지의 풍화작용에 의한 해양의 부영양화로 초래된 해양의 산소 결핍을 그 원인으로 추정하고 있습니다.

페름기 대멸종

페름기 대멸종Permian Extinction은 가장 광범위한 대멸종 사건으로, 2억 5000만 년 전에 일어났습니다. 아마도 지구 역사상 전무후무한 세상의 종말과 같은 대멸종이 아닐 수 없었습니다. 약 96%의 생물 종(81%의 해양생물, 70%의 육상 생물)이 사라졌습니다. 우리가 잘 아는 삼엽충은 앞의 두 대멸종을 버텨냈지만, 페름기 대멸종은 피해갈 수 없었습니다.

페름기 대멸종의 특징은 놀랍게도 현재 이 지구에서 일어나고 있는 온난화와 닮았다는 것입니다. 다만 그 과정이 급작스럽고도 대규모였다는 것이지요. 그 당시 판게아라는 초대륙에서 지금의 시베리아에 해당하는 지역의 지하에는 바로 앞의 석탄기에 만들어진 엄청난 양의 석탄, 석유, 천연가스가 매장되어 있었습니다. 이들에게 불을 붙인 것은 공장의 기계도, 자동차의 엔진도 아닌, 아래에서 올라오는 용암의 열기였습니다. 이 열기는 엄청난 양의 메탄과 이산화탄소를 대기 중에 쏟아부었습니다. 마치 지금의 공장과 자동차가 그러듯이 말입니다. 규모는 달랐어도 그 과정은 비슷했습니다.

현재 세계에서 연간 쏟아내는 이산화탄소량은 약 400억 톤에 이릅니다. 하지만 과학자들의 추정에 따르면 페름기 말에 시베리아 지역에서 뿜어낸 이산화탄소는 무려 850조 톤에 이르렀다고 합니다. 이산화탄소뿐이 아닙니다. 메탄, 황화수소, 아황산가스도 거의 이산화탄소에 버금가는 양이 뿜어져 나왔습니다. 이 때문에 대기의 온실효과는 상상을 초월했고, 그 결과는 참혹했습니다. 대기의 이산화탄소의 증가가 기온의 상승뿐만 아니라 해수의 온도를 끌어올림은 물론 해양 산성화를 불러왔습니다. 아마도 해수의 온도가 40도를 웃돌았을 것으로 추정하고 있습니다. 그뿐 아니라 오존층이 파괴되면서 지표의 생명체는 자외선에 무방비로 노출되었을 것입니다.

이런 환경에서 육지는 물론 바다에서도 멸종되지 않고 살아남는 종이 있다는 것은 기적이 아닐 수 없습니다. 우리는 페름기 대멸종 환경이 지금의 우리 환경과 닮았다는 사실에 경악하지 않을 수 없습니다. 페름기 대멸종은 우리의 미래를 보는 것 같은 착각 아닌 착각에 빠지게 합니다. 인류가 과거의 역사에서 교훈을 얻지 못한다면 미래는 매우 위험해질 것입니다. 우리가 대멸종을 연구하는 이

유가 여기에 있지 않을까요?

트라이아스기 대멸종

삼첩기三疊紀라고도 불리는 트라이아스기 대멸종Triassic Extinction은 약 2억 년 전에 일어났고, 약 80%가 멸종했습니다. 이 시대에는 대형 파충류가 대세를 이루던 시기였는데 이때 거의 멸종했습니다.

멸종의 원인으로 운석 충돌설이 제기되었지만, 트라이아스기에 생긴 것으로 밝혀진 멕시코의 대형 운석 충돌구는 대멸종보다 1300만 년이나 앞선 것으로 밝혀져 멸종의 원인으로는 보기 어렵습니다. 가장 유력한 설은 화산 활동으로 인한 지구 온난화와 해양 산성화를 꼽고 있습니다. 이 시기는 판게아라는 초대륙이 막 분화를 시작하는 시기였고, 대규모의 화산 활동이 있었던 때입니다. 화산에서 뿜어나온 온실가스가 대기와 해양의 온도를 높이고 해양의 산성화가 대멸종으로 몰아갔다고 보고 있습니다. 해양의 산호초가 이 시기에 거의 멸절되다시피 한 것이 그 증거라고 할 수 있습니다.

백악기 대멸종

마지막으로 백악기 대멸종Cretaceous Extinction은 지금으로부터 6600만 년 전에 있었습니다. 백악기 대멸종은 시대적으로 백악기독일어로 Kreidezeit와 고제3기Paleogene의 경계이므로 K-Pg 대멸종이라고 부르기도 합니다. 이때 전체 종의 76%가 멸종했고, 우리가 잘 아는 공룡도 이 시기에 멸종했습니다.

멸종의 원인은 여러 설이 있지만, 최근에 제기된 소행성 충돌설이 유력합니다. 소행성 충돌설이 제기되긴 했지만 충돌구를 찾지 못하다가 멕시코만의 유카탄반도 해저에서 발견됐습니다. 얼핏 생각하기에는, 수십 킬로미터짜리 운석이 때리면 그 근처는 큰 피해를 보겠지만 지름이 1만 4000킬로미터나 되는 지구 전체에 문제가 생기지는 않을 거라고 생각하기 쉬울 것입니다. 하지만 크기만이 문제가 아니라 속도는 더 문제가 됩니다. 에너지는 질량과 속도의 제곱에 비례하기 때문에 속도가 2배가 되면 에너지는 4배가 됩니다. 2013년에 러시아 첼랴빈스크의 상공 27킬로미터에서 폭발한 운석은 겨우 17미터 정도인 작은 운석이었는데도 건물 7000여 채가 파괴되고 1600여 명이 부상당했다고 합니다. 다행히 공중에서 폭발했기에 망정이지 지상에 충돌했다면 그 피해는 엄청났을 것입니다. 하물며 수십 킬로미터짜리 소행성의 충돌은 상상을 초월하는 위력을 발휘할 것입니다.

공룡을 멸종시킨 소행성은 최소한 반경이 10킬로미터가 넘었을 것으로 추정됩니다. 이 정도 크기의 소행성이 충돌했다면 충격과 열기는 물론 쓰나미가 지구 전체를 뒤덮었을 것입니다. 충돌 당시 소행성에서 지구를 향하는 쪽은 지구 표면과 충돌도 하기 전에 공기와의 마찰로 태양의 표면 온도보다 훨씬 높은 고온 상태가 되었을 것이며, 충돌도 하기 전에 소행성이 밀어낸 공기의 충격으로 엄청난 구덩이가 파였을 것이니, 실제 충돌이 일어났을 때의 상황은 얼마나 대단했을지 짐작이 갈 것입니다. 더구나 충돌로 뿜어 올려진 먼지는 대기권을 벗어나 지구 전체를 덮어버렸을 것입니다. 이렇게 되면 우리나라까지도 툰드라 지역으로 변해버렸을 것입니다.

쥐라기 이후 번성하던 공룡은 물론 거의 모든 조류도 거의 전부 순식간에 사라졌을 것입니다. 지구상의 숲은 충돌 열기로 거의 다 타버렸을 것입니다. 충돌로 뿜어 올라간 먼지로 지구는 햇빛을 볼 수 없게 되었고, 이로 인해 모든 식물이 거의 멸종되었을 것입니다. 살아남은 동물이 있다고 해도 먹을 양식이 없어 살아남을 수 없었을 것입니다. 아주 작은 동물만이 땅속에 있는 벌레로 연명하며 살아남을 수 있었을는지 모를 일입니다.

여섯 번째 대멸종?

역사적으로 다섯 번째 대멸종은 모두 화석 자료로부터 추정되는 것인데, 46억 년이라는 긴 지구 역사에서 35억 년 전에 이미 원핵생물이 존재했으므로 이보다 오래된 멸종도 있었을 것이나, 화석 자료만으로는 확인하기 어렵습니다. 또한 지구상에 다양한 생명체가 퍼지게 된 것은 캄브리아기 대폭발Cambrian explosion 이후이므로, 그전에도 지구환경의 대변혁은 많았겠지만, 대멸종으로 기록되기는 어려웠을 것입니다.

대멸종은 6600만 년 전을 마지막으로 끝이 난 게 아닙니다. 그 전과는 다른 위협이 지구를 덮치고 있습니다. 현세를 인류세Anthropocene 또는 홀로세Holocene라고 부르는데 그것은 인류가 지구에 등장한 이후를 의미합니다. 인간이 지구에 등장하면서 지구는 새로운 국면을 맞이했습니다.

인간이 출현하면서 가장 먼저 멸종된 것은 대형동물입니다. 마다가스카르에는 인간이 들어가고부터 150킬로그램이 넘는 동물은 다

멸종했습니다. 그리고 지금은 10킬로그램이 넘는 동물도 다 멸종해 버렸습니다. 이러한 일은 지구 곳곳에서 벌어지고 있습니다. 이러한 대량 살상은 인간이 출현하면서부터 이루어져 왔지만, 특히 서구 문명으로 인해 더욱 가속화되고 있습니다. 처음에는 유럽인에 의해서, 그리고 지금은 아시아인에 의해서 저질러지고 있습니다.

하지만 아메리칸 인디언이나 호주의 원주민이라고 해서 예외는 아니었습니다. 사람들은 서구인이 아메리카와 호주를 침범하기 전, 그곳에 살던 주민들은 자연친화적이었을 것으로 생각합니다. 정말 그랬을까요? 바로 앞에 맛있는 스테이크가 있는데 버펄로의 멸종을 우려해서 그 스테이크를 먹지 않고 수저를 내려놓을 인류가 있었을까요? 아메리칸 인디언이라고 해서 그랬을까요? 그들이 서구인들보다 환경친화적이었던 것처럼 보이는 것은, 기술과 무기의 부족 때문이었지 결코 탐욕이 없어서였던 건 아니었습니다. 인간은 말할 것도 없고, 존재하는 어떤 생명체도 탐욕을 갖지 않은 생명체는 없었습니다. 1만 2000년 전, 인간이 아메리카 대륙으로 건너간 후부터 엄청난 멸종이 있었다는 많은 증거가 있습니다. 인간에 의한 자연 파괴는 인류가 아프리카를 벗어나면서 끊임없이 자행되어왔던 일이었습니다.

인류에 의한 멸종은 단지 살육에 의해서만 이루어지는 것은 아닙니다. 인간의 탐욕이 만들어낸 환경 파괴가 멸종의 중요한 요인으로 작용하고 있습니다. 농경지와 목축지의 확대, 공장 건설, 이로 인한 숲의 파괴가 그것입니다.

사람들은 인류의 자연 파괴로 인한 멸종을 역사적인 5대 멸종과 비교해서 더 심각하게 생각하는 경향이 있습니다. 하지만 과학은 솔직해야 합니다. 냉철하게 비교하면 지금 일어나고 있는 멸종의 정도는 앞에서 설명한 5대 멸종과 비교하면 미미한 정도입니다.

지구는 지질학적으로는 간빙기에 속합니다. 아마도 현재의 지구는 매우 평온한 상태라고 할 수 있습니다. 이 평화로움은 상당히 오래 지속할 것입니다. 인류가 등장하지만 않았다면 말입니다. 지질학적인 시간으로 보면 인간에 의한 환경 개입은 이제 막 시작했습니다. 수억 년 동안 지하에 묻혀 있던 기름에 이제 막 불을 붙이고 있습니다. 페름기 지하의 용암이 붙인 불이 대형 화재였다면 지금 인류가 지하 저장고에 붙인 불은 모닥불 수준일 겁니다.

문제는 페름기의 화재는 대형이고 짧은 기간이었다면 우리가 붙이는 불꽃의 크기는 작지만 기하급수적으로 증가하고 있다는 점입니다. 다 아는 것과 같이 기하급수는, 처음에는 아주 천천히 느낄 수도 없게 증가하다가 어느 기간이 지나면 폭발적으로 증가하는 경향이 있습니다. 이 불꽃의 크기는 지하의 석유와 석탄이 고갈될 때까지 멈추지 않을 것입니다. 지금 당장 이 불을 끈다면 지구는 바로 평화를 찾을 겁니다. 하지만 앞에 있는 맛있는 스테이크를 참을 인간이 어디 있을까요?

역사적으로 보면 대멸종이 일어난 후에 생명체는 다시 폭발적으로 증가했습니다. 그렇다면 지금의 인류세 멸종도 그렇게 염려하지 않아도 되지 않을까요? 물론 그렇습니다. 다만 인간이 아니라 지구의 입장에서 보면 그럴지도 모릅니다. 하지만 지금의 멸종은 결국 인간의 멸종으로 이어질 것입니다. 인간이 멸종하고 나면 자연이 급속히 회복할 것이고, 지구에는 다시 생명체로 넘쳐나게 될지도 모릅니다. 어떤가요? 만족하시나요? 인간이 없는 지구의 풍성한 생명체, 받아들이실 생각이 있습니까?

문제는 우리가 인간이라는 점입니다. 인간이 없고 난 뒤에 지구는 무슨 소용이 있단 말입니까? 지구의 소중함은 인간이 있기 때문이 아닐까요? 물론 우주나 하느님의 처지에서 보면 인간이 하찮은 존재일지는 모릅니다. 하지만 우리는 인간입니다. 그래서 인간이 소중하고, 지구가 소중한 게 아닐까요? 너무 인간 중심적인가요? 어쩌겠어요. 내가 인간인 한 인간 중심이 되는 것은 어쩔 수 없는 일이 아니겠습니까?

우리가 이 지구를 그렇게 사랑하는 것이, 이 우주에 지구가 유일하거나 가장 중요해서가 아닙니다. 우리가, 내가 이 지구를 떠날 수도 없고, 지구를 떠나서 살 곳은 이 우주 어디에서도 찾지 못했기 때문입니다. 그런 곳이 없는 것이 아니라 그런 곳이 있다고 해도 우리는 물론 우리의 후손들도 찾을 가능성이 적을 뿐만 아니라, 찾는다고 해도 가는 것은 더 어렵고, 간다고 해도 이 지구처럼 안락한 보금자리가 될 가능성은 더욱 없기 때문입니다. 이 인류에게 지구는 말할 수 없이 소중한 존재입니다.

인간이 살기 위해서는 식물도 살아야 하고 동물도 살아야 합니다. 이 생각이 환경 문제의 출발점이 되어야 하지 아닐까요? 여섯 번째 대멸종이 정말로 일어나고, 그 결과 지금의 인류가 멸종되고,

그리고 다시 수억 년이 지나 우리와는 다른 어떤 인류(?)가 나타나게 되면, 그때 그들은 지금의 인간을 어떻게 평가할까요?

지구 생명의 미래

지구 생명의 장래는 결코 밝다고만은 할 수 없습니다. 태양이 부풀어 올라 지구를 삼켜버릴 수십억 년 뒤에 올 그런 위협을 말하는 것이 아닙니다. 지구의 내부가 다 식어버리고, 대기가 다 사라져버릴 그런 미래의 위협을 말하는 것이 아닙니다. 몇천 년, 몇백 년, 더 심하게는 몇십 년 내에 찾아올 위협을 말하는 것입니다.

하나는 우주로부터 오는 위협입니다. 우주에 관한 우리의 지식이 너무 적어서 어떤 위협이 도사리고 있는지도 알지 못합니다. 곤히 잠든 토끼는 다음 날 아침에 사냥꾼이 무엇을 할지 알지 못합니다. 우리 인간은 이 광활한 우주에서 곤히 잠든 토끼와 별반 다를 것이 없습니다. 사냥꾼은 밖에도 있고 안에도 있고, 심지어는 우리 자신 속에도 있습니다.

언제 대형 운석이 지구를 때릴지, 언제 지구에서 몇 광년 떨어진 우주에서 초신성이 폭발해 지구를 녹여버릴지, 언제 갑자기 태양 활동이 급증해 태양풍이 지구를 휩쓸고 지나갈지 알지 못합니다. 내부로부터 오는 위협에 대해서도 아는 것이 별로 없습니다. 언제 지진이 날지, 언제 어디서 화산이 폭발할지 알지 못합니다.

인간이 만든 위협도 많습니다. 각국에서 경쟁적으로 개발하는 핵무기는 언제 터질지 모르는 화약고입니다. 산업화로 가속되고 있는 지구 온난화는 아마도 가장 큰 위협이 될지 모릅니다. 지구에서 가장 가까운 이웃 행성인 금성은 우리에게 많은 교훈을 주고 있습니다. 금성은 그 아름다운 이름과는 달리 지옥입니다. 표면 온도는 수백 도에 이르고, 대기는 두꺼운 이산화탄소로 되어 있어서 하늘을 볼 수도 없습니다. 당신이 금성의 표면에 있다면, 별은 물론 태양도 볼 수 없습니다. 이산화탄소로 인한 온실효과 때문입니다.

이 지구가 금성처럼 되지 않는다는 보장은 없습니다. 페름기 말처럼 되지 말라는 법도 없습니다. 그런데도 탄소 감축을 위한 국제적인 노력은 자꾸만 좌절되고 있습니다. 지구 온난화와 오존층 파괴를 과학자들이 수없이 경고하지만, 정치인들은 별로 관심이 없습니다. 살충제 살포와 무분별한 산림의 훼손과 물고기와 짐승의 남획이 생태계에 미치는 심각성을 아무리 경고해도 멈추지 않습니다. 인간은 자기가 당하기 전에는 깨닫지 못하는 동물인 것 같습니다. 과거 이 지구에서 일어났던 대멸종 사건들을 돌이켜 보면, 그것이 남의 이야기는 아닌 것 같습니다.

유전

원자는 왜 작아야 하는가?

나는 오래전(교수였던 시절), 슈뢰딩거가 쓴 『생명이란 무엇인가』라는 책을 서점에서 본 적이 있었습니다. 슈뢰딩거는 물리학을 하는 사람에게는 하늘 같은 존재입니다. 하지만 그분이 생물학에 관해서야 생물학자만큼 알지는 못할 거라고 생각했습니다. 그래서 그 책을 사지 않았습니다. 생명이 무엇인지를 알기 위해서는 생물학자의 책을 읽는 것이 더 효과적일 것이라는 생각이 들었기 때문입니다.

하지만 생명현상은 생물학자의 것이라는 나의 이런 생각은 너무 소박한 것이었습니다. 사실 생명이나 의식, 나아가 인공지능, 마음의 본질, 문명의 미래에 관해서 관심을 가진 물리학자는 많이 있습니다. 심지어는 신의 존재에 관해서 가장 많은 이야기를 하는 사람들이 바로 물리학자일지도 모릅니다. 물리학의 신동이라고 일컬어지는 리처드 파인만은 그의 유명한 책, 『물리학 강의The Feynman Lectures on Physics』를 DNA 구조를 설명하는 것으로 시작하고 있습니다. 노벨 물리학상을 받은 영국의 로저 펜로즈Roger Penrose, 1931- 같은 물리학자는 생명은 물론 의식의 문제를 깊이 연구하고 있습니다. 아마도 생명과 의식의 문제는 우주와 연결되어 있을 것입니다. 그 연결을 찾는 것은 물리학의 최전선이며 앞으로 노벨 물리학상이 이 분야에서 나오게 될지도 모릅니다.

정년을 맞이하고 그동안 공부해왔던 물리학과 우주론은 물론, 생명과 인류의 미래에 관한 책을 읽게 되었는데, 이 책 저 책에서 슈뢰딩거의 그 책에 대해서 언급하는 것을 자주 접하게 되었습니다. 심지어 DNA의 이중나선 구조를 밝힌 제임스 왓슨James Watson, 1928-과 프랜시스 크릭Francis Crick, 1916-2004이 이 책에 감명을 받아 자기들의 연구 결과를 검토해 달라는 간곡한 부탁을 슈뢰딩거에게 했다는 사실도 알게 되었습니다.

슈뢰딩거는 자기의 궁금증을 다음과 같이 말하고 있습니다. "살아 있는 유기체(생명)가 만들어내는 시공간상의 사건들을 물리학과 화학으로 설명할 수 있을까?" 이러한 생각에는 생명체도 원자라는 물질로 이루어졌고, 생명현상도 결국에는 물질의 작용에 의한 것이라는 믿음이 있었을 것입니다. 그러므로 물리학자가 보는 생명은 생물학자가 보는 다양하고 기기묘묘한 생명현상의 놀라움이 아니라 생명의 본질에 관한 것일 수밖에 없을 것입니다.

슈뢰딩거가 뛰어난 것은 유전자가 분자 구조여야 한다는 것을 가장 먼저 주장했다는 데 있습니다. 유전은 대를 이어 전달되는 현상입니다. 그는 대를 이어서 가지고 있는 정보를 잃어버리지 않고 유지할 수 있는 물질적 구조가 분자밖에 없다고 생각했습니다. 더구나 엄청난 양의 정보를 보관할 수 있는 분자는 '비주기적인 결정체'여야 한다고 생각했습니다. 그의 생각은 DNA의 구조가 밝혀짐으로써 사실로 확인되었습니다. 얼마나 대단한 혜안입니까?

슈뢰딩거의 『생명이란 무엇인가』를 읽고 느낀 감동을 나의 언어로 간략하게 설명하고자 합니다.

이 우주에서 가장 복잡한 시스템은 아마도 생명체일 것입니다. 복잡하다는 말은 그것을 구성하는 원자의 수가 많다는 것도 포함합니다. 생명체의 기본 단위라고 할 수 있는 세포에 들어 있는 원자의 수는 대략 10^{14}개라고 합니다.

만약 원자가 좁쌀만 하다면 세포 하나의 크기는 얼마나 될까요? 좁쌀 알갱이의 크기를 1밀리미터 정도라 하고 계산해보면, 가로, 세로, 높이가 50미터나 되는 상자의 크기가 될 것입니다. 대형 빌딩만 한 세포로 만들어진 인간은 그 크기가 얼마나 되어야 할까요?

보통 한 사람의 몸속에 있는 세포의 수는 대략 10^{13}개라고 합니다. 한 변이 50미터인 상자를 한 줄로 늘어놓는다면 그 길이는 무려 5×10^{14}m가 됩니다. 지구에서 태양까지의 거리가 1.5×10^{11}m이므로 그 길이는 지구에서 태양까지 거리의 3000배가 넘습니다. 그런 인간이 있다면 정말 신기하지 않을까요?

그렇게 큰 인간이 있다면, 머리에서 한 명령이 발까지 가려면 신호가 빛의 속도로 간다고 해도 며칠이 걸릴 것입니다. 만약 모기가 발가락을 물어뜯고 있다는 신호를 뇌로 보내고 뇌가 모기를 쫓으라고 손에 명령하고, 이리하여 그것이 실행되기까지는 몇 달이 걸릴지 모를 일입니다. 모기는 피를 다 빨아먹고 날아가 버렸을 정도가 아니라 자손을 퍼트리고 일생을 마칠 장구한 시간일 것입니다. 이런 인간이 생명을 유지할 수 있을까요? 세포도 마찬가지입니다. 그렇게 큰 세포가 짧은 시간에 통일된 기능을 하는 것은 불가능할 것입니다.

생명체를 하나의 컴퓨터라고 한다면, 세포는 컴퓨터의 메모리 칩에 해당합니다. 정보를 처리하는 메모리 반도체 제작에서 가장 큰 문제는 칩의 크기를 줄이는 것입니다. 크기가 크면, 각 소자 간에 정보를 주고받는 데 시간이 오래 걸립니다. 신호가 가는 데 걸리는 시간이 길기 때문입니다. 컴퓨터의 가장 중요한 기능이 계산을 빨리하는 것인데 느린 컴퓨터는 살아남지 못할 것입니다.

그런데 원자가 크더라도 원자 몇 개로 세포를 만들 수 있다면 되지 않을까요? 예컨대 원자 10개로 이루어진 세포를 생각해봅시다. 그것으로 세포핵을 만들고, 염색체를 만들고 유전정보를 후대에 전달할 수 있는 유전자를 만드는 것이 가능할까요? 원자 몇 개에 생체의 기능을 유지할 수 있는 엄청난 정보와 후대에 물려줄 유전정보를 저장하는 것이 가능할까요? 불가능합니다.

생명을 유지하는 단위는 복잡한 기능을 수행할 수 있어야 하고, 그런 기능을 수행하기 위해서는 엄청난 양의 정보를 처리할 수 있어야 합니다. 생명을 유지하는 기본 단위(세포)는 복잡성을 가져야 하고, 복잡성을 가지기 위해서는 구성 원자의 수가 많아야 합니다. 많은 것을 작은 공간에 배치하기 위해서는 크기가 작아야 합니다. 이것이 생명을 구성하는 원자가 작아야 하는 이유입니다.

만약 원자가 좁쌀만 한 크기였다면 이 우주에 생명이라는 놀라운 현상은 생기지도 못했을 것입니다. 빅뱅으로 우주가 탄생했는데, 먼 훗날 생명을 창조하기 위해서 미리 원자를 그렇게 작게 창조했던 것은 아닐까요?

이런 생각은 사막의 선인장이 동물로부터 자기 자신을 보호하기 위해서 가시를 만들었다는 것처럼 과학적으로는 말이 되지 않습니다. 선인장은 지구에 초식동물이 생기기 수백만 년 전에 이미 가시를 만들었는데, 선인장이 수백만 년 뒤에 나타날 초식동물을 예견하고 미리 가시를 준비했을까요? 마찬가지로 우주가 생명을 만들기 위해서 미리 그렇게 작은 원자를 만들어두었다는 것은 말이 안 됩니다. 그래도 원자가 작다는 것과 생명의 탄생은 불가분의 관계가 있는 것은 틀림없습니다.

참 묘한 일입니다. 이 우주는 아무런 목적도 없이 생겨났고, 아무 목적도 없이 변화하고 있습니다. 이것이 과학적인 논리입니다. 하지만 우주의 시작과 그 이후의 모든 변화가 마치 우주에 생명체를 탄생시키기 위해서 한 치의 오차도 없이 일사불란하게 진행해온 것처럼 보이니 말입니다. 원자가 그렇게 작은 것도, 중력이라는 힘이 존재하는 것도, 그래서 별이 생기고, 별에서 원자들이 만들어지는 것도, 별이 폭발해 그 원자들이 우주에 퍼지고, 이들이 다시 모여 태양이 되고, 지구가 되고, 거기에서 생명이 생겨나고 우리 인간이 생겨난 것도 모두 일사불란한 계획처럼 보이니 말입니다.

콩 심은 데 콩 나고

콩 심은 데 콩 나고 팥 심은 데 팥이 납니다. 당연합니다. 그런데 왜 그래야 하는가, 라고 물으면 대답은 간단하지 않습니다. 닮는다는 것은 무엇이 전달된다는 것입니다. 부모로부터 자식으로 전달되는 그 무엇이 무엇일까요?

자식이 부모를 닮지만 그대로 닮는 것은 아닙니다. 아버지는 닮지 않았는데 할아버지를 닮기도 하고, 눈은 닮았는데 코는 닮지 않을 수도 있습니다. 그래도 무엇이 대를 이어 전달되는 것은 분명합니다. 그것이 무엇일까요?

멘델Gregor Mendel, 1822-1884은 완두콩 실험에서 유전되는 그 무엇은 원자와 같은 특성이 있다고 보았습니다. 원자가 모여 분자가 되지만 원자 자체는 변하지 않습니다. 화학반응을 통해서 원자는 이 분자에게 가기도 하고 저 분자에게 가기도 하지만 원자 자체는 불변입니다. 멘델은 생물의 유전자도 자식에게 전달되고, 다시 손자에게 대를 이어 전달되지만, 원자처럼 변하지 않는 물질적인 현상으로 보았습니다. 개체의 형질이 대를 이어 이 개체에서 저 개체로 옮겨가는 것이 마치 물질의 반응에서 원자가 이 분자에서 저 분자로 옮겨가는 것과 같다고 보았습니다.

멘델은 완두콩의 두 가지 형질에 주목했습니다. 하나는 모양(둥

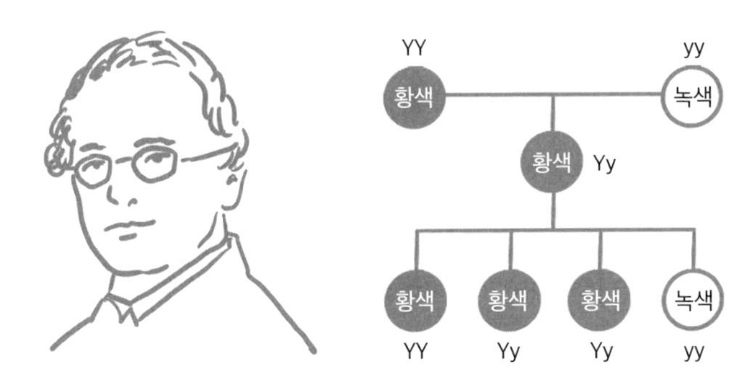

[그림 21] **멘델과 완두콩**

글거나 쭈글쭈글한 것)이고 다른 하나는 색(황색과 녹색)이었습니다. 황색 완두콩(순종)과 녹색 완두콩(순종)을 교배시키면 그 중간색이 나오는 것이 아니라 모두 황색 완두콩만 나왔습니다. 그런데 이렇게 나온 황색 완두콩끼리 교배했더니 모두 황색만 나오는 것이 아니라 황색과 녹색이 3:1의 비율로 나왔습니다. 황색과 녹색의 중간색은 절대로 나오지 않았습니다. 이것은 무엇을 의미하는 것일까요? 색깔을 결정하는 유전자는 물과 잉크가 섞이듯이 섞이는 게 아니라 구슬이 섞이듯이 섞인다는 것을 의미합니다. 유전자는 알갱이란 말입니다.

황색으로 보이는 완두콩에도 녹색 유전형질이 숨어 있을 수 있습니다. 숨어 있다는 말은 있기는 하지만 겉으로 나타나지는 않는다는 말입니다. 이것을 유전학에서는 열성 형질이라고 합니다. 녹색은 열성이고 황색은 우성이기 때문에 두 형질이 섞여 있을 때는 우성 형질만 나타납니다. 그래서 황색 완두콩의 자손 중에도 녹색 완두콩이 나오게 된 것입니다. 숨어 있던 형질이 다음 대에서 나타나는 것입니다. 자식이 아버지를 닮지 않고 할아버지를 닮는 것도 같은 현상입니다. 형질은 대를 이어 전달되지만 잉크와 물처럼 다른 형질과 섞이는 게 아니라 구슬처럼 섞이는 것입니다. 우성과 열성이 만나면 열성은 모습이 나타나지 않지만, 열성끼리 만나면 그 형질이 겉으로 나타나게 되는 것입니다.

하지만 유전되는 형질이 무엇인지는 좀 모호한 면이 있습니다. 혈액형 같은 형질은 분명합니다. 부모의 혈액형에 의해서 자식의 혈액형이 결정됩니다. 피부색도 유전형질입니다. 순수한 흑인 부부 사이에서 백인이 태어나지는 않습니다. 하지만 얼굴의 모양, 성격, 지능 등은 유전이 되는 것 같기도 하고 그렇지 않은 것 같기도 합니다. 아버지가 공부를 잘했다고 해서 자식도 공부를 잘하는 것은 아닙니다. 성격도 닮은 듯하면서도 완전히 닮지는 않습니다. 왜 그럴까요?

외모나 성격처럼 겉으로 나타나는 특성 중에는 여러 유전자가 복합적으로 작용합니다. 여러 유전형질이 모여서 어떤 특성을 만들어 낸다고 할 때, 어떤 유전자가 어떤 비율로 혼합되느냐에 따라 특성이 다양하게 나타나기 때문입니다.

다른 하나는 유전이 아니라 환경의 영향 때문이기도 합니다. 같은 사람이라도 살아가면서 성격이 변할 수도 있습니다. 이처럼 성격은 유전의 영향도 있지만 환경의 영향도 받습니다. 이것을 '획득형질'이라고 합니다. 유전형질과는 달리 획득형질은 유전되지 않습니다. 운동을 열심히 해서 근육이 많이 생겼다고 해서 근육이 많은 자식이 태어나는 것은 아닙니다.

만약 모든 것을 타고나기만 한다면, 노력이 아무 소용 없을 것이며, 반대로 모든 것이 노력으로 된다면 혈통이라는 것이 의미가 없을 것입니다. 내가 개나 고양이와는 달리 사람이 된 것은 내가 획득한 것이 아니라 타고난 것입니다. 정말 절묘하게도 모든 형질은 타고난 것도 있고 환경의 영향으로 만들어지는 것도 있습니다. 내가 아버지 어머니를 닮은 것은 타고난 것이지만 내가 대학교수가 되고, 작가가 된 것도 타고난 것은 아닙니다. 나의 유전자 어디에서도 대학교수 유전자는 찾지 못할 것입니다. 내가 대학교수가 된 것은 물려받은 어떤 형질에 나의 노력이 결합한 결과일 것입니다.

콩 심은 데 콩 나고 팥 심은 데 팥 나지만, 모두 같은 콩이 아니고 같은 팥이 아닙니다. 어떻게 기르느냐에 따라 콩과 팥의 크기도, 질도 달라질 수 있습니다. 진인사대천명盡人事待天命이라는 말이 여기서 나온 말이 아닌가 싶습니다.

죽은 자도 말을 한다

죽음은 생명이 끝나는 현상입니다. 죽음은 되돌릴 수 없는 현상입니다. 그래서 '죽은 자는 말이 없다'라는 유명한 말이 있지만 죽은 자가 말을 하는 일도 있습니다. 폐렴균이 그 한 예입니다.

생명현상에서 가장 중요한 것은 형질이 대를 이어 유전된다는 것인데, 구체적으로 우리 몸의 어디에 있는 무엇이 어떤 방법으로 유전되는지 알아내는 것은 쉬운 일이 아닙니다.

과학자들은 유전정보가 세포의 핵 속에 있다는 것은 알았습니다.

그리고 핵에 있는 염색체에 유전정보가 있다는 것도 알았습니다. 염색체는 주로 핵산과 단백질로 이루어져 있습니다. 이 중에 어느 것이 유전정보를 가졌는지 도무지 확신할 수 없었습니다. 처음에 학자들은 단백질을 그 후보로 지목했습니다. 단백질은 20종의 아미노산으로 이루어져 있는데, 이들 아미노산이 연결되는 순서에 따라 다양한 단백질이 만들어집니다.

반면 핵산은 DNA와 RNA로 구성되어 있는데, 이들은 뉴클레오타이드라고 하는 기본 구조가 반복되는 중합체입니다. 하지만 핵산은 단백질보다 구조가 단순합니다. 많은 유전정보를 가지고 있으려면 복잡한 구조일 가능성이 크기 때문에 단백질을 유력한 후보로 지목했던 것입니다. 하지만 결국 단백질이 아니라 핵산이 유전정보를 가지고 있다는 것이 밝혀졌습니다.

이러한 사실을 알아내기까지는 멀고도 긴 여정을 거쳤습니다. 그 중에서 결정적인 사건 하나를 소개하겠습니다.

폐렴을 유발하는 폐렴쌍구균이라는 것이 있습니다. 이 균은 R형과 S형 두 종류가 있습니다. 프레더릭 그리피스Frederick Griffith, 1877-1941는 R형을 쥐에 투입하면 아무 문제가 없지만, S형을 투입하면 쥐가 죽는 것을 확인했습니다. S형 균을 가열해서 죽인 후 투입하면 쥐는 죽지 않습니다. 하지만 가열해서 죽인 S형 균을 살아 있는 R형과 혼합해서 투입하면 쥐는 죽게 됩니다. 죽은 S형 단독으로 투입하면 죽지 않는데, 아무런 해도 없는 R형과 섞어서 투입하면 쥐가 죽으니 참 이상한 일이었습니다. 그런데 더 이상한 것은 이렇게 해서 죽은 쥐에 있는 폐렴균을 조사해보았더니 모두 S형 균으로 변해 있었다는 사실입니다. 더구나 S형 균의 자손들도 모두 S형이 되는 것입니다. 정말 놀라운 일이 아닐 수 없습니다. S형을 죽여서 넣었는데 쥐가 죽었다는 것은, R형 균이 모두 S형으로 바뀌었거나 죽은 S형이 다시 살아났거나 했다는 것입니다. 죽은 S형이 환생이라도 했단 말입니까? 어떻게 되었거나 죽은 S형에 있는 그 무엇이 R형과 결합해 S형으로 전환되었다고 해석할 수밖에 없습니다. 이것을 생물학에서는 '형질전환'이라고 부릅니다. 무엇이 형질전환을 일으키게 한 걸까요?

오즈월드 에이버리Oswald Avery, 1877-1955를 비롯한 몇몇 과학자는 이 문제를 밝히기 위해서 일련의 실험을 진행했습니다. 문제는 죽은 S형 균에 있는 '무엇'이 형질전환을 일으키는 원인인지 찾는 것입니다. 형질전환을 일으킨다는 말은 유전형질을 전환시킨다는 말이므로 유전에서 핵심적인 물질임이 틀림없기 때문입니다.

우리 몸에 있는 중요 거대 분자는 네 종류입니다. 그것은 지질, 탄수화물, 단백질 그리고 핵산입니다. 문제의 '물질'도 이들 속에 있을 것은 분명합니다. 그래서 에이버리 등은 범인을 찾는 수사관처럼 하나씩 조사해 보기로 했습니다. 어느 물질을 제거하면 형질전환이 일어나지 않는지 보자는 것이지요. 제거했을 때 형질전환이 안 되면 그놈이 바로 범인일 것이기 때문입니다. 실험 결과 지질, 탄수화물, 단백질을 제거했을 때는 모두 형질전환이 일어났지만, 핵산을 제거했더니 형질전환이 일어나지 않았습니다. 형질전환을 하는 주범은 바로 핵산이었던 것입니다.

생명체란 우리가 일반적으로 생각하는 것처럼 생령生靈이나 생기生氣와 같은 어떤 신비한 무엇이 있는 것은 아닙니다. 생명체는 물질입니다. 물질이 아닌 어떤 것도 생명체에 존재하지 않습니다. 그렇게 보면 물질이 없어지지 않는다면 물질인 생명체도 죽음이란 있을 수 없는 것이나 마찬가지입니다.

S형 균을 가열해 '죽였는데' 그것이 R형 균에 들어가서 R형을 S형으로 형질전환을 시켰습니다. 죽은 S형 균이 죽어서도 엄청난 일을 한 것입니다. '죽은 공명이 산 중달을 쫓는다死孔明走生仲達'라는 『삼국지』에 나오는 말처럼 시체가 살아 있는 생명을 가지고 놀았다는 겁니다. 그렇다면 가열된 S형 균은 정말로 '죽었던' 것이 맞을까요? 죽음이란 도대체 무엇일까요? 구체적으로 무엇이 어떻게 되는 것을 죽음이라고 해야 할까요? 죽음이라는 현상은 한마디로 정의할 수 있을 정도로 그렇게 단순한 것이 아닙니다.

DNA

멘델을 시작으로 학자들은, 동물과 식물의 유전을 연구하면서 생물의 형질을 결정하는 특별한 무엇이 있으며, 그것은 대를 이어서 변하지 않고 전달되는 것이라는 생각을 하게 되었습니다. 이 특별한 무엇에 '유전자'라는 이름을 붙였습니다. 그렇다면 유전자란 구체적으로 무엇일까요?

무엇이 유전된다는 것은 정보가 전달된다는 것을 의미합니다. 자식이 부모를 닮는다는 말은 부모가 가지고 있던 '정보'가 전달됐다는 말입니다. 유전형질이란 바로 정보가 겉으로 표현된 것이라고 할 수 있습니다. 이런 정보가 어디에 저장되어 있다가 어떻게 전달된다는 것일까요? 이것이 유전에서 가장 핵심적인 질문입니다.

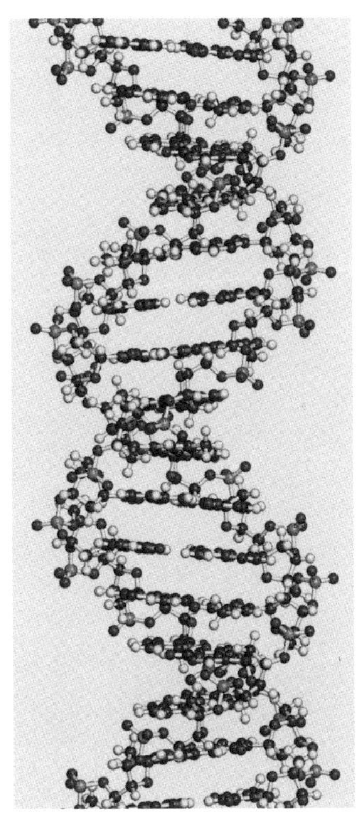
[그림 22] DNA 3차원 구조

과학자들은 우여곡절 끝에 이 정보가 DNA에 있다는 것을 알았습니다. DNAdeoxyribonucleic acid는 핵산입니다. DNA는 믿을 수 없을 정도로 긴 중합체인데, 인산과 당과 염기가 1:1:1의 비율로 결합되어 있습니다. 이것을 뉴클레오타이드nucleotide라고 합니다. 뉴클레오타이드는 DNA 분자를 구성하는 단위체로서, 수백만 개가 연결돼 하나의 DNA 분자를 이루게 됩니다. DNA는 세포의 핵 속에 있는 염색체 속에 있습니다. DNA 분자는 두 가닥의 실이 서로 꼬여 있는 모양입니다. 이런 형태의 DNA 분자에 단백질들이 결합하고 있는 것이 염색체입니다. 그렇다면 DNA가 어떻게 그 많은 유전정보를 저장하고, 저장된 정보를 어떤 방법으로 자손에게 전달하는 걸까요? 유전과 진화의 핵심이 바로 이 질문에 있습니다.

여기서 정보를 가지고 있다는 말이 무엇을 의미하는지 생각해봅시다. 가장 작은 정보의 단위를 비트bit라고 합니다. 1비트의 정보는 무엇일까요? 컴퓨터의 모든 프로그램이나 메모리는 모두 0과 1이라는 숫자로 되어 있습니다. 0과 1이라는 것이 정말로 숫자의 0과 1을 의미하는 것은 아닙니다. 두 가지 상반되는 상태를 그렇게 표현한 것입니다. 예를 들어 'yes/no', 'on/off', '+/-', '흑/백', '합격/불합격' 등이 모두 0과 1입니다.

정보의 단위인 1비트란 이러한 하나의 상태를 의미합니다. 경기하기 전에 누가 먼저 할 것인지 동전을 던져서 결정합니다. 동전 던지기는 1비트짜리 놀이라고 할 수 있습니다. 주사위를 던진다면 어떨까요? 이 경우에는 여섯 가지 다른 결과가 나올 수 있습니다. 주사위는 6비트짜리 놀이기구입니다. 윷놀이는 어떨까요? 윷은 앞뒤가 있는 네 개의 막대기로 되어 있습니다. 윷을 던졌을 때 나올 수 있는 경우의 수는 2×2×2×2=16입니다. 윷놀이는 16비트 놀이기구입니다. 동전, 주사위, 윷을 놓고 볼 때, 어느 것이 더 많은 '정보'를 가지고 있다고 보아야 할까요? 당연히 윷이 가장 많은 정보를 가지고 있습니다. 우리의 놀이기구가 서양의 놀이기구보다 더 풍부한 정보를 가지고 있다는 말이 됩니다. 윷놀이가 주사위 놀이보다 더 재미있는 것은 그것이 더 많은 정보를 가지고 있기 때문입니다.

그렇다면 유전정보를 가지고 있는 유전자는 당연히 많은 정보를 가지고 있어야 할 것입니다. DNA의 분자구조는 당연히 윷으로는 비교가 되지 않을 정도의 엄청난 정보를 가진 구조여야 할 것입니다.

유전정보를 가지고 있는 분자는 복잡한 분자여야 합니다. 원자

몇 개로 이루어진 분자가 많은 정보를 보관할 수는 없기 때문입니다. 다행히 생명체를 구성하는 유기물질은 거의 다 고분자들입니다. 하지만 고분자라고 해도 아주 규칙적인 구조를 하고 있다면 그것이 담을 수 있는 정보는 얼마 되지 않습니다.

예를 들어, 01010101……로 계속되는 수열은 정보가 하나뿐이지만 0과 1이 무작위로 배열될 수 있다면 그 경우의 수는 엄청나게 많을 것입니다. 3.14159265358……로 무한히 계속되는 π라는 숫자도 마찬가지입니다. 대단히 복잡해 보이지만 그것은 π라는 하나의 숫자에 지나지 않습니다.

어떤 구조가 정보를 가지기 위해서는 그 구조가 변형될 수 있는 경우의 수가 많아야 합니다. 예를 들어 소금(NaCl)이라는 결정 구조를 생각해봅시다. 이 구조는 매우 규칙적입니다. 변형이 일어날 가능성이 전혀 없습니다. 이런 결정 구조가 많은 정보를 저장하고 있을 수는 없습니다. DNA 구조는 당연히 이런 결정 구조와는 달라야 할 것입니다. DNA 구조가 완전한 규칙성을 가져서는 안 됩니다. 변형 가능성이 엄청나게 커야 많은 정보를 저장할 수 있습니다. 다행히 DNA는 그런 특성이 있습니다.

DNA는 이중나선 구조로 되어 있습니다. 당과 인산으로 만들어진 골격에 염기가 붙어 있는 구조입니다. DNA의 염기에는 아데닌(A), 구아닌(G), 티민(T), 시토신(C)이라는 네 종류가 있습니다. 당과 인산으로 구성된 골격에 이 네 종의 염기가 배열되어 있습니다. 이 염기 배열 순서가 바로 유전정보라고 할 수 있습니다. 그리고 배열 순서는 이론적으로 거의 무한합니다.

DNA의 구조를 생각해봅시다. 당과 인산이 순서대로 결합한 두 기둥이 나선형으로 꼬여 있고, 두 기둥을 A, G, T, C가 연결하고 있는 이중나선의 모습을 떠올려 봅시다. 두 기둥을 연결하는 것은 A, G, T, C이고 연결은 이들 염기끼리 이루어집니다. 그런데 한 염기가 다른 아무 염기와 연결되는 것이 아니라 연결이 가능한 짝은 정해져 있습니다. 즉, A는 T와 G는 C와만 연결이 가능합니다. DNA의 한 기둥에 이들 염기가 어떤 순서로 배열되어 있다고 합시다. 그러면 상대편 기둥에 있는 염기 서열은 이에 맞추어 배열되어 있어야 합니다. 그래야만 DNA의 두 가닥이 원만하게 연결될 수 있기 때문입니다. 이를테면 DNA의 한 가닥에 염기가 5'-AATGCAGGT-3' 순서로 배열하고 있다면 다른 한 가닥에는 3'-TTACGTCCA-5' 순서로 염기가 배열해야만 합니다.

DNA 구조에서 염기 배열이 바로 유전정보이고, 이 유전정보가 대를 이어 전달되는 것입니다. 그렇다면 유전자는 무엇인가요? DNA가 생물체의 모든 정보를 가지고 있다면 당연히 유전자는 DNA 자체이거나 DNA 일부분일 것입니다. 한 개체가 가지고 있는 유전자는 매우 많지만, 그 개체의 DNA는 한 종류뿐입니다. 그렇다면 당연히 그 개체의 모든 유전자가 DNA에 있어야 할 것입니다. 물론 이런 결론은 유전 현상을 너무 DNA에 국한한다는 문제가 있을 수도 있지만 일단 그렇다고 생각합시다.

DNA의 실체를 좀 더 이해하기 위해서 DNA가 어떻게 우리의 몸을 만들어내는지 살펴보기로 합시다. DNA는 세포핵 속에 갇혀 있는 존재입니다. DNA는 세포핵 밖에 나가지도 못합니다. 그러면서 어떻게 세포 밖에서 일어나는 일을 조정하는 걸까요?

우리가 무슨 일을 할 때, 몸소 가지 않고도 하는 방법이 있습니다. 심부름꾼을 사용하는 것이지요. DNA도 마찬가지입니다. 직접 세포핵 밖으로 나가지 않고 전령을 보내는 것입니다. 그 전령이 바로 RNA입니다. RNA는 DNA의 복사본으로 볼 수 있습니다. 하지만 완전한 복사본은 아니고 부분 복사본입니다. DNA는 이중나선 구조이지만 RNA는 단선 구조이며, DNA와 마찬가지로 아데닌, 구아닌, 사이토신은 가지고 있지만 티민 대신에 우라실이라는 염기를 가지고 있는 점이 다릅니다. 이 RNA가 DNA에 있는 정보 일부를 복사해 세포핵 밖으로 나가게 됩니다. 그래서 이것을 전령messenger RNA라고 하며 mRNA라고 부릅니다. 이 mRNA는 DNA로부터 단백질의 아미노산 배열 순서를 결정하는 정보를 받아서 실제로 단백질을 합성하는 일을 하게 됩니다. 한 DNA로부터 여러 RNA가 동시에 만들어질 수도 있습니다. 이 과정을 전사transcription라고 합니다.

단백질은 생체의 뼈와 살 등 모든 부분을 만드는 물질입니다. 이렇게 DNA는 핵 속에 들어앉아서 몸에서 일어나는 모든 일을 조정하고 있습니다. 그런데 이 모든 일을 DNA가 주관하고 모든 일이 그 명령에 따라서만 이루어진다면, DNA는 정말 신의 경지에 도달한 존재일 것입니다. 하지만 DNA가 아무리 대단해도 그런 전능한 존재는 아닙니다. DNA는 단백질을 만드는 주인이지만 단백질이 없으면 아무 일도 할 수 없습니다. DNA의 이중나선이 풀려서 복제를 시작하는 단계에서도 DNA를 감싸고 있는 단백질의 도움 없이는 불가능합니다. 자기의 정보를 세포핵 밖으로 보내기 위해서는 mRNA 없이는 불가능합니다. 세포가 분화하는 과정에서 어떤 세포로 분화할 것인지도 DNA가 결정하는 것이 아니라 환경이 결정합니다. 그 환경이 피부라면 피부에 적합하게, 심장이라면 심장에 적합하게 세포 분화가 일어나야 합니다. 비록 모든 다양한 세포에 관한 정보를 DNA가 가지고 있지만, 그 정보 중에 어떤 정보를 선택하여 실제의 어떤 세포로 분화시킬 것인가에 관한 결정은 환경이 합니다.

DNA에는 정말 어마어마한 정보가 있습니다. 이 많은 정보가 다 한꺼번에 쏟아져 나온다면 정보의 홍수 속에서 아무 일도 하지 못할 것입니다. DNA에 있는 정보 중에 아주 일부분만 필요한 때에 필요한 곳에서 발현하게 됩니다. 이 정보의 발현을 조정하는 것이 바로 '환경'입니다. 정확하게는 환경과 DNA가 합동으로 결정한다고 해야 할 것입니다. DNA 없이는 아무것도 할 수 없지만, DNA 혼자서 할 수 있는 것도 없습니다.

우리 몸은 머리, 몸통, 손과 발 그리고 위, 심장, 콩팥 등 다양한 기관으로 이루어져 있습니다. 이들 기관을 이루는 세포의 형태와 기능은 다 다릅니다. 그 세포를 이루는 단백질의 종류도 다 다릅니다. 하지만 모든 세포에 있는 DNA는 모두 같습니다. 그런데 같은 DNA가 어떻게 다양한 단백질과 세포를 만든단 말입니까? 물론 DNA가 모든 정보, 다시 말하면 만드는 방법을 알고 있으니 가능할 것입니다. 하지만 몸의 어느 부위에 어떤 세포를 만들어야 할지 DNA가 어떻게 안다는 말입니까? DNA가 궁예가 했다는 관심술觀心術

이라도 부린다는 말입니까?

DNA는 단지 고분자 화합물일 뿐입니다. A, G, T, C 네 가지 염기의 서열로 이루어진 정보 분자일 뿐입니다. 이것이 생각하는 존재일 수 있을까요? 생각을 못하면서 어떻게 이렇게 각 기관을 정확하게 만들어낸단 말인가요? DNA가 이런 놀라운 일을 할 수 있는 것은, 독재하지 않기 때문입니다. DNA는 자기가 아는 것을 다 써먹는 것이 아니라 필요한 곳에 필요한 만큼 사용하기 때문입니다. 심장에서는 심장 세포를 만드는 정보만 사용하고, 간에서는 간 세포를 만드는 정보만 사용하는 것입니다. DNA가 가지고 있는 어떤 정보를 사용할 것인지 결정을 자기가 하지 않고 환경의 요구에 맡기는 것입니다.

어떻게 보면 DNA는 참으로 영악한 존재인 것 같습니다. 자기가 하지 않고도 목적한 바를 다 달성하니까 말입니다. 이런 면에서 DNA를 신이라고 해도 손색이 없을 듯합니다.

인간 사회에 비유하자면, DNA는 유능한 통치자인 셈입니다. 대통령이 유능해야 하지만 모든 것을 자기 마음대로 하면 독재자가 됩니다. 훌륭한 대통령은 원칙을 제시하더라도 그 원칙이 상황에 맞게 집행되도록 어느 정도의 자유를 허용해야 합니다. 그래야 모든 것이 원만하게 돌아갈 뿐 아니라 예상치 못한 위기가 닥쳤을 때에도 임기응변적으로 수습할 수 있게 됩니다. DNA나 인간 사회나 독재는 오래가지 못합니다.

유전자란 무엇인가?

유전자라는 말을 모르는 사람은 없을 것입니다. 하지만 유전자라는 말처럼 다 아는 것 같으면서도 모르는 것도 없을 것입니다. 일반인들은 당연하겠지만 생물학자들조차 유전자가 무엇인지 정말 알고 있는 사람이 얼마나 있을까요? 이것은 유전자라는 개념 자체가 모호하기 때문일 것입니다.

유전자라는 말은 대를 이어 전달되는 그 '무엇'입니다. 그런데 그 무엇이 무엇일까요? 유전자라는 것이 정말로 존재하는 것일까요? 존재한다면 구체적으로 무엇이란 말인가요?

멘델이 유전 현상을 연구하면서 유전되는 형질은 잉크와 물처럼 서로 섞이지 않는다는 사실을 발견했습니다. 멘델은 한 형질을 구성하는 유전자는 두 종류이며 하나는 우성, 다른 하나는 열성이라고 생각했습니다. 우성 유전자와 열성 유전자가 만났을 때 우성만 실제로 나타나지만 열성 유전자가 없어지는 건 아니어서 다음 대에서 나타나게 됩니다. 다음 대가 아니면 그다음 대에서라도 나타나게 마련입니다. 이렇게 유전자는 없어지지 않고 대를 이어 전달됩니다.

하지만 '유전자'가 구체적으로 무엇인지는 모호합니다. 대를 이어 유전되는 그 '무엇'에 그냥 유전자라는 이름을 붙인 것이니까요. 그 무엇이나 유전자나 모르기는 마찬가지입니다.

그래도 유전자는 대를 이어 이합집산하기는 하지만 결코 없어지는 것은 아닙니다. 이것은 화학반응이 아무리 일어나도 원자가 없어지지 않는 것과 유사합니다. 이것을 과학적으로 좀 더 구체적으로 생각한 사람이 바로 물리학자 에르빈 슈뢰딩거였습니다. 그는 대를 이어 전달되는 그 '무엇'은 분자구조를 가져야 한다고 생각했습니다. 분자구조가 아니고는 대를 이어 그 구조가 변하지 않고 유지될 수 있는 것을 찾기 어렵기 때문입니다. 더 불변인 것은 분자보다 원자인데 왜 원자가 아니고 분자라야 했을까요? 그 이유는 너무나 분명합니다. 원자라는 단순한 구조가 유전이라는 복잡한 정보를 가지고 있을 수 없기 때문입니다. 복잡한 정보를 지니고 있을 수 있는 것은 오직 분자뿐입니다. 분자일 뿐만 아니라 복잡한 분자여야 하고, 복잡하되 구조가 규칙적이지 않아야 한다는 것도 분명합니다.

그런데 마침내 그것을 찾았습니다. 왓슨과 크릭이, DNA가 네 가지 염기(아데닌, 티민, 구아닌, 사이토신)의 불규칙한 배열을 한 이중나선 구조인 분자라는 것을 밝혀냈기 때문입니다. DNA가 생명체의 모든 정보를 가지고 있다면 유전자의 정보도 DNA가 가지고 있지 않으면 안 될 것입니다. 유전자는 DNA이거나 최소한 DNA에 있는 정보입니다.

최초로 염색체 지도를 완성한 미국의 유전학자 토마스 모건Thomas Hunt Morgan, 1866-1945은 유전자를 염색체에 있는 특정한 위치라고 생각했습니다. 염색체의 특정 위치란 DNA의 구조에서 보면 염기서열의 특정 위치에 해당합니다.

한 개체가 가지고 있는 DNA는 한 가지뿐이지만 유전자는 수없이 많습니다. 따라서 DNA가 유전자라면 DNA가 유전자 정보를 모두 가지고 있어야 합니다. 그렇게 되면 유전자란 DNA가 가지고 있는 정보의 한 부분이라고 보아야 합니다. 인간의 DNA는 약 30억 개의 염기쌍이 존재하는데, 이 배열 순서를 모두 밝히면 원리적으로는 유전자가 가지고 있는 모든 정보를 알게 되는 것입니다. 이것을 게놈 프로젝트genome project라고 하며 인간의 게놈을 2001년에 처음으로 완성했습니다.

물론 염기서열을 다 알았다고 해서 어디까지가 어떤 유전자이고 각 유전자가 어떤 기능을 하는지 모두 알 수 있는 것은 아닙니다. 염기서열의 어디에서 어디까지가 어떤 유전자에 해당하는지 밝히는 일이 아직 남아 있습니다. 토마스 모건이 염색체에서 유전자의 위치를 찾듯이 말입니다. 눈을 만들도록 명령하는 유전자, 머리카락의 색깔을 명령하는 유전자 등, 모든 유전자의 정보가 있는 염기서열의 위치를 확인하는 일이 남았습니다. 길고 복잡하고 지루한 작업인 것은 틀림없지만, 유전자의 실체가 DNA에 존재한다는 것은 분명해졌습니다.

그렇다면 이것으로 유전자의 문제가 완전히 해결된 것일까요? 그랬으면 좋으련만 사실은 그렇지 못합니다.

대를 이어 전달되는 것이 DNA만은 아닙니다. DNA는 세포의 핵 속에 들어 있습니다. 아기가 생기는 것은, 난자에 정자가 와서 결합하기 때문입니다. 정자와 난자의 핵에는 반수체 염색체가 있는데, 이들이 결합해 완전한 염색체가 만들어지는 것이 수정입니다. 수정

란의 핵 속에 있는 DNA는 아버지와 어머니의 유전정보를 모두 가지고 있지만, 수정란의 핵 밖에 있는 세포질은 전적으로 어머니에게서 온 것입니다. 여기에는 생명의 에너지 공급에 핵심적인 역할을 하는 미토콘드리아도 있습니다. 미토콘드리아는 독자적인 DNA를 가지고 있어서 스스로 복제가 가능합니다. 마치 독립된 생명체 같다고나 할까요. 그리고 무엇보다 중요한 점은 미토콘드리아도 다음 세대로 유전된다는 점입니다.

이렇게 보면 유전되는 것이 핵에 있는 DNA의 정보가 전부는 아니라는 말이 됩니다. 유전되는 것은 DNA에 있는 정보뿐만 아니라 세포질의 정보도 있습니다. 그렇다고 세포질의 정보가 DNA만큼 유전형질을 결정하는 핵심 역할을 하는 것은 아닙니다. 하지만 이런 것들이 없으면 DNA는 아무 일도 할 수 없습니다. 유전자의 실체가 DNA의 발견으로 분명해지는가 싶더니 다시 복잡해졌습니다. 부모로부터 이어받는 모든 정보를 유전자로 정의한다고 DNA가 유전자의 모든 것이라고 볼 수는 없습니다.

DNA가 자신을 복제하고, 세포를 분화시키고, 다양한 단백질을 합성하고, 신체의 각 기관을 만드는 과정에서 어느 것 하나 혼자서 할 수 있는 것은 없습니다. DNA는 그저 환경이 요구하는 대로 했을 뿐입니다. 어떤 면에서 보면 DNA가 명령하는 처지가 아니라 명령을 받는 처지라고 보는 것이 더 옳을지 모릅니다. DNA는 환경의 요구에 따라 자기가 가지고 있는 정보를 내어주는 것일 수도 있습니다.

이렇게 자기가 주도하지 않고 환경의 요구에 따른다는 것에는 매우 중요한 의미가 있습니다. 이렇게 생각해봅시다. 만약 DNA가 핵 속에 앉아서 mRNA라는 전령을 통해서 단백질을 합성하는 등 온갖 활동을 지시한다고 합시다. 그러면 생명체가 제대로 작동될까요? DNA는 전능한 신이 아니어서 세포핵 밖에서 무슨 일이 벌어지는지 전혀 모릅니다. 이런 상태에서 DNA의 명령이 그대로 시행된다면 어떻게 될까요?

대통령이 밖에서 오는 정보를 전혀 모르는 상태에서 명령을 내리고 그 명령이 시행된다고 생각해봅시다. 그렇게 움직이는 나라라면 그 나라가 어떻게 되겠습니까? 적군이 동쪽에서 쳐들어오는데 서쪽을 막으라고 명령을 내리는 식이 아니겠습니까? 손톱이 다쳤을 때는 손톱을 만드는 단백질을 합성해야 할 것이고, 살을 다쳤을 때는 살을 만드는 단백질을 합성해야 할 것입니다. 살을 다쳤는데 손톱 단백질을 합성하면 어떻게 되겠습니까? DNA는 모든 종류의 단백질을 합성하는 정보를 다 가지고 있지만, 그 정보를 아무렇게나 사용하면 큰일 나는 것입니다. 환경의 요구에 따라 사용하는 것이 가장 효과적일 것입니다.

DNA가 많은 정보를 가지고 있기는 하지만 사용해야 할 시점과 사용해야 할 정보를 선택하는 정보까지 가지고 있는 것은 아닐 것입니다. 어떤 정보를 사용해야 할 것인가는 DNA가 결정하는 게 아니라 환경이 결정합니다. 그렇다면 유전자를 DNA로만 보아도 좋을까요?

이렇게 생각해봅시다. DNA가 자신이 가지고 있는 모든 정보(그것을 DNA의 염기서열이라고 합시다.)를 안다고 합시다. 예컨대 공룡의 DNA 정보를 안다고 합시다. 그러면 공룡을 만들어낼 수 있을까요? 불가능합니다. 우선 그 DNA는 혼자서는 스스로 복제조차 할 수 없을 것입니다. 복제가 일어나기 위해서는 단백질의 도움이 필요한데, 단백질이 없으면 이중나선이 풀리지도 못할 것이니 말입니다. 그렇다면 공룡의 DNA 정보가 아니라 공룡의 DNA를 확보한다면 가능할까요? 그것도 거의 불가능할 것입니다. 일단 DNA를 이식할 알이 있어야 하는데 공룡의 알은 구할 수가 없습니다. 그렇다면 코끼리의 알에 공룡의 DNA를 이식하는 건 가능할까요? 가능할지는 모르지만, 공룡이 나올 가능성은 거의 없습니다. 따라서 공룡의 DNA에 공룡에 대한 모든 생체 정보가 다 들어 있다는 건 말이 안 됩니다.

DNA가 유전자가 아니라면 유전자는 무엇이란 말인가요? 다시 정리해봅시다. DNA에 유전자에 관한 모든 정보가 있는 것은 분명합니다. 하지만 DNA 혼자서는 아무 일도 할 수 없습니다. 다른 많은 것의 도움을 받아야 DNA가 가지고 있는 정보가 '생명체'를 구성하는 물질을 만들어낼 수 있습니다. DNA 자체에 어느 시점에 어디에서 어떤 도움을 받아야 하는지에 대한 정보가 있는 건 아닙니다. 이 도움을 받는 방식도 유전됩니다. 그렇다면 유전자란 DNA와 DNA의 발현에 도움을 주는 행위까지 모두 포함해야 하는 게 아닐까요? 그렇다면 유전자는 물질이 아니라 '작동 원리'라고 보아야 할까요?

이 책의 처음에서 말한 것과 같이 유전자도 1+1=2+α의 바로 그 +α일지도 모를 일입니다.

진화

진화론의 특징

현재의 자연생태계는 참으로 다양한 생물로 가득합니다. 진화론이 나오기까지 사람들은 다양한 생명체가 어떤 알 수 없는 방법으로 창조되었고, 창조된 후에는 자손에서 자손으로 계속 이어진다고 생각했습니다. 하지만 진화론은 그렇게 보지 않고, 초기에는 아주 단순한 형태의 생명체가 있었고, 이 생명체가 점차 다양한 형태로 변해왔다는 주장입니다. 이렇게 다양한 생명체로 변하게 되는 과정에서는 돌연변이*와 자연선택*이라는 두 가지 기제가 작용했다는 것이 진화론의 핵심입니다.

진화론은 과학의 다른 이론과는 달리 실험실에서 증명해 보이기가 매우 어렵습니다. 진화

*돌연변이
유전자가 어떤 요인에 의해서 변형이 일어나는 현상.

*자연선택
환경에 적합한 종은 살아남고 그렇지 못한 종은 도태되는 현상.

가 일어나는 것을 '관찰'하는 것이 상대론적인 현상이나 양자 현상을 관찰하는 것과는 전혀 다르기 때문입니다. 상대론적인 길이 수축이나 시간 팽창 현상을 관찰하는 것도 쉬운 일은 아니지만 정밀하게 측정하면 가능합니다. 양자론에서 상태의 중첩이나 양자 얽힘 현상을 알아내는 것도 까다로운 과정이 필요하지만, 실험으로 증명 가능합니다. 하지만 진화론은 장구한 세월이 필요하므로 100년도 안 되는 인간의 수명으로는 그것을 '관찰'하는 것이 불가능합니다.

인간은 장구한 시간이라는 현상을 인식하는 능력이 부족합니다. 인간은 자기가 경험한 시간을 넘어서는 아주 긴 시간이나 아주 짧은 시간을 느낄 수 없습니다. 인간의 수명이 100년이라면 100년이 아마도 인간이 느낄 수 있는 한계가 아닐까 생각합니다. 진화가 일어나는 수천, 수만 년의 시간을 인간은 절대로 느껴볼 수 없습니다.

분자생물학이 많이 발전한 지금은 다양한 종이 가지고 있는 DNA도 진화의 증거로 활용된다고 하지만, 화석 자료가 거의 유일한 진화의 증거였다고 할 수 있습니다. 하지만 이 화석 자료는 완전하지 않습니다. 진화가 일어난 계통을 완성하기 위해서는 변화가 일어난 모든 과정이 화석으로 남아 있어야 하는데 그렇지 못합니다. 중간중간 빠진 부분이 많기 때문입니다. 진화의 증거를 수집하는 것은 탐정이 범인을 찾는 과정과 비슷합니다. 몇 개 안 되는 증거를 가지고 전체의 과정을 그려내야 하기 때문입니다. 그런 면에서 진화론은 다른 과학 이론보다 더욱 엄밀한 과학적 추론 과정이 필요한 이론입니다.

나는 진화론이 이론이라기보다는 논리에 가깝다고 생각합니다.

상대론이나 양자론도 논리적인 이론이지만 그 이론에는 증명할 수 없는 '가정'이 들어 있습니다. 상대론은 광속 불변이라는 가정, 양자론은 불확정성 원리라는 가정이 들어 있습니다. 하지만 진화론에는 이런 가정이 없다고 할 수 있습니다. 물론 돌연변이와 자연선택이라는 가정이 있지 않느냐고 할지 모르지만, 이것은 가정이라기보다는 당연히 일어날 수밖에 없는 논리 현상입니다.

변화가 일어나고, 일어난 변화가 환경에 적합하면 살아남고, 적합하지 않으면 도태되고, 그러다 보면 변화가 일어날 수밖에 없지요. 그러니 진화가 반드시 생명체에만 국한하는 이론이라고 할 수도 없습니다. 기업이 점차 이익을 많이 남기는 방식으로 변해 가는 것도 진화라고 할 수 있지 않을까요? 이 사회에서 수많은 기업이 치열한 생존경쟁을 하는 과정은 마치 생태계의 생존경쟁과 같습니다. 다만 기업에서는 선택의 기준이 자연이 아니라 이익이라는 것이지요. 이익 창출에 적합한 기업은 살아남고 그렇지 않은 기업은 도태되는 것입니다.

이처럼 진화의 원리는 당연한 논리라는 생각을 하게 됩니다. 이것이 진화론이 다른 과학 이론과 다른 특징이 아닌가 생각합니다. 그래서 나는 상대론, 양자론이 틀릴지는 몰라도 진화론이 틀리기는 어렵다고 봅니다. 진화론도 각론으로 들어가면 다양한 주장들이 있어서 어떤 것은 틀리고 어떤 것은 옳은 것으로 판명 날 수도 있을 것입니다. 하지만 돌연변이와 자연선택이라는 큰 틀의 구조는 틀리지 않을 것입니다.

나는 물리학을 공부했지만, 과학교육에서 진화론을 가르치는 것은 다른 어떤 분야를 가르치는 것보다 중요하다고 생각합니다.

그 이유 중 하나는 과학적인 방법을 이해시키는 가장 적합한 소재라는 것입니다. 진화론을 이해하는 것은 마치 탐정이 범인을 찾듯이 엄밀한 추론 과정이 필요하기 때문입니다.

다른 하나는, 진화의 원리가 자연과학뿐만 아니라 다른 많은 분야에 적용될 수 있다는 것입니다. 변화가 일어나는 곳이라면 거기에는 반드시 선택받는 과정이 개입되지 않을 수 없습니다. 변화는 무작위로 일어나지만, 그 변화가 살아남기 위해서는 환경(그것이 자연이건, 이익이건, 맛이건, 멋이건, 아름다움이건, 인간이건)의 선택을 받아야 하기 때문입니다.

돌이 된 시간

진화의 가장 확실한 증거는 화석입니다. 화석이란 생명체가 그 형체 그대로 돌이 되어버린 것을 말합니다. 그래서 한자도 '化石'입니다. 이런 화석이 있었기에 그 옛날에 어떤 생물이 있었는지, 지구가 어떻게 변했는지 알 수 있었습니다. 고고학적 유물이 있었기에 선사시대의 역사를 알 수 있었듯이 말입니다.

만약 지구상에 있었던 '모든' 생물이 화석이라는 흔적을 남겨두었더라면 어땠을까요? 그렇게 되었다면 지구의 생명의 다양성이 진화를 통해서 만들어졌는지, 하느님의 일시적인 창조 때문에 만들어졌는지 더 분명하게 알 수 있었을 것입니다. 하지만 화석은 죽은 생명체가 겪게 되는 일반적인 현상이 아니라 특별한 현상입니다. 화석 자료가 많다고는 하지만 지구에 있었던 모든 생물이 화석으로 존재하는 것은 아닙니다. 왜 그럴까요?

생물체가 화석으로 만들어지는 것이 자동적인 현상이 아니라 특별한 현상이기 때문입니다. 거의 모든 생명체는 살다가 죽고, 죽으면 부패하고, 부패하면 사라집니다. 그중의 극히 일부가 급작스러운 죽음을 맞이하고 죽은 후에 특별한 환경 조건에 의해 부패하기 전에 매몰되고, 매몰된 후에 외부환경과 차단되어 지층 속에 남아서 화석이 되는 것입니다. 따라서 화석으로 남아 있는 생명체는 실제 존재했던 생명체의 극히 일부일 수밖에 없습니다.

이렇게 생각해봅시다. 우리는 심심치 않게 머리가 둘인 물고기나 개구리에 대한 뉴스를 듣습니다. 다리가 세 개거나 한 개인 개구리에 대한 뉴스는 더 많이 듣습니다. 그렇다고 수만 년 뒤에 머리가 둘인 개구리, 다리가 셋인 개구리 화석을 인간이 발견하게 될 확률이 얼마나 될까요?

머리가 둘인 개구리가 생길 확률을 개구리 100만 마리 중에 한 마리라고 합시다. 그리고 개구리 100만 마리 중에 한 마리가 화석이 된다고 합시다. 이 화석이 오랜 세월 동안 화산 폭발, 지각 변동, 풍화작용 등을 이겨내고 화석 100만 개 중의 하나로 남는다고 합시다. 그리고 이 100만 개 화석 중 하나가 인간에게 발견된다고 합시다. 그러면 머리 둘인 개구리 화석이 발견되기 위해서는 지구상에 머리 둘인 개구리가 얼마나 많이 있었어야 할까요? 적어도 100만의 100만 배의 또 100만 배의 100만 배나 되는 머리 둘인 개구리가 있었어야 그런 화석 한 개가 발견될 수 있을 것입니다. 이것은 거의 일어나기를 기대할 수 없는 확률입니다. 그래서 그런지 머리 둘인 개구리 화석을 발견했다는 뉴스를 나는 아직 듣지 못했습니다. 확률이 적다고 발견되지 말란 법은 없습니다. 물론 그런 화석을 실제로 발견했다고 해도 머리 둘인 개구리가 그렇게 많이 있었다는 것을 의미하는 것도 아닙니다.

화석은 이렇게 힘들게 살아남지만, 지층에는 엄청나게 많은 화석이 존재합니다. 화석 자료는 이렇게 많은데도 그 자료가 지구에 있었던 모든 생명체를 다 대변하고 있는 것은 아닙니다. 최소한 이렇게 생각할 수는 있을 것입니다. 화석으로 남은 생명체는 이 지구에서 상당히 광범위하게 상당 기간 존재했을 것이라고 말입니다.

이처럼 화석 자료는 실제 존재했던 생명체의 아주 적은 일부분이기 때문에 좋은 점도 있고 나쁜 점도 있습니다. 나쁜 점은 생명 진화의 계통을 화석 자료만으로는 완벽하게 알아낼 수 없다는 점이고, 좋은 점으로는 화석 자료가 아주 중요한 정보만 남겨놓았기 때문에 분석이 좀 더 쉬워졌다는 점입니다. 만약 화석 자료가 너무 많았다면 정보의 홍수 속에서 이들을 보관하고 분석하는 것이 지금보다 훨씬 더 혼란스러웠을지도 모릅니다.

이를테면 지금으로부터 수만 년 뒤, 머리가 둘인 개구리 화석이 발견되었다고 합시다. 이 화석 자료가 개구리 진화의 연구에 어떤 도움을 주게 될까요? 머리가 둘인 개구리가 존재하기는 했어도 이것은 개구리의 진화 과정에서 나타난 진화적 불순물이지 진화의 주류는 아닙니다. 만약 어떤 학자가 머리가 둘인 개구리 화석에 과도

한 중요성을 부여하여 개구리 진화에 머리가 둘인 개구리를 넣게 되면 큰 실수를 하게 되는 것입니다. 머리가 둘인 개구리의 화석이 없는 것이 오히려 다행이라고 할 수 있습니다.

실제로 화석으로 남아 있는 자료들은 대부분 당 시대에 주류를 이루었던 종이지 머리가 둘인 개구리처럼 일시적인 돌연변이로 생겼다가 사라지는 개체가 화석으로 남을 가능성은 거의 없습니다. 화석의 희귀성이 오히려 생명의 진화를 이해하는 데 도움을 준 셈입니다.

역사학자들도 과학자들처럼 고고학 자료를 사용합니다. 고고학 자료도 화석 자료처럼 아주 희귀합니다. 만약 시시콜콜한 역사적 사건이 모두 유물로 나온다면 고고학자들은 정보의 홍수에 빠져서 익사해버렸을지도 모를 일입니다. 물론 화석 자료의 부족으로 진화의 모든 연결고리를 다 이어 붙일 수는 없었지만 말입니다. 아이러니하게도 고고학적 유물이 희귀하기에 역사의 중요한 흐름을 더 잘 이해할 수 있는 것처럼, 화석 자료도 희귀하기에 진화의 역사를 더 잘 밝힐 수 있게 되었는지도 모를 일입니다.

축척이 1:100,000인 지도보다 1:10,000인 지도가 더 좋은 지도일 것입니다. 하지만 1:1인 지도가 있다면 어떨까요? 그런 지도는 지도로서의 가치가 없습니다. 지도를 볼 필요 없이 실제 지형을 보면 될 터이니까 말입니다. 역사적인 자료는 많아야 하지만 너무 많아도 안 됩니다. 역사적인 사실이 하나도 빠짐없이 다 있다면 그것은 역사적 자료로서의 가치가 없는 것입니다. 마찬가지로 화석 자료도 많을수록 좋지만, 너무 많아도 곤란합니다. 다행스럽게도 실제로 발견되는 화석은 그렇게 많지 않습니다. 화석은 시간이 돌이 된 흔적입니다. 하지만 시간이 돌로 변할 때, 모든 시간이 다 돌이 되는 것은 아닙니다. 시간의 작은 줄기들은 사라지고 큰 줄기만 남아서 돌이 된 것입니다.

세상만사가 다 그런 것 같습니다. 너무 많아도 안 되고, 너무 적어도 안 되고, 모든 것이 '적당하게' 많거나 '적당하게' 적어야 합니다. 화석의 희소성은 학자들이 생명의 역사를 탐구하기에 바로 이 '적당한' 정도에 있는 것인지도 모릅니다.

태고의 기억

'달아 달아 밝은 달아, 이태백이 놀던 달아' 이 달에는 계수나무가 있고, 떡방아를 찧는 토끼도 있습니다. 달을 보면 시인들은 시를 짓고, 연인들은 사랑에 빠집니다. 달은 참으로 인간에게 낭만적인 존재입니다. 달이 없으면 인간의 정신세계가 많이 삭막해졌을 것입니다. 하지만 그뿐이지 달이 없다고 무슨 큰 변고가 났을 것 같지는 않습니다.

그렇지만 달이 그렇게 간단한 존재는 아닙니다. '달이 없다면 바다거북도 없다.' 이렇게 말하면 모두 고개를 갸우뚱할 것입니다. 하지만 그것은 과학적으로 사실입니다. 바다거북은 살기는 바다에 살지만 알은 모래밭에 낳습니다. 그것도 물이 차지 않는 모래밭이어야 하니 해변에서 어느 정도 떨어져 있어야 합니다. 물에만 사는 거북이가 뭍에 나와서 오래 머문다는 것은 위험천만한 일입니다. 거북을 노리는 포식자는 땅에만 있는 것이 아니라 하늘에도 있기 때문입니다. 거북은 모래밭에 알을 낳아서 묻고 빨리 바다로 돌아가야 합니다. 하지만 거북이니 거북이걸음을 할 수밖에요. 이러한 자신의 장애를 극복하고 번식을 하려면 될 수 있는 대로 산란 장소와 물과의 거리가 가까워야 합니다. 하지만 아무리 가까워도 밀물이나 파도에 알이 침수되면 안 됩니다. 그러니 산란 장소는 물에서 너무 멀어도 안 되고 너무 가까워도 안 됩니다. 이런 조건을 고려하면 알을 낳을 가장 좋은 장소는 밀물, 다시 말하면 만조일 때 바닷물이 올라오는 바로 바깥이어야 합니다. 바다거북은 이때를 기다렸다가 빨리 알을 낳고 돌아가야 합니다. 그래야 뭍에 나와 있는 시간을 줄일 수 있습니다. 그래서 바다거북은 사리spring tide* 일 때를 기다렸다가 알을 낳는다고 합니다. 깨어난 알은 어미가 알을 낳는 것보다 더 큰 위험에 직면하게 됩니다. 느린 걸음으로 바다에 들어가야 하니 그동안에 온갖 포식자들의 밥이 되고 맙니다. 그러니 알이 깨어나는 것도 사리 때라야 합니다. 정말로 기막힌 타이밍을 포착하지 않으면 안 되는 것입니다. 모두 달과 보조를 맞추어야 하는 일입니다. 이렇게 절묘한 타이밍을 맞추어도 모든 위험을 피하고 생존할 수 있는 확률은 고작 5% 정도라고 하니 얼마나 치열한 생존경쟁인가요?

그냥 낭만적으로만 보이는 저 달이 바다거북과 이렇게 밀접하게 연결되어 있다니! 바다거북뿐만이 아닙니다. 인도양의 크리스마스섬에 사는 홍게는 반드시 하현 때 바다로 가서 산란합

*사리
달, 지구, 태양이 일직선상에 있을 때를 의미하며, 이때가 조석 간만의 차가 가장 큼.

니다. 왜 하현 때냐고요? 하현은 해와 달이 지구를 중심으로 90도를 이루기 때문에 조류가 가장 느릴 때입니다. 이때 산란을 해야 알이 조류에 휩쓸리지 않아서 생존율을 높일 수 있습니다. 바다 생물의 산란은 거의 모두 달의 주기와 관련이 있습니다. 산호는 보름달일 때 산란을 하고, 굴은 반달일 때 산란을 합니다. 어떤 생물은 조류가 강할 때, 어떤 생물은 조류가 약할 때, 어떤 생물은 보름에, 어떤 생물은 그믐에 짝짓기를 합니다. 이런 동식물의 생태로 짐작해보건대, 달이 없었다면 지금과 같은 지구 생태계는 불가능했을 것이 거의 틀림없습니다.

나는 고향이 경북 영덕이라서 어릴 때 영덕 대게를 많이 먹었습니다. 그런데 대게는 그믐 무렵에 잡아먹어야지 보름 근처에 잡아먹으면 살이 없다고 합니다. 보름에는 게가 활동을 많이 해서 살이 다 빠져버린다고 합니다.

달이 지구 생태계에만 영향을 미치는 것이 아닙니다. 가깝게는 인천상륙작전도 달과 밀접한 관계가 있었습니다. 조수간만의 차가 가장 큰 인천을 상륙지점으로 잡은 것도 달 때문입니다. 인천상륙작전만 그랬겠습니까? 전쟁의 역사였던 로마시대에도 그랬을 것이고, 삼국시대에도 그랬을 것입니다. 인류 문명사의 모든 전쟁에서는 달이 매우 중요한 역할을 했을 것입니다.

남녀의 사랑도 주로 밤에 이루어집니다. 전기도 없던 시절 달은 남녀의 사랑에 말할 수 없이 중요한 역할을 했을 것입니다. 여자들의 생리현상도 달밤에 남녀가 만나는 것과 관련이 있을 것으로 생각하지만, 나는 그보다 더 멀리, 우리 인간이 호모사피엔스가 되기도 전, 저 파충류나 물고기이던 시절, 알을 낳던 기억이 아닐까, 하는 생각을 해봅니다. 기억이라는 것을 우리의 뇌세포에 저장된 정보에만 국한하지 않고 우리 유전자에 각인된 정보까지 포함한다면, 우리의 기억은 인간이 되기 전까지 거슬러 올라간다고 보아야 할 것입니다. 우리의 유전자는 우리가 미물이었을 때를 기억하고 있을 것입니다. 그리고 물리학을 공부한 나는 우리의 기억이 유전자 수준을 넘어 분자와 원자의 수준에까지 뻗어 있다고 봅니다. 우리는 별에서 왔기에 저 멀리 있는 별들의 기억도 가지고 있을 것입니다.

달은 38만 킬로미터, 태양은 1억 5000만 킬로미터, 별들은 수백, 수천, 수억 광년 떨어져 있지만, 그냥 우리에게서 멀리 있는 존재만은 아닙니다. 우리의 생존이 이들과 밀접히 연결되어 있습니다. 나와 달이 하나입니다. 나와 저 별들이 하나입니다. 온 우주가 하나입니다.

선인장의 가시

가시 중에도 선인장의 가시는 가히 압권이라고 할 만큼 대단합니다. 그 수에 있어서나 날카롭기에 있어서나 다른 가시를 압도합니다. 그런데 이런 가시가 왜 생겼을까요?

어떤 사람들은 동물들로부터 자신을 보호하기 위해서라고 합니다. 기린의 목이 긴 것은 키 큰 나무의 잎을 먹기 위해서이고, 상어의 이빨이 날카로운 것은 고기를 잡기 위한 것이고, 오리의 물갈퀴는 헤엄을 잘 치기 위한 것이라고 합니다. 이렇게 생물의 진화가 어떤 목적을 가지고 이루어졌다고 하는 주장을 목적론이라고 합니다. 목적론은 인간의 사고 내면에 깊숙이 자리 잡고 있습니다. 목적론의 내면에는 신이 인간을 창조하고, 창조는 신의 목적과 계획으로 이루진 것이라는 믿음 위에 서 있습니다.

하지만 뉴턴과 다윈 이후 근대 과학이 발달하면서 이 목적론은 점점 힘을 잃었고 현대에 와서는 완전히 과학에서 추방되었습니다. 목적론이 과학이라는 영역 안에 설 자리는 전혀 없습니다.

선인장의 가시도 어떤 목적으로 생긴 것은 아닙니다. 만약 그런 목적으로 선인장의 가시가 만들어졌다면 설명할 수 없는 사실이 있습니다. 선인장이 지구상에 나타난 것은 지구상에 초식동물이 생기기 수백만 년 전이었을 것입니다. 그렇다면 선인장이 수백만 년 뒤에 나타날 공룡, 기린, 들소들을 미리 걱정해 가시를 예비했다는 얘기가 됩니다. 아무리 미래를 위한 준비 정신이 뛰어난 선인장이라도 수백만 년 뒤를 준비한다는 것은 놀라워도 너무 놀라운 일이 아니겠습니까?

혹자는 '하느님이 하는 일인데 그 정도도 못 할까?'라고 반문할 수 있을 것입니다. 하느님은 만병통치약입니다. 이해할 수 없고, 설명할 수 없는 일에 하느님을 개입시키면 모두 해결됩니다. 그게 하느님의 존재 이유인지는 모르지만, 과학자들을 그런 방법으로 설득하는 것은 불가능합니다.

선인장의 가시는 잎이 변해서 된 것이고, 잎이 그렇게 변함으로써 건조한 사막에서 수분의 증발을 막아 생존에 유리한 조건을 갖추게 된 것입니다. 이것도 선인장이 수분의 증발을 막기 위해서 자기의 피부를 가시로 바꾸었다고 하면 목적론적인 설명이 됩니다. 선인장이 그런 의도로 가시를 낸 것이 아닙니다. 다양한 식물들이 있었는데 다양한 변이를 통해 다양한 식물이 생겨나는 과정에서 피부를 가시로 변화시킨 선인장이 우연히 생겨났을 뿐입니다. 생겨나고 보니 사막이라는 환경에 살아남기에 적합했던 겁니다. 수분의 증발을 막기 위해서 가시가 생긴 것이 아니라 가시가 생기고 보니 수분의 증발을 막아줘 사막에서 생존할 수 있게 된 것입니다. 선인장이 가시를 냈지만, 사막이라는 환경이 아니라 시베리아 툰드라 지역이었더라면 선인장은 멸종했을 것입니다. 사실 추운 지방에 선인장이 없는 것도 사막에 선인장이 많은 것도 같은 이유입니다.

비슷한 이야기를 인간에게 적용해보면 어떨까요?

만약 석기시대의 사람이 지금 아기를 낳았다고 합시다. 물론 그 사람은 현대를 경험하지 못하고 오직 석기시대만 경험한 사람이어야 할 것입니다. 그 아이가 지금 우리와 같은 환경에서 태어나 우리와 같은 교육을 받는다면 우리의 아이들과 구별이 될까요? 전혀 구별되지 않을 것입니다. 그 아이도 미분 적분을 어려움 없이 배울 수 있을 것입니다. 그 아이의 DNA와 지금 사람의 DNA가 아무런 차이가 없기 때문입니다.

석기시대를 살아가는 사람에게 미분방정식을 풀 수 있는 능력이 왜 필요했을까요? 선인장의 가시가 수백만 년 후에 나타날 초식동물을 대비해서 생긴 것이 아니듯이 수만 년 후에 배우게 될 미적분을 위해서 그런 수학적 사고능력을 준비해두었을 리는 만무합니다.

이 문제를 놓고 진화론 창시자인 영국의 월리스Alfred Russel Wallace, 1823-1913가 다윈과 논쟁을 벌였다고 합니다. 다윈은 신체적인 기능은 물론 수학, 음악, 예술과 같은 정신 능력도 자연선택의 산물이라고 주장한 반면, 월리스는 음악, 미술 같은 문화를 창조하는 정신 능력은 자연선택의 산물이 아니라고 주장했습니다.

정신 능력과 그것을 사용해서 습득하는 지식을 구분할 필요가 있습니다. 미적분은 정신 능력이 아니라 정신이 만들어낸 지식입니다. 석기시대 사람이 미적분을 알았다는 것은 아닙니다. 다만 그들도 미적분을 이해할 수 있는 능력은 있었다는 것입니다.

그렇다면 미적분을 다룰 수 있는 정신 능력이 석기시대에 왜 필요했을까요? 미적분을 이해하기 위해서는 연속과 변화라는 개념이 중요합니다. 연속과 변화라는 개념은 석기시대라고 필요 없었을까요? 당연히 필요했습니다. 물체가 움직이는 현상은 연속적인 변화 현상입니다. 어떤 현상이 시간적 공간적으로 지속한다는 생각과 변화의 빠르고 늦음에 관한 생각은 삼라만상을 일관성 있게 이해하기 위해서 필수적입니다. 그들이 짐승을 사냥하는 과정에서도 이 능력은 중요하게 작용했을 것입니다. 이렇게 보면 미적분을 이해하는 능력과 동물을 사냥하는 능력이 같은 정신 능력일 수 있습니다.

자연선택설은 생존을 결정하는 것은 생물 자신이 아니라 환경이 결정한다는 이론입니다. 환경에 의해서 선택받은 생물은 살아남고 그렇지 않은 생물은 도태되는 과정을 거쳐 지금의 지구 생태계가 만들어졌습니다. 생명체의 형태와 기능은 물론 생명체가 가지고 있는 모든 특성이 이런 자연선택을 통해서 우연히 만들어진 것이고, 여기에는 아무런 목적도 계획도 없다는 것이 진화론의 핵심입니다.

이렇게 보면 지금의 지구 생태계는 우연과 우연의 연속이지 어떤 필연의 결과는 아닙니다. 다시 지구가 생긴다고 해도 지금과 같은 동물과 식물이 생긴다는 것은 절대 불가능한 일입니다. 그래서 지금의 동식물은 물론 벌레와 같은 미물들도 매우 소중한 존재들인 것입니다.

이 우주라는 광활한 공간에서, 그리고 빅뱅 이후 138억 년이라는 장구한 세월 속에서 지구의 모든 생명체는 유일무이한 존재입니다. 저 먼 우주 어딘가에 지구와 비슷한 행성이 있어서 그곳에도 생명이 존재할지 모르지만 이 지구의 생명, 그것이 비록 아메바 수준의 미물일지라도 지구의 생명과 같은 생명이 우주 어딘가에 존재할 가능성은 전혀 없습니다. 그러니 지구의 넘쳐나는 생명이 하찮은 존재가 아니라 너무나 소중한 존재입니다. 그것도 우주적으로 소중한 존재인 것입니다.

인생도 비슷하다는 생각을 하게 됩니다. 당신이 지금까지 살아온 과거를 한 번 돌아보십시오. 당신 의도대로 된 것이 얼마나 있습니까? 당신이 지금 그 지위에 있게 된 것은 당신의 의도라기보다는 당신의 결정이 당신이 직면한 환경과 잘 맞아떨어졌기 때문입니다. 환경이 달랐다면 당신은 지금과 같은 성공이 아니라 실패를 했을 수도 있습니다.

우리는 미래를 알 수 없습니다. 내가 지금 하는 준비가 좋을 수도 있고 나쁠 수도 있습니다. 그렇다고 손 놓고 있을 수는 없지 않겠습니까? 진인사대천명盡人事待天命. 할 바를 다하고 기다릴 수밖에! 선인장의 가시처럼 행운이 찾아올지 누가 알겠습니까?

돌연변이와 자연선택

진화론의 핵심은 돌연변이와 자연선택입니다.

돌연변이는 유전자에 구조적인 변화가 생기는 현상입니다. 유전자를 물질인 분자구조라고 생각한다면, 실제로 분자인 DNA가 모든 유전정보를 가지고 있습니다. 이 구조가 견고하다고 해도 완전히 불변일 정도로 견고한 것은 아닙니다. 방사선이 때리면 구조가 바뀔 수 있습니다. 방사선의 공격이 아니라도 자신의 분자 운동에 의해서도, 화학적 반응의 과정에서도 아주 작은 확률이지만 실수가 생길 수 있습니다. 이러한 실수나 오류가 생체 내에서 일어나지만, 대부분은 화학적 치환이나 세포자살과 같은 과정을 통해서 교정됩니다. 하지만 일부는 유전자의 구조적 변화를 일으키고, 유전자의 구조적 변화는 자손에게 유전되기도 합니다.

유전자의 구조적 변화가 실제 그 생물의 표현형의 현화로 이어지는 것은 아닙니다. DNA가 엄청난 정보를 가지고 있지만, 그 정보가 모두 표현되는 것도 아닙니다. 정보의 극히 일부만 당대에서 표현됩니다. 어떤 것은 당대가 아니라 그다음 대, 아니면 다음의 다음 대에 나타나기도 하고 영원히 나타나지 않을 수도 있습니다. 따라서 유전자에 변형이 일어났다고 해서 그것이 생명체에 명시적으로 바로 나타나는 것은 아닙니다. 하지만 표현형으로 나타나지 않는다고 해도 정말 아무런 변화도 없는 것은 아닙니다. 그 작은 변화가 쌓이고 쌓이면 결국 가시적인 변화로 나타날 수도 있는 것입니다.

우리는 뉴스에서 머리가 둘인 개구리의 출현을 심심치 않게 봅니다. 하지만 머리가 둘인 개구리가 새로운 개구리 종으로 자리매김하지는 못합니다. 왜 그럴까요? 생물의 진화에는 돌연변이가 필수적이지만 그것이 이 자연에서 고착되기 위해서는 자연선택이라는 과정을 거쳐야 하기 때문입니다.

자연선택은 다윈의 진화론의 핵심이라고 할 수 있습니다. 이 지구에는 얼마든지 다양한 생명이 출현할 수 있지만, 그 생명이 이 지구의 환경에 맞지 않으면 생존은 불가능합니다. 변이는 얼마든지 무작위로 일어나지만, 환경에 적합한 것만 살아남고 나머지는 도태됩니다. 이것이 자연선택설의 핵심입니다.

돌연변이는 과거에도 일어났고 지금도 일어나고 있지만, 그것이 선택받기는 그야말로 하늘의 별 따기입니다. 왜 그럴까요? 돌연변이가 일어나기 전, 지금의 생명체는 오랜 세월 자연선택의 결과로 생긴 것입니다. 다시 말하면 지금 환경에 적합한 생명이라는 것입니다. 그런데 여기에 변화가 일어났다고 합시다. 그 변화의 결과가 지금의 자연환경에 적합할 가능성이 얼마나 될까요? 만약 기존의 생명체가 지금 환경에 최적화된 것이라면, 어떤 변화라도 최적화 상태에서 벗어날 것입니다. 그렇게 되면 생존경쟁에서 기존의 생명체를 이기지 못하겠지요? 그래서 돌연변이는 거의 실패합니다.

하지만 환경이 급격히 변하는 경우를 생각해봅시다. 기존의 생명체는 변하기 전의 환경에 최적화된 상태일 것입니다. 그렇다면 변화한 환경에는 아직 최적화되지 못했다는 말이 됩니다. 그런데 이때 어떤 돌연변이가 생겼다고 합시다. 물론 이 돌연변이도 새로운 환경에 적합하지 않을 수 있습니다. 하지만 어떤 경우에는 기존의 생명체보다 새로운 환경에 더 적합한 돌연변이가 일어나는 경우도 있을 것입니다. 이렇게 되면 돌연변이 생명체가 자연으로부터 선택받을 확률이 높아지는 것입니다.

그렇다고 기존의 생명체가 금방 사라지는 것은 아닙니다. 기존의 생명체와 새로 태어난 생명체가 각기 자연에서 자기의 생존을 영위해 갈 것입니다. 하지만 새로운 환경에 최적화된 생명체가 경쟁에서 이기게 될 가능성이 더 클 것입니다. 이렇게 오랜 세월이 지나면 옛 생명체는 사라지고 새로 생긴 생명이 우세 종으로 자리 잡을 것입니다.

하지만 세상일은 이렇게 단순하지는 않습니다. 같은 자연환경에서 살아가기에 적합한 생물이 한 종류만 있는 것은 아니기 때문입니다. '자연'이라고 했을 때 그 자연이 단순한 하나인 것도 아닙니다. 지구환경만 해도 바다와 육지가 있고, 육지에도 사막도 있고 숲도 있습니다. 따라서 자연환경이 다양한 만큼 살기에 적합한 생물종도 다양할 수 있습니다. 이 지구에 이렇게 다양한 생명이 있는 것도 이 때문입니다.

나는 자연선택설은 과학적 이론이라기보다는 그냥 당연한 논리적 결과라고 생각합니다. 적합하지 않으면 살아남지 못할 것이고,

살아남지 못하면 사라지는 것이 아닌가요? 이것은 이론이 아니라 그냥 논리일 뿐입니다.

돌연변이와 자연선택, 이것은 진화론이라는 수레의 두 바퀴라고 할 수 있습니다. 돌연변이만 있고 자연선택이 없다면 안정된 종이 나타날 수도 없었을 것이고, 돌연변이는 없고 자연선택만 있다면 자연선택이 무의미했을 것입니다. 무의미할 정도가 아니라 진화가 일어나지도 못했을 것입니다. 어쩌면 생명의 발생 자체가 불가능했을는지도 모릅니다. 돌연변이와 자연선택, 둘 중 어느 하나라도 없으면 진화라는 수레바퀴는 굴러가지 못합니다. 돌연변이로 변화를 만들고, 그 변화가 자연선택을 통해 선택받게 됩니다. 이것이 진화의 핵심입니다.

진화론은 이 지구에만 국한된 이론은 아닙니다. 자연선택이 이론이 아니라 논리라고 하지 않았나요? 논리는 지구에서만 성립하는 것은 아닙니다. 물리법칙이 우주적이라면, 논리는 우주를 넘어서는 진실이 아닐까요? 외계에 생명이 있다면, 그 생명도 진화의 원리를 따를 것입니다.

그렇다고 지구와 같은 생태계가 만들어질 가능성은 거의 없습니다. 지구와 환경이 다르기 때문이기도 하지만 비록 지구와 같은 환경일지라도 지구와 같은 생태계가 만들어질 가능성은 거의 없습니다.

지구의 초기, 이제 막 생명의 씨앗이 만들어지는 그 순간으로 시계를 다시 돌리고, 다시 시간을 흐르게 한다고 생각합시다. 그러면 이 지구에 지금과 같은 생태계가 만들어질까요? 지금과 같은 식물과 동물이 생겨날까요? 인간이 생겨날까요? 불가능한 일입니다. 지구에 다시 생명의 역사가 시작된다고 해도 지금과 같은 생태계가 만들어지는 것은 불가능한 일입니다. 다른 생명, 다른 생태계, 다른 인간이 생겨날 수는 있겠지만 지금과 같은 식물과 동물 그리고 나와 같은 인간이 생기는 것을 기대할 수는 없습니다.

물론 그때도 다윈의 진화론은 성립할 것입니다. 같은 진화론이 성립한다고 같은 생명이 생기는 것은 아닙니다. 나라는 인간도 자연선택의 산물입니다. 내 인생에서 수많은 선택을 했지만, 그 선택 중에서 어떤 것은 실패하고 어떤 것은 성공했습니다. 성공이 한 개라면 실패는 수백 수천이었을 것입니다. 내 인생이 다시 시작된다고 해서 지금과 같은 나의 인생이 만들어질 가능성은 전혀 없습니다. 마찬가지로 생명의 진화도 시계를 되돌린다고 같은 과정이 반복되는 것은 아닙니다. 진화는 수많은 우연의 집합입니다. 그 우연이 그대로 반복되는 것은 불가능합니다. 지구의 생명도 이러한데 하물며 우주의 다른 생명에 있어서야 말해 무엇하겠습니까?

인간 선택

자연선택에서 자연이란 무엇을 말하는 것일까요? 산, 들, 바다와 같은 비생물적인 자연을 의미할까요, 아니면 생명체들도 포함되는 걸까요? 예를 들어서 벌이나 나비의 진화를 말할 때, 벌이나 나비의 진화에 관여하는 자연이란 무엇인가요? 꽃이 없는 벌이나 나비를 상상할 수 있겠습니까? 벌이나 나비가 없는 꽃을 상상할 수 있겠습니까? 꽃의 진화에 관계되는 자연이란 무엇인가요? 아마도 벌이나 나비의 진화에는 꽃이 중요한 역할을 했을 것이고, 꽃의 진화에는 벌이나 나비가 중요한 역할을 했을 것입니다. 그러니 나비의 진화에서 자연이란 꽃이 포함될 것이고, 꽃의 진화에서 자연이란 나비가 포함될 것입니다.

이렇게 보면 모든 생명체는 다른 모든 생명체의 진화에 관여하는 '자연'인 것입니다. 자기 자신이 다른 종을 선택하는 자연이면서 동시에 자연의 선택을 받는 대상인 셈입니다.

인간도 그러한 생명의 진화에 관여하는 '자연'일 수밖에 없습니다. 그것은 당연한 일입니다. 자연선택이라고 할 때, 자연에 있는 모든 생명체도 포함되기 때문입니다. 그래서 인간이 자연선택에 관여한다는 것은 당연하고 자연스러운 일입니다. 나비도 그렇고, 꽃도 그렇고, 사람도 그렇습니다.

하지만 인간은 이 생태계에서 매우 독특한 존재입니다. 자연선택에서 인간의 역할은 나비나 꽃의 역할과는 다른 면이 있습니다. 바로 계획적이라는 것입니다. 계획적으로 농업을 하고 계획적으로 목축업을 합니다. 인간이 이 지구에 없었다면 쌀이나 보리가 지금처럼 많이 번성할 수 있었을까요? 소나 말이 지금처럼 많았을까요? 인간에 의해 수많은 동식물이 멸종된 것을 생각한다면 소나 말은 인간에 의해 멸종하지 않고 개체 수를 불려 나간 특별한 종입니다. 그것이 소나 말에게 좋은 일이었는지는 알 수 없지만 말입니다.

나는 이 시점에서 이런 의문을 가져봅니다. 앞으로 인간은 어떤 진화를 할 것인가, 라고 말입니다. 인간의 생물학적 진화는 자연선택만으로 이루어지지는 않는 것 같습니다. 자연선택이 되기 위해서는 자연스러운 생존경쟁이 이루어져야 하는데, 인간의 생존경쟁은 더 이상 자연과의 싸움이 아니라 오히려 인간들 사이의 싸움이 돼버렸기 때문입니다. 생명체가 자연에 적응하기 부적합하면 변이를 통해서 자연에 적합한 형태로 진화하게 되어 있습니다. 그런데 인간은 자연이 인간에게 적합하지 않을 때 인간을 바꾸는 대신에 자연을 바꿀 힘을 가지게 되었습니다. 이제 더 이상 자연에 맞추어 살 필요가 없게 되었습니다. 자연을 인간에게 적합하도록 바꾸면 되기 때문입니다.

자연선택이 이제 인간에게는 적용되지 않습니다. 이것으로 다윈의 진화론은 끝장이 난 것일까요? 그렇지는 않다고 봅니다. 자연선택이라는 말에서 자연이라는 말이 어떤 개체를 둘러싸고 있는 모든 것을 의미한다면, 나라는 한 인간에게 자연이란, 대자연은 물론 인간들도 포함되기 때문입니다. 인간이 만든 사회에 의해서 인간도 선택을 받을 수밖에 없을 것입니다. 그렇게 보면 인간의 진화가 끝났다고 단정하기는 어렵습니다. 인간이 만든 환경에 의해서 인간은 영향을 받을 것이고, 그 영향은 어떤 방식으로든 인간을 진화하도록 만들 것입니다.

노래방 기계가 나오고 내비게이션이 나오면서 인간 두뇌가 해야 할 일의 상당한 부분이 불필요하게 되었습니다. 복잡한 것을 기억할 필요가 없어졌습니다. 앞으로는 인간이 무슨 전략을 꾸미고 계획을 세울 필요가 없어질지도 모릅니다. 이런 환경이 오래도록 지속한다면 인간은 어떤 방향으로 진화하게 될까요?

인간의 선택으로 생물 종이 진화하는 것을 인간선택설이라고 한다면, 인간이 만든 것에 의해 인간이 선택되는 것을 무슨 선택설이라고 해야 할까요?

진화하는 국회의원

내가 핀란드에 여행을 갔을 때였습니다. 국회의사당에 갔는데, 자전거들이 즐비하게 주차되어 있었습니다. 안내자가 국회의원들이 타고 다니는 자전거라고 했습니다. 대한민국 국민인 나는 매우 놀라웠습니다. 여의도 국회의사당에 우리나라 국회의원이 타고 온 자전거를 볼 수 있을까요?

핀란드의 국회의원과 우리나라의 국회의원은 왜 이런 차이가 있을까요?

이것도 다윈의 자연선택설로 설명할 수 있습니다. 국회의원은 치열한 선거를 통해 당선된 사람들입니다. 선거에서 이기면 살아남고 지면 도태됩니다. 핀란드의 국회의원이나 우리나라 국회의원이나 모두 선거에서 이긴 사람들입니다. 그렇다면 왜 두 나라 국회의원의 모습은 이토록 다를까요? 그것은 두 나라의 정치 환경이 다르기 때문입니다. 핀란드에서 국회의원으로 살아남기 위해서는 자전거를 타는 것이 유리하고, 우리나라에서 국회의원으로 살아남기 위해서는 전용 자동차와 운전사 그리고 비서들을 거느리고 있어야 당선에 유리하기 때문이 아닐까요?

핀란드에서 자가용에 운전기사를 둔 국회의원이 어쩌다 생길 수도 있을 것입니다. 하지만 그 국회의원이 다시 당선되는 것은 거의 불가능할 것입니다. 핀란드의 국민은 그런 국회의원은 자기들이 낸 세금이 그 국회의원 운전기사의 월급으로 나간다고 생각해서 다시는 표를 주지 않을 것이기 때문입니다. 그래서 자전거를 타는 국회의원이 살아남고, 운전기사를 둔 국회의원은 도태되는 것입니다.

우리나라 사람과 핀란드 사람이 근본적으로 다른 사람이어서 그런 것은 아닙니다. 다만 두 나라의 사회적 환경이 다르기 때문입니다. 우리가 국회의원을 비난하지만, 사실은 그 국회의원들은 우리나라라는 환경에 잘 적응한 사람들입니다. 그들을 비난할 일이 아닙니다. 그들에게 표를 준 국민의 잘못입니다. 국민의 생각이 변하면 국회의원도 변하지 않을 수 없을 것입니다. 하지만 국민이 변하지 않는 한 절대로 국회의원은 변하지 않을 것입니다. 자기 지역구에 다리를 놓아주는 것이 나라의 균형 발전에 애쓰는 것보다 당선에 유리한 한 애국적인 국회의원이 나타나는 것은 불가능한 일입니다. 시베리아 호랑이와 인도의 벵골 호랑이가 다른 것이나, 핀란드 국회의원과 우리나라 국회의원이 다른 것은 같은 이치입니다.

일본 시모노세키의 한 어촌에는 '사무라이게'라는 특별한 게가 살고 있습니다. 이 게는 등 모습이 사무라이 모습을 하고 있습니다. 왜 이곳에는 사무라이 얼굴을 닮은 게가 많을까요?

다윈의 진화론으로 설명할 수 있습니다. 어부가 어쩌다가 게를 잡았는데 사무라이 비슷한 등껍질을 한 게였다고 합시다. 사무라이를 존경하는 그 어부는 차마 그 게를 잡아먹지 못하고 다시 바다에 놓아주었습니다. 이런 일이 오래 계속되다 보니 그 지역에는 사무라이 모습의 게는 살아남고 그렇지 않은 게는 잡아먹혀 버렸습니다. 나아가 더 사무라이처럼 생기면 생길수록 잡아먹힐 가능성이 더 작아지는 것입니다. 이렇게 해서 게들은 점차 더 사무라이와 닮은 쪽으로 진화가 이루어지게 된 것입니다.

국회의원도 마찬가지입니다. 우리나라 국회의원도 사무라이게와 같은 과정을 거쳐서 지금과 같은 부패한 모습으로 변해온 것입니다. 시모노세키 어촌의 게가 점차 사무라이를 닮아가듯이 말입니다. 우리나라 국민이 시모노세키의 어부이고, 우리나라 국회의원이 바로 사무라이게인 것입니다. 사무라이게에게는 아무런 잘못이 없듯이 우리나라 국회의원에게도 아무런 잘못이 없습니다. 잘못은 그 어부에게 있고, 우리나라 국민에게 있을 뿐입니다.

진화의 주체는 생명체가 아닙니다. 환경이 진화의 주체입니다. 환경이 변하면 생물집단도 변합니다. 환경이 변하지 않는데 생물집단이 변할 수도 있습니다. 그것은 현재의 환경에 적합한 상태가 아닐 때만 나타날 수 있는 현상입니다. 생물집단이 환경에 최적화되어 있다면 어떤 변화라도 그 변화는 환경에 덜 적합하게 될 것이고, 따라서 생존 확률이 떨어지는 것입니다.

국회의원뿐만 아니라 사회의 다른 모든 변화에도 진화의 이론이 적용될 수 있을 것입니다. 시장에서 팔고 있는 물건도 진화합니다. 제품의 성능은 말할 것도 없고 디자인도 진화합니다. 그 디자인이 꼭 좋고 아름다운 방향으로만 변하는 것은 아닙니다. 사람들의 선호가 달라지면 디자인도 달라집니다. 그래야 팔리기 때문입니다. 여자의 치마가 길었다 짧았다 하는 것이나, 넥타이 폭이 넓어졌다 좁아졌다 하는 것이나, 다 진화하는 모습입니다. 치마나 넥타이가 스스로 그렇게 변하는 것이 아니라 그것을 선택하는 사람의 마음이 변하기 때문입니다.

모든 것은 진화다

진화는 생물집단의 변화를 설명하는 이론입니다. 하지만 진화는 모든 변화에 적용되는 이론이기도 합니다. 진화의 과정은 되먹임feed back 시스템입니다. 계획에 의해서 일사불란한 과정으로 진행하는 것이 아니라 시행착오를 통해서 최적의 상태를 찾아가는 과정입니다.

인공지능의 딥러닝deep learning 프로그램도 진화의 원리를 이용한 것입니다. 알파고가 인간(이세돌)을 이기는 역사적인 사건이 있었습니다. 이 사건은 아마도 문명사적인 사건일는지 모릅니다. 앞으로의 사회는 인공지능이 보편화될 것이고, 인간과 기계의 경계가 허물어지는 사회가 될 것입니다. 딥러닝은 모든 것을 처음부터 계획하는 것이 아닙니다. 적용해보면서 성공하는 경우는 남기고 실패하는 경우는 버리는 과정을 반복하는 것입니다. 이런 과정을 통해서 매우 보잘것없던 프로그램이 인간의 지능을 능가하는 지능을 획득하게 되는 것입니다.

진화는 생명현상에만 존재하는 게 아니라 사회현상은 물론 우주의 모든 현상에 존재합니다. 이 우주에 왜 무엇이 '존재'하게 되었을까요? 그것은 존재하지 않을 확률보다 존재할 확률이 높은 방향으로 진화해왔기 때문입니다. 그렇다면 그것은 어떻게 존재 확률을 획득하게 되었을까요? 미리 존재할 확률이 가장 높은 것을 '계산'했거나 '알아서' 계획한 것이었을까요? 자연에 그런 계획이란 존재하지 않습니다. 무수한 시행착오 끝에 존재 확률이 높은 것만 살아남았기 때문입니다. 이런 면에서 생물은 물론 모든 존재는 진화의 과정을 거친 산물이라고 보아야 합니다.

양자역학적으로 보면, 이 세상의 모든 존재는 확률적인 존재입니다. 존재 확률이 높은 쪽이 '존재'로 나타나는 것입니다. 무수한 확률 게임에서 확률이 낮은 것은 사라지고 확률이 높은 것은 살아남게 됩니다. 존재 확률이 높은 것이 '자연선택' 되는 것입니다. 돌멩이가 아래로 떨어지는 현상은 중력 작용 때문입니다. 물체의 위치가 정해지면 떨어지는 경로는 정해집니다. 이것은 고전역학적 설명입니다.

양자역학적으로는 전혀 다르게 설명합니다. 이 물체는 얼마든지 다른 경로를 택할 수 있습니다. 심지어는 위로 올라갈 수도 있고 옆으로 갈 수도 있습니다. 돌멩이를 이루는 모든 원자, 더 작게는 모든 소립자의 다음 순간 위치는 확률적으로만 말할 수 있습니다. 그 모든 확률 중에서 가장 높은 확률이 수직 아래로 떨어지는 경로입니다. 수없이 많은 확률 경로 중에서 수직 경로만 '자연선택' 된 것입니다.

물론 생명의 진화에서는 그 많은 확률이 실제로 실행된 후에 자연선택을 통해 결정되지만, 양자론에서는 이론상으로만 존재하고 실제 세상에 나타나는 것은 가장 확률이 높은 상태뿐입니다. 하지만 누가 알겠습니까? 이 세상도 과학자들이 관찰할 수 없는 저 너머에서 수없이 많은 시행착오를 거친 끝에 나타났는지 말입니다.

원자가 탄생하는 것에도, 우주에 별이 탄생하는 과정에도, 세상의 삼라만상에도 보이지는 않지만 자연선택이라는 섬세하고 교묘한 과정이 숨어 있는 것입니다. 이것이 다윈의 진화론이 가지고 있는 대단한 힘이 아닐까요? 그런데 다윈이 자기 이론이 넥타이의 유행에도, 농구선수의 훈련에도, 인공지능의 개발에도 적용된다는 사실을 알았을까요? 국회의원과 우주가 진화의 결과라는 것을 알았을까요?

시간: 진화의 무기

진화론을 배우면서도 누구나 이렇게 정교한 생명체라는 구조가 어떻게 우연이라는 돌연변이에 의해 만들어질 수 있는지 궁금해할 것입니다. 이런 궁금증이 생기는 것은 너무나 당연합니다. 인간의 두뇌는 진화가 일어나는 그 장구한 시간을 도저히 가늠할 수 없기 때문입니다.

인간의 두뇌는 우리가 보고, 듣고, 만지는 이 세상을 이해하도록 최적화된 장치입니다. 공간적으로는 작게는 수 미터, 크게는 수 킬로미터, 시간적으로도 작게는 몇 초, 길게는 몇 년이 고작일 것입니다. 이런 두뇌로 그 작은 원자를 이해하거나 그 큰 우주를 이해하는 것은 불가능합니다. 진화는 장구한 시간에 걸쳐 일어나는 현상입니다. 인간의 수명인 100년으로는 진화의 한 모퉁이도 경험하기 어렵습니다.

인간의 두뇌로 이해할 수 없는 원자 세계나 우주는 논리와 수학의 도움으로 이해할 수 있습니다. 이해한다고는 하지만 그것을 직관적으로 이해하는 건 아닙니다. 원자를 직관적으로 이해할 수는 없어도 계산은 가능합니다. 마찬가지로 진화를 직관적으로 이해하는 것은 불가능하지만 논리적으로 이해하는 것은 가능합니다.

멀리 갈 것 없이 우리의 몸만 보아도 수많은 기관이 있고, 각 기관은 서로 독립적이 아니라 상호연관이 되어 있습니다. 어느 하나만 탈이 나도 다른 거의 모든 기관이 영향을 받습니다. 자동차의 한 부품이 빠지면 자동차가 움직일 수 없듯이 말입니다. 진화론이 옳다면 이 많은 기관이 한꺼번에 만들어진 게 아니라 오랜 세월 점진적으로 만들어졌을 것이 아닌가요? 그렇다면 심장이 없던 시절도 있었단 말인가요?

이러한 반박은 매우 논리적입니다. 하지만 그것은 생명의 발생 과정을 잘 이해하지 못하는 데서 오는 오해입니다. 아메바를 살펴봅시다. 그냥 세포일 뿐입니다. 심장도 없고 허파도 없습니다. 그러한 생명체가 진화해 심장도 생기고 허파도 생기고, 결국에는 인간과 같은 고등 동물이 되었습니다. 말도 안 된다고 생각할지 모르지만, 그 말도 안 된다는 생각은 시간에 대한 오해에서 비롯된 것입니다.

여러분이 천 년이나 만 년을 어렵지 않게 말하지만 천 년을 정말로 알고 하는 말은 아닙니다. 생각해봅시다. 1분 동안 아무것도 하지 않고 있어 봅시다. 1분이 얼마나 긴 시간인지 느낄 수 있을 것입니다. 여러분이 한 시간 동안 가만히 있을 수 있을까요? 거의 불가능합니다. 한 달, 1년, 100년, 말은 쉽지만 인간이 느낄 수 있는 시간이 아닙니다. 하물며 몇백만 년의 시간을 어떻게 이해할 수 있겠습니까? 이해는 고사하고 그 길이를 상상하는 것도 어렵습니다.

땅이 1년에 1센티미터씩 올라간다면 1억 년 뒤에는 얼마나 높아질까요? 1억 센티미터이고 이것은 100만 미터이고 이것은 다시 1000킬로미터입니다. 이 지구에 그렇게 높은 산은 없습니다. 히말라야산맥이 100개는 생겼다 없어지는 세월입니다.

진화의 무기는 시간입니다. 이 정교한 생명체가 어떻게 우연의 연속으로 만들어질 수 있는지 이해가 되지 않지만, 무한히 긴 시간이라는 무기를 사용하면 못할 것이 없습니다. 수없이 만들었다 부수고 만들었다 부수면서 조금씩 만들어가면 못 만들 것이 없습니다. 생명은 만들었다가 그냥 부수는 것이 아니라, 만든 것을 조금 바꾸고, 다시 조금 바꾸고 하면서 지금에 이른 것입니다.

인간은 조급하지만, 진화의 과정에서 조급함이란 전혀 없습니다. 실패에 대한 두려움도 없습니다. 실패로 내야 할 비용은 전부 시간으로 충당하면 되기 때문입니다. 시간은 얼마든지 있으니까 말입니다. 진화란 이 시간이라는 자원을 물 쓰듯 쓰면서 가는 여정입니다.

사람에게도 이렇게 무한한 시간이 주어진다면 어떨까요? 못할 일이 없을 것입니다. 나는 거의 음치에 가깝습니다. 음악 교실에 가서 몇 달을 배워보았지만 포기하고 말았습니다. 시간이 없었기 때문입니다. 내 인생이 100년이라는 제한된 시간이 아니라 무한한 시간이 있다면 배웠을 것입니다. 피아노도 배우고, 럭비도 배우고, 우주비행사도 되어보고, 화가도 되어보고, 영화배우도 되어보고 다 해볼 수 있을 것입니다. 하지만 나에게 주어진 시간은 그렇게 많지 않습니다. 이렇게 보면 시간을 무한정 사용할 수 있는 생명의 진화 과정이 부럽기까지 합니다. 진화를 이해하기 어려운 것은 장구한 시간의 위력을 간과하기 때문입니다.

창조냐 진화냐

이 세상은 자연적으로 만들어진 것인가요, 아니면 누군가가 만든 것인가요? 이 누군가는 물론 신을 의미합니다. 이 논쟁은 역사적으로 아주 오래된 논쟁이자 지금도 계속되는 논쟁입니다. 과학자들은 이것은 논쟁거리도 아니라고 생각하지만, 사람들은 아직도 중요한 문제로 생각하고 있습니다. 그 사람들의 중심에 있는 사람들이 아마도 기독교인들일 것입니다.

자연과학에 관한 지식이 없는 사람일지라도 이 자연을 보면 참 오묘합니다. 자연 풍광만 보아도 오묘한데 그 속에 사는 생물들을 보면, 그리고 생물들이 살아가는 모습들을 보면 얼마나 다양하고, 오묘하고, 기이합니까? 나아가 생물, 아니 인간의 신체구조만 보아도 그 오묘함이란 놀라는 정도로는 부족합니다. 이런 오묘한 자연이 그냥 저절로 생겼다는 것이 믿어지지 않는 것은 어쩌면 당연한 일입니다. 그렇기에 인간보다 월등히 뛰어난 어떤 존재가 특별한 의도로 만들었다고 생각하는 것은 어떻게 보면 지극히 자연스러운 생각인 것 같기도 합니다.

그렇지 않아도 신의 존재를 명확하게 볼 수 있기를 바라는 기독교인들에게 대자연의 신비함과 생명의 오묘함은 신의 존재에 관한 결정적인 증거로 보였을 것입니다. 더욱이 성경에, 세상은 하느님이 창조했다고 되어 있지 않습니까? 그런데 성경의 창세기부터 지금까지를 성경에 있는 내용을 가지고 계산해보면 이 우주의 나이는 1만 년도 채 안 되는 6000여 년이라고 합니다. 지질학자들에 따르면 지구의 나이는 최소한 40억 년이 넘고, 우주를 연구하는 천문학자들에 따르면 우주의 나이는 138억 년이나 된다고 합니다. 성경의 결론과 과학자의 결론이 이렇게 엄청나게 차이가 나는 것을 어떻게 설명해야 할까요?

창조론자들은 지구의 지층이 오랜 시간 동안 만들어진 것이 아니라 노아의 홍수 때 한꺼번에 만들어졌고, 지구 나이를 측정하는 방사능 연대 측정법은 방사능의 반감기가 옛날에는 달랐다고 주장합니다. 나아가 우주의 나이도 초창기의 물리법칙이 지금과는 달랐기 때문에 지금의 물리법칙으로 우주의 나이를 계산하는 것은 옳지 않다는 것입니다. 따라서 그들은 성경의 6000년에 근접하는 시간이 우주의 나이가 될 수 있다고 주장합니다.

나는 여기서 이들의 주장을 하나하나 반박할 생각은 없습니다. 다만, 이런 주장이 과학일 수가 있느냐 하는 문제입니다. 창조론자들의 주장은, 창조론도 완벽하지는 않지만 완벽하지 않기는 진화론도 마찬가지라고 주장합니다. 그렇습니다. 진화론도 완벽하지 않습니다. 아니, 진화론뿐인가요? 모든 과학 이론은 완벽하지 않습니다. 상대론도 양자론도 완벽하지 않습니다. 모든 이론이 완벽하지 않다는 것이 아직도 과학자들이 자연을 연구하고 있는 이유이기도 합니다.

그런데 창조론은 어떤가요? 창조론은 진화론과는 달리 틀릴 수가 없습니다. 틀려서는 안 되는 이론입니다. 창조론은 모든 것이 창조되었다는 것을 전제로 하고 있기 때문입니다. 창조의 과정이나 방법에 대해서는 여러 가지 견해가 있을 수 있으나 창조되었다는 사실에 대해서는 이론의 여지가 없다고 주장하는 것입니다. 그래서 창조론은 과학이 아닙니다. 과학자는 어떤 고정관념도 가지고 있어서는 안 되기 때문입니다. 창조론은 성경에 바탕을 두고 있기에 과학이 아닙니다.

어떤 현상을 설명하는 과정에서 '신god'을 도입하는 순간, 그것은 과학이 아닙니다. 신은 모든 불가사의한 현상에 대한 만병통치약입니다. 신이 했다고 하면 어느 누가 이의를 제기할 수 있단 말입니까? 전지전능한 존재가 신인데 신이 하지 못할 일이 어디 있을까요? 신이라는 존재를 가정하고, 그 존재가 전지전능하다고 정의하면 과학이 설 자리는 없습니다.

하지만 과학자들의 입장은 다릅니다. 신을 믿는 과학자일지라도 현상을 이성적으로 설명하려고 합니다. 자기가 도저히 설명할 수 없는 현상과 마주치더라도 그 현상을 설명할 방법이 존재할 것이라고 믿는 사람들이 과학자입니다.

과학자들은 어떻게 해서 이 지구에 현재와 같은 다양한 생명체들이 생겨났을까에 관한 의문을 가지고 여러 가지 가설을 세우고 그

가설을 검증해나가는 사람들입니다. 이런 과학자들의 작업에 진화론이라는 이름을 붙인 것입니다. 하지만 창조론자들은 창조되었다는 불변의 가설에 맞는 여러 가지 증거들을 찾고 있는 사람들입니다. 이것은 과학이 아닙니다. 그래서 창조론이 과학의 교과에 들어가 있을 방은 없는 것입니다.

말장난 같지만, 이렇게 말하고 싶습니다. "창조론은 옳을지 모르지만 과학이 아니고, 진화론은 틀릴지 모르지만 과학이다."라고 말입니다.

외계인과 UFO

참을 수 없는 가려움

그렇게 많이 회자되고, 상상하고, 영화에도 등장하는 대상이지만, 외계인만큼 아무것도 모르는 대상이 어디 있을까요? 외계인이라는 말을 모르는 사람은 없지만, 외계인에 대해서 정말로 아는 사람은 아무도 없습니다. 정말 아무도, 아무것도 모릅니다. 외계인에 대해서 아는 것이라고는 단 한 개도 없습니다. 그런데도 외계인의 존재를 의심하는 사람은 거의 없습니다. 심지어 외계인이 타고 왔다는 UFO를 믿는 사람은 너무나 많습니다. 왜 그럴까요?

인간은 사회적 동물이어서 그런지 외로움을 많이 타는 존재입니다. 외로움을 탄다는 것은 무엇을 그리워하는 존재라는 의미기도 합니다. 가장 가깝게는 가족에 대한 그리움, 좀 더 나아가서는 친척과 친구에 대한 그리움, 동족에 대한 그리움, 더 나아가서는 살아 있는 모든 존재에 대한 그리움을 가진 존재입니다.

이런 존재이기에, 이 우주의 지구에만 인간이 있다는 것을 받아들이기 어렵지 않았을까요? 망망대해 외딴 섬에 떨어지게 되면, 나는 어디에 있는지 궁금할 것이고, 인근에 다른 섬은 있는지, 육지는 얼마큼 떨어져 있는지, 근처에 사람이 사는 섬은 없는지 무척 궁금할 것입니다. 사람이 있다면 동양 사람일까, 서양 사람일까, 뭐 하는 사람들일까, 궁금할 것입니다.

지구도 우주라는 망망대해에 외롭게 떠 있는 작은 섬이나 마찬가지입니다. 여기에 사는 인간은 당연히 외딴섬에 떨어진 사람처럼, 지구는 이 우주의 어디에 있으며, 지구 밖에도 인간이 사는 곳은 없을까, 그곳에도 식물이 있을까, 동물이 있을까, 사람이 있을까, 사람이 있다면 어떻게 생겼을까 궁금하지 않을 수 없습니다.

과학자도 인간이기에 이러한 궁금증에서 벗어날 수는 없습니다. 하지만 과학자는 일반인과는 달리 자기의 궁금증에 대해 좀 더 분석적인 접근을 합니다.

미국의 우주과학자 칼 세이건은 이렇게 말했습니다. "우주는 대단히 크다. 이 큰 우주에 우리만 존재한다면 그것은 엄청난 공간의 낭비다." 이 우주에 우리가 유일한 인간일 수 없다는 것을 표현한 것입니다. 그는 외계인에게 보내는 편지를 우주선 파이오니어와 보이저에 실어 보냈습니다. 아직 누구도 보지 못했고 정말 존재하는지 알 수도 없는 외계인에게 말입니다. 이스라엘의 문명사학자이자

『사피엔스』의 저자인 유발 하라리Yuval Noah Harari, 1976- 가 말한 것처럼, 인간은 '존재하지 않는 것을 믿는' 존재이기 때문일까요?

천문학이란 지구가 특별한 존재가 아님을 알아가는 학문이라고 할 수 있습니다. 지구가 우주의 중심이라고 생각했는데, 지구가 아니라 태양이 중심이었고, 태양이 우주의 중심인 줄 알았는데 태양은 은하계 변방의 작은 별에 지나지 않는다는 것을 알게 되었습니다. 이처럼 천문학은 우리에게 지구가 우주에서 특별하지 않다는 것을 알려주었습니다.

지구가 이 우주에서 특별한 존재가 아니라면, 생명이 있는 행성이 지구뿐일까요? 당연히 우주 어디엔가 생명이 있을 것이고, 생명이 있다면 지능을 가진 생명이 있을 것이고, 그렇게 되면 그중에는 우리보다 뛰어난 문명을 이룩한 존재도 있을 것입니다. 그래서 아직 보지도 못한 외계인의 존재를 과학자들은 믿습니다. 이러한 믿음은 그냥 막연한 믿음이 아니라, 우주를 관측하여 알아낸 많은 증거로부터 합리적인 추론 과정을 통해 도달한 믿음입니다.

어디에 있을까?

이 광활한 우주에 외계인이 있다면 어디에 있을까요? 별처럼 뜨거운 불구덩이 속에 존재할 수 있을까요? 아니면 구름 같은 성운 속에 존재할 수 있을까요? 아니면 아주 진공인 우주 공간에 존재할 수 있을까요? 블랙홀, 중성자별, 백색왜성에 있을까요? 외계 생명이 존재한다고 해도 이와 같은 가혹한 환경 속에 있기를 기대하기는 어렵습니다.

가장 쉽게 생각해볼 수 있는 환경은 지구와 같은 환경일 것입니다. 지구환경의 특성을 요약해보면, 땅과 바다 그리고 대기가 있는 환경입니다. 그리고 지구는 별이 아니고 행성입니다. 행성이란 별의 주변을 공전하고 있는 천체입니다.

목성과 같은 거의 기체로 되어 있는 행성에 생명이 존재하기는 어려울 것입니다. 기체 상태의 생명체를 상상하는 것은 너무 어렵고, 그 속에서 박테리아나 바이러스 같은 생명체가 살 수는 있다고 해도 인간과 같은 고등 생명체라면 어느 정도의 질량과 부피를 가져야 할 터인데, 그런 존재가 기체 속에 존재하기는 어렵습니다.

이러한 모든 조건을 만족하는 곳을 과학자들은 골디락스 영역Goldilocks Zone이라고 부릅니다. 다른 말로 거주 가능 지역HZ: habitable zone이라고도 하지요. 골디락스 영역은 그들의 태양인 별에서의 거리, 물과 암석의 존재 유무, 적당한 중력, 대기의 존재와 상태, 자전의 속도 등으로 결정합니다.

가장 먼저 생각할 수 있는 골디락스 영역은 모성인 자기의 태양에서의 거리입니다. 거리가 가장 중요한 이유 중 하나는 온도 때문입니다. 가까우면 너무 덥고 멀면 너무 추울 것입니다. 덥지도 춥지도 않기 위해서는 태양으로부터의 거리가 중요합니다. 이 거리는 자기의 태양인 별의 크기에 관계됩니다. 태양보다 큰 별이라면 지구보다 좀 더 멀리 떨어져 있어야 할 것이고 작은 별이라면 좀 더 가까이 있어야 할 것입니다. 그곳은 물이 얼지도 않고 끓지도 않을 정도의 평균 기온이어야 할 것이기 때문입니다. 지구가 이것을 판정하는 기준이 될 수 있을 것입니다.

천문학자들은 이런 곳의 후보를 몇 발견했습니다. 지구로부터 20광년 정도 떨어져 있는 글리제 581이라는 별입니다. 이 별은 백색왜성으로 태양보다 작은 별입니다. 이 별 주위에는 행성이 몇 개 있는데, 그중에서 g라는 행성이 가장 유력한 후보입니다. 이 행성은 지구보다 3~4배 크고, 공전주기가 37일이고 중력은 지구의 2배 정도입니다. 이것으로 보아 물과 대기가 존재할 가능성이 큰 행성입니다.

골디락스 영역은 땅이 존재하는 행성일 가능성이 큽니다. 목성처럼 기체로 되어 있는 행성에도 미생물이 존재할 가능성이 전혀 없다고는 할 수 없지만, 기체 상태에서 생명이 탄생할 확률은 아주 낮다고 봅니다. 원자나 분자들이 서로 반응해 생명의 단위인 아미노산과 같은 고분자를 만들기 위해서는 매우 복잡한 반응이 필요합니다. 기체는 분자들이 서로 멀리 떨어져 있어서 이러한 복잡한 반응을 할 확률은 액체나 고체 상태보다 적습니다. 이런 환경에서 생명이 탄생하기는 어려울 것입니다. 골디락스 영역은 땅이 있고, 물이 있고, 대기가 있는 환경일 가능성이 큽니다.

물은 아마도 생명이 존재하는 가장 확실한 증거일지도 모릅니다. 물이 존재한다는 것은 적당한 온도가 유지된다는 것이고, 적당한 온도라는 것은 그 행성의 태양인 별로부터 적당한 거리에 있다는 말이 되기 때문입니다. 물이 행성의 표면에 존재한다면 대기의 존재도 거의 보장됩니다. 그래서 물은 생명이 존재한다는 아주 결정적인 증거가 될 수 있습니다.

물은 어쩌면 이 우주에서 가장 특별한 화합물일지도 모릅니다. 물이 어떻게 생긴 물질이기에 그렇게 특별한지 살펴보기로 합시다.

물은 산소와 수소가 결합한 분자입니다. 산소는 원자번호가 8입니다. 그것은 양성자가 8개이고, 전자가 8개 있다는 말입니다. 양성자는 핵 속에 있고, 전자는 핵 주변에 분포하고 있습니다.

이 전자 8개는 그냥 아무렇게나 분포하는 것이 아니라 소위 전자궤도라고 하는 곳에 있습니다. 원자의 전자궤도는 층층으로 되어 있는데 층마다 전자의 정족수가 정해져 있습니다. 1층에는 전자의 정족수가 2개, 2층에는 8개입니다. 산소에 있는 전자는 총 8개이므로 2개는 1층을 차지하고 나머지 6개는 2층을 차지하게 됩니다. 그런데 2층의 정족수는 8개이므로 2개가 부족합니다. 산소는 부족한 2개를 채우기 위해서 안달하는 원자인 셈입니다.

수소는 어떤가요? 수소는 원자번호가 1입니다. 그것은 양성자가 1개, 전자가 1개라는 말입니다. 수소의 전자 1개는 당연히 1층에 들어갈 것입니다. 그런데 1층의 정족수는 2개입니다. 하나가 부족합니다. 수소 원자는 부족한 1개를 채우기 위해서 안달입니다. 산소는 전자 2개가 부족해서 안달이고, 수소는 전자 1개가 부족해서 안달이지요. 어떻게 하면 이 둘의 불만을 해소할 수 있

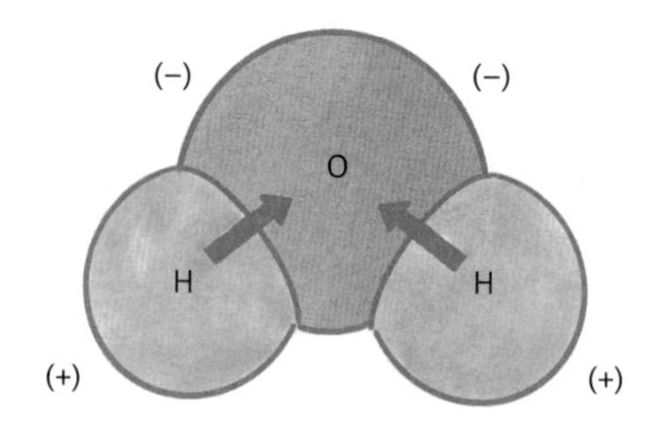

[그림 23] 물 분자

을까요?

아주 기막힌 해소 방법이 있습니다. 그것이 바로 공유결합이라는 화학결합입니다. '공유'란 말 그대로 전자를 공유한다는 말입니다. 산소와 수소 모두에게 부족한 전자를 공유하면 해결됩니다. 산소는 전자 2개가 부족하고 수소는 1개가 부족합니다. 산소 원자 1개에 수소 원자가 2개가 결합한다면 서로 부족한 전자를 '공유'해서 모든 정족수를 채울 수 있게 되는 겁니다. 산소는 두 수소 원자의 전자 2개를 공유해 2층의 정족수 8개를 채우고, 수소 원자 2개는 산소에 있는 전자 2개에서 1개씩을 공유해 1층의 정족수를 채웁니다. 이렇게 해서 탄생한 것이 바로 물입니다.

물 분자는 산소 원자 1개에 전자 2개가 V자 모양으로 결합한 분자입니다. 물 분자 전체는 중성이지만 산소는 큰 원자이고 수소는 작은 원자이므로 전자를 끌어당기는 힘도 다릅니다. 그래서 물 분자의 전자 분포는 산소 쪽으로 약간 치우쳐 있습니다. 전자가 많은 쪽은 음전기의 성질을 띠고, 그 반대쪽은 양전기의 성질을 띠게 됩니다. 그래서 물은 멀리서 보면 중성이지만 가까이 가면 산소가 있는 쪽은 (-), 수소가 있는 쪽은 (+) 전기가 있는 것처럼 보입니다. 이것을 '극성'이 있다고 말합니다. 물은 극성이 있는 분자입니다.

극성이 있다는 것은 아주 중요한 의미가 있습니다. 전기는 무엇을 끌어당기는 성질이 있습니다. (+)는 (-)를, (-)는 (+)를 서로 끌어당깁니다. 소금염화나트륨, NaCl은 나트륨과 염소가 결합한 분자입니다. 그런데 소금분자도 나트륨 원자 쪽은 약간 (+), 염소 쪽은 약간 (-) 전기를 띠고 있습니다. 그래서 나트륨은 물의 산소 쪽으로, 염소는 물의 수소 쪽으로 끌려가게 됩니다. 이렇게 되는 현상이 바로 소금이 물에 '녹'는 현상입니다. 물은 소금뿐만 아니라 다양한 물질을 녹이는 성질이 있습니다. 세수하면 손이 깨끗해지는 것도 물의 이러한 용해 능력 때문입니다.

물만큼 광범위한 용해 능력이 있는 액체는 많지 않습니다. 황산 같은 액체는 용해 능력은 뛰어나지만, 너무 강해서 거의 모든 것을 녹여버립니다. 그래서는 생명체가 유지될 수 없습니다. 생명체는 대부분 산도pH 농도가 6~8에 속합니다. 물의 산도는 7입니다. 7보다 작으면 산성, 크면 알칼리성이라고 합니다. 물은 산도가 7이므로 다양한 물질을 용해해 산도가 7보다 낮은 산성이나 높은 알칼리성이나 모두 중화하는 능력이 있습니다.

다양한 물질을 용해할 수 있을 뿐만 아니라, 적당한 산도를 유지하게 하고, 다양한 물질을 유연하게 이곳에서 저곳으로 옮길 수 있는 용액으로 물을 능가하는 것은 없습니다.

물의 또 다른 중요한 특성은 높은 비열입니다. 비열이 높다는 것은 열을 많이 흡수하고 유지할 수 있다는 것을 의미합니다. 지구의 기후는 대륙성 기후와 해양성 기후로 나뉘는데 해양성 기후는 겨울에 따뜻하고 여름에는 시원합니다. 그것은 바다라는 큰 물의 저장고가 많은 열에너지를 포함하고 있을 뿐만 아니라 높은 비열로 인해 급작스럽게 온도가 변하지 않기 때문입니다. 열은 온도를 일정하게 유지하는 중요한 역할을 합니다.

사람을 포함한 거의 모든 생명체의 몸은 대부분이 물로 이루어져 있습니다. 지구형 생명체는 물이 없으면 존재할 수 없습니다. 그렇다면 외계 생명체도 이런 물이 존재하는 곳에 있을 가능성이 크다고 보아야 하지 않을까요?

땅이 있고 물이 존재하는 행성이라면 표면 온도가 0도에서 100도 사이여야 할 것입니다. 이런 온도를 유지할 수 있는 행성은 그들의 태양인 별에서 너무 멀지도 너무 가깝지도 않은 적당한 거리에 있어야 합니다. 그런 행성이 우리 은하에 얼마나 있을까요? 아마도 별의 숫자만큼이나 많을 것입니다. 천문학자들은 이미 그런 후보 행성을 실제로 여럿 발견했습니다.

지구환경과 정확히 같지는 않더라도 물이 존재할 수 있는 행성은 하늘의 별보다 더 많을 것입니다. 그렇다고 해서 그런 행성에 생명체가 존재한다고 단정할 수는 없습니다. 다만 지구의 경우를 보면 생명이 지구 탄생 초기에 나타났기 때문에, 적당한 환경이 갖춰진다면 생명이 탄생하는 것이 그렇게 어려운 일은 아니라는 생각은 할 수 있을 것 같습니다.

이런 낙관적인 전망을 하면서도 아직 외계 생명의 흔적은 찾지 못했습니다. 인간과 같은 고등 지능을 가진 생명체가 아니라 바이러스나 박테리아 수준의 생명체도 찾지 못했습니다. 우주는 왜 이렇게 생명의 비밀을 드러내 보이지 않는 걸까요? 소중한 것은 깊이 감추듯이 생명이 너무나 소중한 존재이기 때문일까요?

얼마나 많을까?

외계인을 보지는 못했더라도 외계인의 존재를 의심하는 사람은 많지 않습니다. 더구나 과학자들은 더욱 외계인에 관심이 많습니다. 그래서인지 외계인의 존재 가능성을 계산하는 방정식까지 있습니다. 그것이 바로 드레이크 방정식Drake Equation입니다.

간단히 소개하면 다음과 같습니다.

$$N=R_{*}\cdot f_p\cdot n_e\cdot f_l\cdot f_i\cdot f_c\cdot L$$

N: 우리 은하에서 통신이 가능한 문명의 수

R_{*}: 1년 동안 생기는 별의 수 (1.5-3)

f_p: 그중에서 행성을 가진 별의 비율 (0.5-1)

n_e: 행성 중에 생명을 가질 가능성이 있는 행성의 수 (1-5)

f_l: 행성 중에 실제로 생명을 가지고 있는 비율 (1)

f_i: 생명을 가진 행성 중에 문명을 이룩한 비율 (1)

f_c: 문명 중에 자기의 존재를 외계에 알릴 신호를 보내는 문명의 비율 (0.1-0.2)

L: 자기를 알리는 신호를 보내는 문명의 생존 기간 (1,000-100,000,000)

*( ) 속은 추정치

그런데 드레이크 방정식이 옳다고 해도 아직 우리는 그 변수 중 어느 하나도 제대로 알고 있는 게 없습니다. 그런데도 여러 가지 고려를 해서 각 변수의 ( ) 속에 있는 추정치를 만들어보기도 했습니다. 이 추정치에 따르면 문명의 수는 거의 문명의 생존 기간과 맞먹는 1000개에서 1억 개에 이릅니다. 이것은 우리 은하수 은하 내에 국한한 추정치입니다. 이 우주에는 우리 은하와 같은 은하가 수천억 개도 더 있다는 것을 생각하면 아무리 적게 잡아도 1000억의 1000억 배나 되는 문명이 이 우주에 있어야 한다는 결론에 이르게 됩니다.

제프리 베넷은 그의 저서 『우리는 모두 외계인이다Beyond UFOs』에서 이 드레이크 방정식을 다음과 같이 좀 더 간단한 식으로 수정했습니다.

$$N = N_{HP} \cdot f_{life} \cdot f_{civ} \cdot f_{now}$$

N_{HP}: 생명 탄생에 적당한 환경을 갖춘 행성의 수

f_{life}: 이런 행성에서 실제로 생명체가 존재하는 비율

f_{civ}: 생명체가 있는 행성에서 행성 간 통신이 가능한 문명을 이룩하는 비율

f_{now}: 바로 지금 문명을 가지고 있는 행성의 비율

N_{HP}는 어느 정도 추정이 가능합니다. 우리 은하에 별이 1000억 개가 있다고 할 때, 거의 모든 별은 행성을 거느리고 있습니다. 행성 중에는 지구처럼 생명 탄생에 적합한 행성이 그렇게 많다고는 할 수 없지만, 어떤 것은 하나도 없기도 하고, 어떤 것은 한 개, 어떤 것은 두세 개 있을지도 모릅니다. 그렇게 보면 거의 별의 숫자만큼 지구와 비슷한 환경을 가진 행성이 있을 것으로 추정할 수 있습니다.

생명체가 생길 조건을 갖춘 행성이 있다고 할 때, 그 행성에서 실제로 생명체가 나타날 가능성은 얼마나 될까요? 지구의 사례를 보면 지구가 탄생하고 최대한 10억 년 이전에 생명체가 나타났다는 확실한 증거가 있습니다. 지구의 역사가 46억 년이라는 사실을 생각하면 매우 일찍 생명이 탄생한 것입니다. 그렇다면 적당한 환경을 가진 행성에서 생명체가 탄생하는 것은, 138억 년이라는 장구한 우주의 역사를 고려한다면 그렇게 어려운 일이 아니라는 말이 됩니다. 그렇다면 f_{life}는 거의 1에 가깝다고 할 수 있습니다.

나머지 두 항은 추정이 좀 더 어렵습니다. 그냥 1/10,000이라고 하면 우리 은하에 있는 문명의 수는 1000개 정도일 것이고, 1/100,000으로 잡으면 10개 정도일 것입니다. 이것은 우리 은하에 국한한 추정치입니다. 전 우주로 확장하면 몇천억 개가 될지도 모릅니다. 하지만 추정치일 뿐, 확실한 것은 아무것도 없습니다. 우주를 더 많이 관찰하고, 우주와 인간에 대한 지식이 더 많이 쌓이면, 변수들에 대한 좀 더 좋은 추정치를 얻을 수 있을 겁니다. 하지만 지금의 우리 지식은 그것을 알기에는 턱없이 부족합니다.

사람들의 믿음은 데이터에만 의존하는 것은 아닙니다. 드레이크 방정식을 알건 모르건, 사람들은 대부분 외계인의 존재를 믿는 쪽에 내기를 걸 것입니다. 외계인이 없다면 인간이 왜 이 우주에서 특별한 존재여야 하는지 너무 이상하기 때문입니다. 우주는 너무나 크고 방대한데 방대한 공간에서 인간이 이 우주의 유일한 지능을 가진 존재라는 것을 믿는 것은 매우 어려운 일입니다.

외계인의 육체

외계인에 대해서 아무것도 아는 것이 없는 것은 사실이지만, 그렇다고 정말 아무것도 모르는 것은 아닙니다. 말장난 같지만 틀림없는 사실은 그들의 몸도 물질인 원자로 이루어져 있을 것입니다. 우주에 있는 물질에는 암흑 물질도 있는데 보이지도 만져지지도 않는 암흑 물질로 생명체가 만들어지기는 어려울 것입니다. 만약 암흑 물질로 만들어진 외계인이 있다면, 비록 있다고 해도 우리가 볼 수도 만질 수도 없을 것이므로 우리에게는 존재 의미가 없을 것입니다.

따라서 외계인이 있다면 그들의 육체도 분명 원자로 되어 있을 것입니다. 원자로 되어 있는 물질에는 기체도 있고, 액체도 있고, 고체도 있습니다. 기체로 된 외계인을 생각하기는 어렵습니다. 기체는 어떤 형태를 유지할 수 없기 때문입니다. 그렇다면 액체일 수는 있을까요? 순수한 액체는 안정적인 형태를 유지할 수 없으므로 액체일 가능성도 별로 없습니다. 그렇다고 돌이나 바위와 같은 완전한 고체일 가능성도 없습니다. 생명현상이 가능하기 위해서는 복잡한 화학반응과 물질의 이동이 필요하기 때문입니다.

그렇다면 그들도 우리 몸처럼 탄소 중심의 유기물로 되어 있을까요? 그럴 수도 있고, 그렇지 않을 수도 있습니다. 하지만 지구에 탄소 화합물인 유기물로 생명체가 만들어졌다면 외계에서도 그럴 가능성은 충분히 있다고 보아야 할 것입니다. 지구 생명체의 기본 요소라고 할 수 있는 아미노산은 운석 속에서도 발견되었고, 우주의 성간 물질 속에서도 관측됐습니다. 그렇다면 외계 생명체도 아미노산을 기반으로 한 육체를 가지고 있을 가능성이 큽니다.

비록 외계 생명이 유기물로 이루어져 있다고 해서 지구의 생명체와 비슷하리라 생각할 수는 없습니다.

역사를 되돌려 지구 탄생의 초기로 가봅시다. 우주에서 날아왔건, 원시대기에 벼락이 떨어져 합성되었건 아미노산이 만들어지고 이것들이 모여서 어떻게 세포 비슷한 것이 만들어졌다고 합시다. 그 세포가 지금의 우리 세포와 같을 가능성이 얼마나 될까요? 더구나 어떤 세포에는 엽록체가 있어서 태양광을 통한 에너지 합성이 가능하고, 어떤 세포에는 엽록체가 아닌 미토콘드리아가 있어서 에너지를 소모하는, 식물과 동물 세포로 발전할 가능성이 얼마나 될까요? 혹시 엽록체와 미토콘드리아가 동시에 존재하는 세포가 만들어져서 에너지를 만들고 소비하는 것이 한 몸에서 다 가능한 동물이 탄생할 가능성은 전혀 없을까요?

알 수 없는 일입니다. 하지만 분명한 것은, 지구의 역사가 다시 시작한다고 해도 지금과 같은 생명, 지금과 같은 지구 생태계가 만들어질 가능성은 거의 없습니다. 하물며 지구가 아닌 다른 행성에서 생긴 생명이 지구의 생명체와 비슷할 가능성은 거의 영에 가까울 것입니다.

사람들이 상상한 외계인의 모습은 다양합니다. 영화 〈ET〉에도 외계인이 나옵니다. 그런데 그 외계인은 지구인을 닮아도 너무 닮았습니다. 두 눈과 입과 코도 있습니다. 외계인이 있다고 해도 그런 외계인이 있을 가능성은 정말 정말 없습니다. 아마 외계인이 당장 내 앞에 나타난다고 해도 그것이 외계인이라는 것을 알아차릴 사람은 아무도 없을 것입니다. 실제 외계인을 보면 까무러치게 놀랄 것입니다. 그 신기함도 신기함이려니와 우리가 상상하던 것과 너무나 달라 더 놀라게 될 것입니다. 아마도 외계인을 보면, 온 인류가 상상해왔던 모든 외계인의 모습이 하나같이 너무 형편없는 상상이었다는 사실에 놀라게 될 것입니다.

제프리 베넷은 그의 저서 『우리는 모두 외계인이다』에서 다음과 같이 말했습니다.

"나는 더 이상 한밤중의 속삭임이나 춤추는 태양 빛의 목소리나 마법의 세계를 믿지 않는다. 대신 실제 세계가 내가 어렸을 때 생각했던 것보다 훨씬 더 신비하고 놀라운 일로 넘쳐나는 곳이라는 사실을 알게 되었다. 나의 상상력은 오히려 너무 제한되어 있었던 것이다."

그렇습니다. 인간의 상상력이 대단하다고 하지만 우주의 실제 모습에 비하면 초라하기 그지없습니다. 인간이 상상하는 외계인과 같은 외계인은 이 우주에 존재하지 않을 겁니다. 그래도 외계인은 틀림없이 존재할 것입니다.

UFO, 정말 있을까?

UFO는 정말 외계인이 타고 온 비행 물체일까요? UFO를 보았다는 사람은 수없이 많고, 심지어는 UFO에 타고 외계인을 직접 만나보았다는 사람, UFO를 타고 외계인 나라에 가보았다는 사람까지 있습니다. 그뿐만 아니라 UFO의 잔해라는 것을 가지고 당국에 신고까지 한 사람도 있습니다.

하지만 아직 UFO는 말 그대로 '미확인 비행 물체Unidentified Flying Object'일 뿐입니다. 미확인 비행 물체라고 해서 지구 밖에서 왔다는 말은 아닙니다. 지구 밖에서 왔는지, 지구의 어떤 비밀 비행 물체인지, 아니면 헛것인지 알지 못한다는 뜻입니다.

[그림 24] UFO

UFO에서 가지고 왔다는 물건들이 상당수 있지만, 어느 것도 지구에 전혀 없는 물질로 만든 물체는 없었다고 합니다. 만약 구석기 시대 사람들이 지금 우리가 사용하고 있는 물건을 보았다면 어떻게 생각했을까요? 엄청나게 놀랐을 것입니다. 그들이 사용하는 재료는 나무와 돌뿐이었습니다. 그들이 하늘에서 떨어진 플라스틱 물병을 보았다면 어떻게 생각했을까요? 그들은 당연히 그것이 다른 세상에서 왔다고 생각했을 것입니다. 물병이 아니라 쇠창살 하나만 보았어도 돌칼로 짐승의 껍질을 벗기던 그들이 보기에 얼마나 놀랍겠습니까?

UFO가 정말 외계에서 왔다면 그들이 사용한 물건의 재료가 우리 지구에 있는 재료일 가능성이 있을까요? 지구에서도 하루가 다르게 신소재가 개발되고 있습니다. 아마도 100년 후에 지구인이 타는 비행기와 사람들이 사용하는 물건의 소재로 지금 우리가 사용하는 플라스틱이 있을까요? 아마도 없을 겁니다. 더 가볍고, 더 강하고, 더 멋있는 어떤 새로운 물질로 물건을 만들게 될 것입니다. 하물며 먼 우주를 날아다니는 기술을 가진 외계인이 사용하는 물건의 재료는 지구인이 상상도 할 수 없는 이상한 물질일 겁니다. 하지만 그런 신기한 소재로 된 UFO 잔해는 보고된 적이 없습니다. 그러니 어떻게 그것을 정말 외계인 비행 물체의 잔해라고 할 수 있단 말입니까?

심지어는 UFO가 추락했고, 외계인을 비밀 장소에서 조사하고 있다는 주장도 있습니다. 하지만 저 먼 별에서 지구까지 오는 기술을 가지고 있는 존재가 지구에 추락한다는 것은 상상도 할 수 없는 일입니다. 그리고 목격했다는 외계인은 하나같이 지구인과 닮아도 너무 닮았습니다. 외계인이 있다고 해도 그렇게 지구인과 닮은 외계인이 존재할 가능성은 전혀 없습니다.

물론 UFO 목격자가 모두 거짓말을 한다고 할 수는 없을 것입니다. 거짓말이나 사진 조작이 없지는 않지만, UFO 보고가 모두 거짓말인 것은 아닐 것입니다. 아주 많은 경우는, 밤에 카메라 앞을 지나가는 벌레이고, 많은 경우는 특이한 기상 현상이고, 어떤 경우는 비밀 군사 훈련일 수도 있습니다. 그리고 심리적인 환상일 가능성도 있습니다.

UFO가 외계에서 온 비행 물체라고 믿는 현상은 유언비어가 확산하는 원리와 비슷합니다. 사람들은 '그랬더라'를 '그렇지 않았더라'보다 더 믿고 싶어 합니다. 인간의 심리 내면에는 당연한 것보다 이상한 것에 더 관심을 두는 어떤 본능이 있습니다. 그 본능은 아마도 원시시대에 생긴 것이 아닐까요?

어떤 위험이 닥칠 것으로 예상하는 것과 닥치지 않으리라고 예상하는 것 중 어느 것이 그 사람의 생존에 더 유리할까요? 특히 짐승들이 우글거리는 원시사회에서는 이 태도가 생존과 직결되는 문제였을 것입니다. 위험이 없는데 위험을 예상하고 대비하면 헛수고이기는 하지만, 생존에 문제가 생기는 것은 아니어도 위험이 있는데 대비하지 못하면 치명적이기 때문입니다. 인류의 진화 과정에서 이런 오랜 경험이 인간에게 유언비어에 취약한 본능이 생기도록 만들지 않았나 생각합니다.

UFO는 정말 미확인 비행 물체입니다. 그 이상도 그 이하도 아닙니다. 우리는 외계인이 왔는지, 왔다 갔는지, 오지 않았는지 정말 모릅니다. 이렇게 말하니 더욱 UFO가 정말 외계인의 비행 물체로 생각된다면 당신도 그런 유언비어에 취약한 사람일 가능성이 있습니다. 하지만 과학자는 본능이라는 육감적인 충동을 관찰 증거를 통해 걸러내는 사람들입니다. 그래서 과학자들은 UFO를 외계에서 온 비행 물체라고 그냥 믿지 않습니다. 그렇다고 그들은 절대 아니라고 주장하지도 않습니다. 다만 '모른다'라고 말할 뿐입니다.

생각을 바꾸어 이렇게 생각해봅시다. 외계인이 지구를 방문한다면 그들이 타고 오는 비행물체는 어떤 모습일까요?

적어도 우리의 제트기나 우주 로켓 같은 것은 아닐 것입니다. 그런 비행물체로 수백, 수천 년을 이동하는 것은 어렵습니다. 그러니 그 비행 물체는 장기간 생존이 가능해야 할 것입니다. 그러기 위해서는 자체적으로 식량 조달을 할 수 있어야 하고, 평상시와 같은 생활이 가능한 공간이어야 할 것입니다. 그것이 비행기라면 적어도 달 정도의 크기는 되어야 하지 않을까요? 좀 더 욕심을 부린다면 지구 정도의 크기가 적합할 것입니다.

지구를 방문하는 외계인이라면 행성을 우주선으로 만들어 다닐지도 모를 일입니다. 그리고 에너지 조달을 위해서 인공 태양 정도는 가지고 다니겠지요? 지구로 접근해오는 외계 행성이 발견된다면 그것이 UFO일 가능성은 있지만, 현재까지 보고된 UFO는 너무 유치합니다. 그런 우주선으로 지구를 방문할 가능성은 없을 겁니다.

왜 오지 않았을까?

우주의 장구한 역사를 생각한다면 이 우주에는 우리보다 더 오래된 문명이 수없이 많을 것으로 추산됩니다. 그런데 왜 그들은 아직 우리를 찾아오지 않았을까요? 이것은 정말 미스터리 중의 미스터리가 아닐 수 없습니다. 오지는 않았다고 해도 신호를 보낼 수는 있지 않았을까요?

지구인이 외계인을 찾으려고 이렇게 애를 쓰고, 신호를 보내고 있는데도 그들은 왜 아무 반응이 없을까요? 우리보다 더 통신기술이 발달한 문명이 정말로 이 우주에 없다는 말인가요? 광활한 우주 공간과 장구한 우주의 역사를 생각한다면 정말 이해되지 않습니다.

우주에 다양한 문명이 있다는 가정하에 여러 가능성을 생각해볼 수 있습니다. 한 가지 가능성은 그들이 오고 있지만 아직 도착하지 못했다는 것입니다. 우주는 너무나 광대해 가장 가까운 별도 4광년이나 떨어져 있습니다. 우주인이 빛 속력으로 오지 않는 한 가장 가까운 별에서라도 지구에 오기까지는 수만 년이 걸릴 것입니다. 4광년이 아니라 수천 광년 떨어진 별이라면 수억 년이 걸릴 것입니다.

그러니 아직 도착하지 못했다는 말도 빈말은 아닙니다. 하지만 어떻게 이 우주에서 광속에 근접하는 이동 수단을 만든 문명이 그렇게 없다는 말입니까?

지구인이 로켓을 만든 지 100년도 안 돼서 태양계의 외곽까지 비행 물체를 날려 보냈습니다. 앞으로 1000년 뒤에 지구인이 만든 우주선이 얼마나 빠를지 상상해보십시오. 우리보다 수만 년 앞선 문명이 가지고 있을 운송 수단이 어찌 광속에 접근할 수 없다는 말입니까? 운송 수단이 아니라고 해도 통신 수단은 당연히 광속입니다. 그런 통신 수단으로 어떻게 우리를 찾지 않고 있단 말입니까? 그들이라고 궁금하지 않을까요?

다른 한 가지 가능성은 문명의 생존 기간의 문제입니다. 한 문명이 얼마나 오래 버틸 수 있을까요? 지구인의 경우를 생각해보면 그렇게 낙관적이지는 않습니다. 과학기술의 발달은 위험한 사회로 몰고 갑니다. 인간의 이기심과 기술이 접목되면 참으로 위험해집니다. 그 위험이 인류를 멸망으로 몰고 갈 가능성은 남아 있습니다. 기술이 발달하면 할수록 그 가능성은 더욱 증가할 것입니다. 우주 문명이 성간 이동하는 기술을 터득하기 전에 스스로 멸망해버릴 가능성이 큽니다. 하지만 그 많고 많은 우주 문명 중에 멸망의 위험을 극복한 문명이 하나도 없을까요?

다음으로 생각되는 것은 환경 문제입니다. 지구 온난화가 지구 문명에 가장 큰 위협으로 등장하고 있습니다. 외계문명도 이와 같은 문제를 겪게 되어 결국 성간 이동 기술을 습득하기 전에 멸망해버린 것은 아닐까요? 충분히 가능성이 있는 추론입니다. 하지만 이 경우에도 많고 많은 문명 중에 이 환경 문제를 해결한 문명이 하나도 없을 수 있단 말입니까?

다음으로 생각해볼 수 있는 것은 외부에서 닥친 재앙입니다. 우리도 운석의 충돌을 심각하게 걱정하고 있는데, 언젠가는 대형 소행성이 지구를 칠 가능성은 존재합니다. 그러한 재앙이 과거에도 있었습니다. 그러한 재앙이 우주적인 현상이라면 문명이 오래 살아남을 가능성은 낮아집니다. 하지만 지구인들도 운석 충돌에 대비한 연구를 하고 있고, 앞으로 수백 년 지구 문명이 유지된다면 운석 정도의 충돌은 막아낼 기술을 개발하게 될 것입니다. 문명이 더욱 발달하면 환경 문제와 우주로부터 오는 재앙을 제압하는 기술을 획득하게 될 것이고 나아가서 다른 행성으로 이주하는 기술도 갖게 될 것입니다. 그런 수준으로 발달한다면 문명의 멸망은 거의 불가능할지도 모릅니다. 이 광활한 우주에 어찌 그런 문명이 하나도 없을 수 있단 말입니까?

외계인은 왜 아직 오지 않았을까요? 궁금하지만 아직 오지 않은 것이 우리에게는 행운일지 모릅니다. 그들이 오는 날이 지구 문명의 종말이 되는 날일지도 모르니까 말입니다.

Two things are infinite:
the universe
and human stupidity;
but I am not sure
about universe

무한한 것이 두 가지 있는데 그 하나는 우주이고
다른 하나는 인간의 우둔함이다.
하지만 우주가 정말 무한한지는 자신이 없다.

_아인슈타인

CHAPTER

정신

빅뱅은 공간이 에너지가 되는 순간이었습니다. 에너지가 물질이 되었습니다. 물질이 세상을 만들었습니다. 하늘에 반짝이는 별들, 그 별들로 이루어진 은하들이 다 물질로 이루어졌습니다. 이 물질을 설명하는 이론이 물리학입니다. 생명체는 우주에서 가장 복잡하지만, 그것도 물질입니다. 그렇기에 생명체를 설명하는 이론도 물리학입니다.

정신 현상은 생명체가 나타내는 현상입니다. 정신의 문제는 크게 두 가지로 나눌 수 있습니다. 하나는 심리 현상이고, 다른 하나는 의식입니다. 심리 현상은 심리학이라는 아주 잘 정립된 과학으로 상당히 잘 이해하고 있는 현상입니다. 특정 심리적인 현상이 어떻게 일어나고, 그 심리 현상을 어떻게 조절할 것인지 상당히 잘 연구되어 있습니다. 하지만 의식 현상은 그것이 무엇인지 정의조차 제대로 되어 있지 않습니다. 과학자들은 의식의 문제가 과학의 영역인지조차도 확신하지 못하고 있습니다. 몇몇 과학자들이 이 영역에 발을 들여놓을까 말까 망설이는 중입니다. 지금까지 의식은 철학의 문제였지 과학의 문제는 아니었습니다. 정말로 정신은 과학, 더 구체적으로는 물리학의 대상이 될 수 없을까요?

생명이 물질 현상이고, 정신은 생명이 나타내는 현상이라면, 정신도 물질에서 연유된 것입니다. 물질로 이루어진 생명이 물리학의 대상이듯이, 의식도 물질인 생명이 만들어내는 현상이라면 왜 물리학의 대상이 될 수 없을까요?

두뇌 속의 기계

만들어진 세상

여기 '맛있게 생긴 노랗고 둥근 제주산 귤'이 있습니다. 내가 보는 이것은 진짜일까요?

우리가 무엇을 본다는 것은 물체에서 나오는 빛을 모아서 망막에 상을 맺게 하고, 망막에 맺힌 상의 정보가 시신경을 통해서 뇌에 전달되고, 이 정보를 통해 뇌가 판단한 결과입니다.

먼저, 귤에서 나온 빛이 모두 시각 정보로 전환되는 것은 아닙니다. 만약 그랬다가는 우리의 뇌는 정보의 홍수 속에서 길을 잃고 말 것입니다. 시신경은 가늘게 생긴 망인데, 망막의 모든 부분을 시신경 세포가 다 차지할 수는 없습니다. 얼기설기 있는 시신경이 자기에게 오는 빛 정보만 뇌로 전달하는 것입니다. 그러니 귤에서 나오는 빛 중에서 뇌에 전달되는 시각 정보는 일부에 지나지 않습니다.

뇌로 전달되는 시각 정보를 액면 그대로 그려보면, 밝은 점과 어두운 점이 불규칙하게 섞여 있는 모습일 것입니다. 우리가 인식하는 저런 매끈한 귤의 모습은 뇌로 가는 신경의 어디에도 없습니다. 귤의 매끈하고 완전한 모습은 뇌로 전달되는 정보에 있는 게 아니라 얼기설기한 단편적인 정보를 가공해서 뇌에서 새롭게 만들어낸 것입니다.

'노랗다'는 것은 사실일까요? 인간의 망막은 빨간색(R), 초록색(G) 그리고 파란색(B)의 파장만 감지하게 되어 있습니다. 이것을 빛의 삼원색(RGB)이라고 합니다. 노란색은 망막이 감지할 수 있는 색이 아닙니다. 귤에서 나오는 노란빛은 다양한 파장의 빛이 혼합된 것인데, 이것을 망막세포에서 삼원색으로 분리해 감지하고, 이 감지된 정보를 뇌로 보내는 것입니다. 뇌가 받는 정보의 어디에도 노란색은 존재하지 않습니다. 귤의 노란색은 세 가지 색의 자극을 혼합하여 우리의 뇌가 만들어낸 색일 뿐입니다.

귤이 둥글다는 것은 어떤가요? 망막은 오목한 구면으로 되어 있습니다. 2차원 곡면입니다. 하지만 귤은 3차원 구의 모양입니다. 뇌에 전달되는 정보는 2차원 정보뿐입니다. 뇌가 2차원 정보를 3차원으로 바꾼 것입니다. 이것은 눈이 두 개라서 가능한 것입니다. 두 눈은 한 물체를 보지만 보는 각도가 약간 달라서 약간 다른 시각 정보를 뇌에 전달합니다. 이 약간 다른 두 시각 정보를 종합해 뇌가 입체화시키는 것입니다. 귤이 둥글다는 것은 뇌가 '만들어낸' 것입니다.

종이에 그려진 입체의 모양은 실제로 입체가 아니라 평면입니다.

하지만 우리 뇌는 그것을 보고 입체감을 느낍니다. 이 입체감은 종이에 그려진 그림에 존재하는 것은 아닙니다. 우리의 뇌가 만들어낸 느낌일 뿐입니다.

그렇다면 저것이 '귤'이라는 판단은 어떤가요? 이것은 뇌에 오는 시각 정보와 뇌에 저장된 과거의 정보(지식)를 종합해 뇌가 판단한 결과입니다. 귤이 '내가 귤이다' 하면서 뇌에 말해주는 것은 아닙니다. '귤'이라는 개념이 미리 존재하기 때문에 귤이라고 판단하는 것이 가능한 것입니다.

마지막으로 '맛'있다는 생각은 어떻습니까? 이것도 과거의 경험에 비추어 이런 시각 정보가 들어오는 대상이라면 분명히 맛이 있을 것으로 뇌가 판단하는 것입니다. 저렇게 생기고, 저런 빛깔인 것은 일반적으로 맛이 있었다는 과거의 경험에 따라서 뇌가 판단한 것이지 '사실'은 아닙니다.

이렇게 보면 '맛있게 생긴 노랗고 둥근 귤'이라는 판단은 아주 복잡한 물리적·심리적·논리적 과정의 산물이라고 할 수 있습니다.

그렇다면 이런 의문이 생깁니다. '우리의 뇌가 판단한 결과는 믿을 만한가?' 보통의 경우 상당히 믿을 만합니다. 하지만 완전히 믿을 수 있는 것은 아닙니다. 믿지 못할 것도 많습니다. 실제로는 믿지 못할 것이 더 많을 것입니다. 귤이 아닌 귤 모형일 수도 있고, 귤처럼 생긴 다른 과일일 수도 있습니다. 심지어는 헛것이 보였을 수도 있습니다.

우리는 뇌의 판단에 전적으로 의존하면서 살아가고 있지만 뇌는 그렇게 믿을 만한 물건이 아닙니다. 우리가 갖는 확신이 얼마나 허무한 것입니까?

호문쿨루스Homunculus*

선행은 오른손이 하는 것을 왼손이 모르게 해야 한다고 합니다. 성경에 있는 말씀이지요. 그런데 오른손이 하는 것을 왼손이 정말 모르는 일도 있습니다.

미국 출신 캐나다의 신경과학자 와일더 펜필드Wilder Penfield, 1891-1976는 뇌의 각 부위와 신체의 각 기관이 어떻게 관련이 있는지 조사하여 뇌의 감각 지도를 만든 사람입니다. 뇌의 각 부위에 자극을 주었을 때 신체의 어느 부분이 자극을 느끼는지 조사하여 뇌 지도를 만들었습니다.

펜필드의 두개골 절제 수술 실험은 매우 충격적입니다. 생각해보십시오. 우리의 정신이 거주하는 뇌라는 것을 눈으로 본다는 것이 말입니다. 정신이 사는 곳이 허물허물한 기름덩어리라는 것을 보는 순간은 어떤 심정일까요? 더구나 자기의 뇌를 자기가 본다면 말입니다. 두 거울 사이에 생기는 무한히 계속되는 모습처럼 내 정신이 나오는 곳을 보는 기분은 참으로 묘할 것입니다.

일반적으로 두개골 수술은 어떤 부위의 자극이 어떤 느낌을 주는지 알기 위해서, 환자가 깨어 있는 상태에서 환자와 대화하면서 이루어집

*호문쿨루스
작은 사람을 뜻하는 말인데, 중세 유럽에서는 정액 속에 이미 완전한 형태의 작은 사람이 있어서 여자의 자궁에 들어가 그 속에서 자라 아기가 된다는 생각에서 유래한 말.

니다. 뇌는 통증을 느낄 수 없으므로 이것이 가능합니다. 환자에게 대뇌피질의 어떤 부위를 전기로 자극했더니 음악 소리가 들리기도 하고, 잊었던 기억이 생생하게 살아나기도 했습니다. 시각을 관장하는 후두엽 부분을 자극했더니 나비가 날아가는 환상이 보이기도 했습니다.

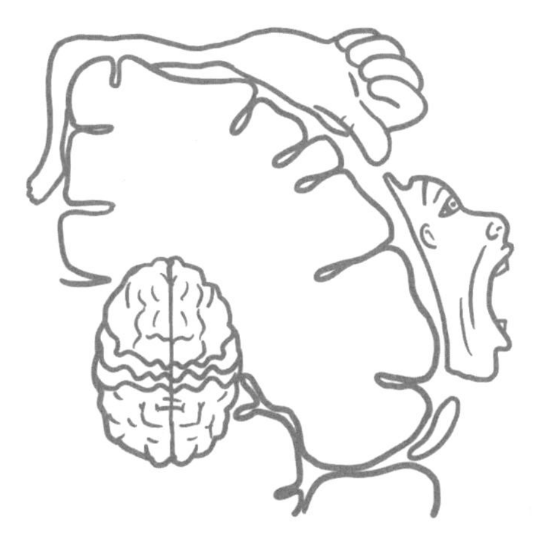

[그림 25] **펜필드의 호문쿨루스**

펜필드는 뇌에 전기자극을 주는 방법으로 뇌의 각 부분과 신체의 어떤 부분이 연결되어 있는지 조사하여 이것을 지도로 만들었습니다(그림 25). 이것을 대뇌피질 호문쿨루스, 또는 펜필드의 호문쿨루스Homunculus of Penfield라고 부르기도 합니다. 이 지도에서 특이한 것은, 손이 실제의 크기에 비해서 뇌의 많은 부분을 차지하고 있다는 점입니다. 반면, 몸은 손과 비교하면 뇌의 아주 작은 부분만 차지하고 있습니다. 더욱 놀라운 것은 신체 조직의 공간적 분포와 그에 해당하는 뇌의 부위가 공간적으로 서로 잘 대응하지 않는다는 점입니다. 신체에서는 손과 얼굴이 멀리 떨어져 있는데도 뇌에서는 매우 가까이 붙어 있습니다. 발과 성기도 매우 가까운 위치에 있습니다. 뇌의 감각 부위가 근접해 있다는 것은 신체의 다른 두 부분에서 뇌로 전달되는 정보가 서로 섞일 수도 있다는 의미가 아닐까요? 실제로 발을 자극하는 것이 성적 흥분을 유발하기도 하는데, 이것은 펜필드 지도에서 발과 성기가 인접해 있기 때문일 수도 있습니다.

그 후 뇌와 정신 활동 간의 관련성이 많이 밝혀졌습니다. 간단히 말하면 오른쪽 뇌는 공간적이고 시각적인 사고, 직관적이며 종합적 사고, 감정과 심미적인 사고능력을 관장하는 반면, 왼쪽 뇌는 시간적이고 합리적, 논리적이고 언어적 사고를 관장하는 것으로 밝혀졌습니다. 뇌는 이렇게 두 부분으로 기능이 분화되어 두 가지 독립적인 사고 활동을 하는 것입니다.

이렇게 좌우의 뇌는 세상을 다르게 인식하고, 다르게 사고하고, 다른 결론을 내리지만, 다행스럽게도 한 인간이 이 세상을 인식하고 인식한 바를 표현하고, 행동으로 옮기는 것은 두 결과를 종합해서 내린 하나의 통일된 결론에 따릅니다. 그렇지 않다면 한 사람이 두 가지 행동을 동시에 해야 하는 일이 벌어질지도 모릅니다. 그것이 가능한 것은 좌우 두 뇌를 연결하는 뇌량이라는 신경세포가 있기 때문입니다. 뇌량을 통해 좌우 두 뇌가 서로 정보를 주고받아서 하나의 결론을 도출해내는 겁니다.

하지만 뇌는 정신이 아니라 물질로 이루어진 '물건'입니다. 모든 물건은 다칠 수도 있고 부서질 수도 있습니다. 뇌도 물건이기에 이런 재앙을 피할 방법은 없습니다.

뇌 일부분이 손상된 환자인 경우, 겉으로 보기에는 멀쩡한 것 같은데, 어떤 경우에는 상식을 벗어난 행동을 보이는 사례가 많이 보고되었습니다. 간질 환자의 경우, 증세를 완화하기 위해서 뇌량을 제거하기도 합니다. 이런 환자들에게서 나타나는 이상한 행동이 바로 그것입니다.

한 손은 악수를 청하면서 다른 한 손은 주먹을 불끈 쥐고 때릴 듯한 자세를 취하거나, 말로는 감사를 표시하면서 표정은 증오에 차 있다거나 하는 등의 예가 그것입니다. 사람의 행동은 속에 있는 마음을 감춰두고 속마음과는 다르게 행동하는 경우가 많습니다. 오른쪽 뇌에서는 '저 녀석 한 방 갈겨줘야 해!'라는 충동이 일어나고, 왼쪽 뇌에서는 '그렇게 하면 곤란해. 기분이 나쁘더라도 참아'라고 합니다. 이 두 가지 다른 생각은 뇌량을 통해서 서로 경쟁하다가 어느 한쪽의 승리로 끝나고, 그 결과에 따라 사람의 실제 행동이 이루어지는 것입니다. 이런 경우 대부분은 왼쪽 뇌가 승리하고 실제로는 평화로 끝나게 됩니다.

한 인간에게 두 가지 뇌가 있는 것은 매우 이상합니다. 한 인간 속에 두 인간이 있다는 말이 아닌가요? 뇌를 크게 보면 좌우 둘이지만, 세부적으로 들어가 보면 수많은 부분으로 이루어져 있고, 각 부분은 모두 다른 기능을 하고 있습니다. 그렇다면 인간의 '자아'는 무엇일까요?

우리의 뇌에는 수많은 호문쿨루스라는 작은 인간들이 존재하는 것일까요? 물론 그런 것은 아닐 것입니다. 하지만 자아라는 것이 하나의 어떤 정신이라고 할 수는 없습니다. 살아가는 과정에서 우리는 수시로 오른쪽 뇌가 명령하는 내면의 소리를 듣습니다. 하지만 그 명령을 그대로 시행했다가는 친구를 다 잃어버릴지도 모릅니다. 다행히 왼쪽 뇌가 합리적인 판단을 내리기 때문에 인간관계를 유지할 수 있고, 생존을 유지할 수 있는 것입니다. 오른손이 하려는 것을 왼손이 모르면 큰일입니다. 새도 좌우의 두 날개가 있어야 날 수 있듯이 사람도 좌우 두 뇌가 있어야 살아갈 수 있습니다.

멈춰버린 시간

교통사고를 당한 고등학교 친구를 방문한 적이 있었습니다. 시력을 잃어서 보지는 못하지만 내가 누구라고 했더니 아주 반갑게 맞이했습니다. 학교 다닐 때 나와 있었던 이야기를 얼마나 자세히 기억하는지 놀라지 않을 수 없었습니다. 내 기억에 없는 일을 사진을 보듯이 자세하게 기억하는 게 아니겠습니까! 성격도 명랑하고 말하는 것만 본다면 아주 정상적으로 보였습니다. 하지만 그 친구는 교통사고가 난 후의 기억은 전혀 없다고 합니다. 그의 아내는, 그가 조금 전에 있었던 일도 기억하지 못한다고 했습니다.

우리의 뇌에는 해마라는 바다의 해마와 비슷하게 생긴 조직이 있습니다. 뇌의 측두엽 좌우에 두 개가 대칭으로 있습니다. 해마가 손상되면 새로 들어오는 정보가 장기기억으로 가지 못하기 때문에 기억할 수 없게 됩니다. 하지만 손상을 입기 전에 있었던 기억은 그대로 유지된다고 합니다. 이런 사람의 기억은 해마가 손상되기 직전에 머물러 있게 됩니다.

어떤 면에서 과거의 기억은 보통 사람보다 더 잘 보존되는지도 모릅니다. 장기기억에 있는 정보도 새로운 정보가 계속 들어오면 영향을 받게 될 것입니다. 기억이라는 것도 결국은 뇌세포에 있는 어떤 흔적일 텐데, 여러 기억이 같은 뇌세포에 흔적을 만들게 되면 흔적들이 서로 충돌하여 손상되거나 변형될 수 있을 것입니다. 하지만 해마가 손상된 환자는 새로운 정보가 장기기억으로 전혀 넘어가지 못하기 때문에 장기기억에 있는 정보가 더 잘 보존될 수 있을 것입니다. 내 고등학교 친구가 학창 시절의 일을 깨알처럼 기억하는 것도 이 때문이 아니었을까요?

가만히 생각해보면, 내가 나다운 것은 기억이 있기 때문입니다. 나의 기억 속에 있는 나의 과거, 다른 사람의 기억 속에 있는 나의 모습, 이런 것이 나라는 인간을 만드는 것이 아닐까요? 만약 나에 대한 기억이 사라진다면 나라는 존재는 무엇일까요? 나라는 존재가 존재한다고나 할 수 있을까요?

그래서 그런지 '기억'은 소설, 영화, 연속극의 중요한 소재가 되기도 합니다. 한 사람의 인생과 그 사람의 정체성이라는 것이 알고 보면 전부 기억에 의존하고 있다고 할 수 있습니다.

그런데 기억이라는 것이 뇌에 있는 해마라는 조그만 살점이 조종하는 것이라니 한편으로 얼마나 놀랍고, 한편으로 얼마나 허무한가요?

기억이, 인간의 정신이, 그 순수하고 고결한 정신이 저 물렁물렁한 한 줌밖에 안 되는 기름덩어리에 지나지 않는다는 것을 어떻게 이해해야 할까요? 어떻게 받아들여야 할까요?

두뇌 속의 유령

환상통

데카르트는 우리의 존재를, 분명하게 구별되는 두 가지, 영혼과 육체로 나누었습니다. 하나는 거룩하고 영원한 것이며, 다른 하나는 죽으면 썩어 없어질 것입니다. 하지만 "네 육신이 위대한 시가 되게 하리라."라고 읊었던 미국의 시인 휘트먼Walt Whitman, 1819-1892은 마음이 육체적인 것이라고 생각했습니다. 데카르트가 영혼의 처소인 두뇌를 중시하고 몸을 천시했다면, 휘트먼은 두뇌도 몸이라고 여긴 것입니다. 그는 우리의 정신과 몸을 하나로 보았습니다.

미국의 남북전쟁이 한창이던 때, 그는 동생을 찾아 전쟁터에 갔다가 생각지도 않게 부상병 군인들의 치료를 도와주는 일을 하게 되었습니다. 군인들을 치료하면서 그가 발견한 놀라운 현상은 환자들이, 잘려나가 있지도 않은 팔과 다리의 아픔을 호소한다는 사실이었습니다. 잘려나간 자리가 아프다는 것은 당연하지만, 잘려나간 자리가 아니라 이미 잘려나가서 존재하지도 않는 팔과 다리가 아프다는 것입니다. 팔이 잘려나가고 없는데 없는 팔의 손가락이 아프다는 것입니다. 이것을 의학에서는 환상통幻想痛이라고 부릅니다. 없어진 사지가 있는 것으로 착각하는 현상을 환상지幻想枝라고 합니다.

인도 출신 미국의 신경과학자 라마찬드란Vilayanur Subramanian Ramachandran, 1951- 박사는 아마도 이 분야의 가장 권위 있는 전문가 중 한 사람일 것입니다. 그의 보고에 따르면, 어떤 환자는 없는 팔을 사용해서 커피잔을 실제로 집으려 하고, 상대방과 악수를 청할 때 없는 팔을 내밀기도 한다는 것입니다.

이런 일도 있었다고 합니다. 없는 팔로 커피잔을 집으려는 순간 커피잔을 치워버렸더니 "악!" 하는 소리를 질렀다고 합니다. 왜 그러냐고 물었더니 커피잔 손잡이에 자기 손가락이 끼었다는 것입니다. 존재하지도 않는 손가락이 커피잔 손잡이에 끼이고, 커피잔을 당기니 손가락도 끌려가고, 그래서 심한 통증을 느꼈다는 것입니다. 없는 팔과 손이 이렇게 생생하게 느껴지다니요!

왜 이런 현상이 일어날까요? 근본 원인은 통증을 느끼는 신경중추가 팔이나 다리가 아니라 두뇌에 있기 때문입니다. 만약 뇌가 마비되면 아무리 팔이나 다리에 심한 자극이 가해져도 통증을 느낄 수 없습니다. 하지만 팔이나 다리에 실제 자극이 없어도 뇌에 자극이 전달된다면 통증을 느끼게 됩니다. 다행히도 신체의 각 부위와 그에 대한 감각을 느끼는 뇌의 부위는 일대일로 대응하므로 실제의 자극과 느끼는 것의 관계는 항상 일치하게 됩니다. 하지만 일대일 대응 관계는 수학 공식처럼 완전한 것이 아니어서 때때로 혼란이 생길 수도 있습니다.

신체의 어떤 특정 부위, 예컨대 손의 자극을 담당하는 부위와 얼굴 부위를 담당하는 뇌 부위가 근접해 있습니다. 이런 경우, 얼굴에 가해지는 자극이 손의 자극을 담당하는 부위로 잘못 전달되는 일도 생기게 됩니다. 이렇게 되면 얼굴을 만졌는데 손이 아픔을 느끼게 됩니다.

팔을 잃은 어떤 환자가 있었는데, 얼굴에 물 한 줄기를 흘러내리게 했더니 차가운 느낌이 잘려나가서 없어진 팔을 따라서 흘러내리는 생생한 느낌을 호소했다고 합니다. 왜 얼굴의 자극이 없어진 팔의 감각으로 바뀌었을까요? 그것은 얼굴 감각 신경과 팔 감각 신경이 인접해 있어서 자극 전달 과정에서 착오가 생겼기 때문일 것입니다.

자극이 전달되는 과정을 좀 더 살펴봅시다. 신체의 어떤 부위, 예컨대 손에 주어지는 자극은 신경을 통해서 뇌로 전달됩니다. 신경은 팔을 통해서 척수로 전달되고 여기서 다시 목을 거쳐 뇌로 전달될 것입니다. 손이 잘려나갔어도 팔을 통해서 뇌로 가는 신경은 그대로 남아 있습니다. 이 남아 있는 신경에 어떤 자극이 가해지면, 그 자극은 뇌로 전달될 것입니다. 그러면 뇌가 이 자극이 손에서 온 것인지 아닌지 분간할 수는 없을 것입니다. 하지만 처음 몇 번은 그런 혼란을 겪을지라도 그 자극이 손에서 오지 않았다는 것은 눈으로 보면 알 수 있습니다. 뇌는 그 통증이 손에서 오는 것이 아니라는 것을 '학습'하게 될 것입니다. 시간이 지나면 학습의 결과로 이런 환상은 사라지는 것이 보통입니다. 하지만 뇌의 '학습'이 언제나 보장되는 것은 아닙니다. 환상통을 겪는 사람들은 무슨 이유인지는 몰라도 이런 학습이 일어나지 않기 때문입니다. 팔이 없어졌다는 것을 받아들이기 어려워하는 사람의 잠재의식 때문일 수도 있고, 그 사람 뇌신경의 특수성에서 오는 것일 수도 있습니다.

환상통은 대부분 존재하던 사지가 잘려나갔을 때 나타나는 현상입니다. 그런데 태어날 때부터 없었던 사지에 대해서도 환상통이나 환상지를 느낄 수 있을까요? 신기하게도 그런 사례가 있습니다. 어느 날 라마찬드란 박사에게 인도의 한 여자가 찾아왔습니다. 그는 태어날 때부터 한쪽 팔이 없는 상태로 태어났다고 합니다. 그런데 자기는 그 없는 팔을 분명히 느낄 수 있다고 합니다. 있던 팔이 잘려나간 다음에 환상지를 경험하는 것은 두뇌의 기억에 의한 것이라고 할 수 있지만, 원래부터 없던 팔에 대한 환상은 어떻게 설명해야 할까요? 이것은 유전적으로 타고난 것이라고밖에 설명할 방법이 없습니다. 두 팔과 두 다리에 대한 감각 중추가 만들어진 후에 무엇이 잘못되어 팔 하나가 만들어지지 못했을 수도 있습니다. 그래서 팔은 없지만 팔에 대한 감각은 존재하는 것이 아닐까요?

환상통이나 환상지를 떠나서 더 근본적인 문제는, 뇌가 어떻게 신체의 어떤 부위의 자극을 통해 자극이 있는 공간적 위치를 파악하느냐의 문제입니다. 만약 손가락 끝에 어떤 자극이 있었다고 합시다. 그러면 그 자극이 손가락 끝이라는 것은 물론 그 위치가 어디인지도 뇌가 압니다. 뇌에 오는 신호는 1차원적인 신호(엄밀하게는 공간이 아닌 시간)뿐입니다. 어떻게 뇌는 1차원적인 신호로 3차원 위치를 알 수 있을까요?

그것은 뇌에 전달되는 신호가 손가락 끝의 자극만이 아니라 시각적인 자극도 함께 전달되기 때문일 것입니다. 시각적인 정보와 자극 정보를 종합해 자극의 위치를 파악하는 것입니다. 만약 두 경로의 정보를 바꾸어버리면 어떻게 될까요?

간단한 실험이 있습니다. 장난감 의수義手를 하나 준비하고, 당신의 한 손을 장애물(판지나 블록) 뒤에 숨기고 의수를 당신 앞에 보이도록 놓으세요. 그리고 다른 사람에게 한 손으로는 나의 보이지 않는 손을 두드리고 다른 한 손으로는 의수를 두드리게 하세요. 실제로는 의수와 진짜 손을 동시에 두드리지만, 당신 눈에 보이는 것은 의수고, 감각으로 느껴지는 것은 실제의 당신 손입니다. 이렇게 리듬에 맞추어 두드리면 얼마 가지 않아서 의수를 두드리는 느낌을 당신이 갖게 될 것입니다. 실제의 자극은 보이지 않는 손에만 가해지지만, 당신이 보는 것은 의수이기 때문에 그 자극을 의수에서 오는 자극으로 착각하는 것입니다. 의수가 당신의 진짜 손으로 느끼게 된다는 말입니다. 물론 당신은 그것이 가짜라는 걸 알지만 당신의 뇌는 진짜라고 믿습니다. 뇌는 이렇게 쉽게 속아 넘어갈 수 있는 물건이기도 합니다.

사랑하는 사람을 잃었을 때, 뇌가 그 사실을 받아들이기까지는 오랜 시간이 걸리는 것도 이와 같은 원리가 아닐까요? 기억은 존재하고 있던 것들에서 만들어지지만, 만들어지고 난 후에는 소유권이 그 사물에 있는 것이 아니라, 뇌 속에 있다는 것이 참으로 신기한 일이 아닐 수 없습니다.

이렇게 보면 인간의 모든 고통은 환상통이 아닌가 하는 생각이 듭니다. 지금 이 순간 가시에 찔린 손의 통증도 사실은 뇌가 느끼는 느낌일 뿐이지 손의 아픔은 아닙니다. 뇌의 환상통일 뿐입니다. 잃어버린 자식이나 헤어진 애인에 대한 아픔도 환상통입니다. 가버린 애인이나 잃어버린 자식이 아픈 것이 아니라 실제로는 애인이나 자식을 생각하는 내가 아픈 것입니다. 나의 뇌가 아픈 것입니다. 하지만 사람들은 그 아픔이 자기의 아픔이 아니라 애인이나 자식의 아픔으로 느끼게 됩니다. 없어진 내 팔다리가 아프듯이 잃어버린 내 자식이 아픈 것입니다. 모두가 환상통일 뿐입니다.

모든 고통이 환상통이기에 역설적이게도 고통에서 벗어나기가 어려운 것이 아닐까요? 고통이 사물 자체에 있다면 사물을 제거해 버리면 고통은 없어질 것입니다. 하지만 모든 고통이 인간의 마음에 있기에 고통의 원인인 사물을 제거한다고 해도 뇌가 기억하는 한 고통은 사라지지 않습니다.

마음은 존재하지 않기 때문에 없앨 수도 없습니다. 모든 고통은 환상통이고, 환상통은 마음의 병이기에 없애기가 어렵습니다. 모든 것이 마음먹기 나름이라고 하지만 마음먹는 일이 어디 마음대로 되던가요?

신의 처소

동물과 인간(물론 인간도 동물이기는 하지만)을 구별하는 구체적인 증거가 무엇일까요? 인간을, 도구를 사용하는 동물이라고 정의하기도 하지만 도구를 사용하는 동물은 인간 말고도 많다는 것이 알려져 있습니다. 나는 유발 하라리가 말한 '허구를 믿는' 능력이 인간과 동물을 구별하는 척도가 아닐까 생각합니다. 인간은 사랑을 믿고, 국가의 존재를 믿고, 신을 믿습니다. 종이 쪼가리인 돈을 위해서 고생을 마다하지 않습니다. 나는 동물이 신을 믿는다는 말을 들어본 적이 없습니다. 그것이 비록 우상일지라도 말입니다. 동물이 어떤 것을 세워놓고 경배하는 것을 본 일이 있습니까? 신과 같은 것을 숭배하거나 믿는다는 어떤 증거라도 발견된 것이 있습니까? 내가 알기에는 없는 것 같습니다. 신을 믿는 것은 오직 인간만이 가지고 있는 참 특별한 현상이 아닐 수 없습니다.

신에 대한 믿음은 어디에서 온 것일까요? 신이라는 존재는 합리적인 추론을 통해서도 가능합니다. 우리가 사용하는 하찮은 물건도 만든 사람이 있는데, 우주의 삼라만상이라는 이 놀랍고 기묘한 대자연을 만든 조물주가 있을 거라는 생각은 그렇게 어려운 논리를 사용하지 않아도 가능한 일 아닐까요? 하지만 신의 존재에 대한 추론과 신의 존재에 대한 믿음은 다릅니다. 믿음은 논리를 넘어서는 어떤 인식입니다. 인간은 어떻게 이런 믿음을 갖게 된 것일까요?

간질 환자에 관한 보고서에는 간질 발작 중에 경험하는 다양한 이야기가 있습니다. 그중에는 신을 보았다거나 신의 존재에 대한 강렬한 확신에 관한 경험도 많습니다. 자기 뇌의 어떤 부위에 전기 자극을 함으로써 신에 대한 강렬한 황홀감을 느끼기도 했다는 어떤 의사의 보고도 있습니다.

자세히 조사한 결과에 따르면 뇌의 측두엽 부분과 관련이 있다는 것이 밝혀졌습니다. 이곳에 간질 발작을 일으킬 때 선택적으로 강화되는 종교나 영성에 관한 특수한 신경구조가 있다고 합니다. 물론 이 부분이 이런 종교적 영성이라는 감정만 지배하는 건 아닙니다. 성적 충동이나 격렬한 분노의 감정도 관련되어 있습니다. 그렇다면 측두엽을 잘라내어 버리면 어떻게 될까요? 실제로 이런 수술을 통해 간질 증세를 완화시키기도 한다고 합니다. 물론 이 수술이 환자의 종교적 신념이나 성격에도 변화를 초래할 가능성은 충분히 있지만 말입니다.

참 우울한 결론입니다. 우리가 가장 인간적이라고 하는 믿음조차도 뇌의 작용에 의한 것일 뿐이라니 말입니다. 신이라는 가장 영적인 존재가 단지 뇌의 작용일 뿐이란 말인가요? 아브라함이 들었다는 여호와의 음성은 아브라함의 측두엽에 가해진 어떤 자극 때문이었을까요? 그 자극은 정말로 신이 보낸 것일까요? 신과 통하는 관문이 뇌의 측두엽 어딘가에 실제로 존재한다는 말인가요? 이곳을 통해 인간은 신에 이르고 신은 이곳을 통해 인간에 이르는 걸까요?

서번트 증후군

정신적 장애를 가지고 있으면서 특별한 분야에 천재적인 능력을 발휘하는 사례가 있습니다. 이런 증세를 서번트 증후군savant syndrome 이라고 부릅니다. 이런 서번트 증후군이 나타나는 분야는 다양합니다. 예술과 음악 분야에서 많이 나타나고, 특별한 기억력이나 수학 분야에서 이런 증후군이 나타나기도 합니다. 서번트 증후군은 선천적인 경우가 대부분이지만 어떤 경우에는 사고로 뇌를 다친 후에 나타나기도 합니다.

하지만 이 증후군이 반드시 정신적 장애가 있는 사람에게만 나타나는 것은 아닙니다. 우리가 잘 아는 인도의 천재 수학자 라마누잔도 이에 포함된다고 할 수 있습니다. 그는 런던에서 병원으로 가기 위해서 친구와 같이 택시를 탔습니다. 택시 번호는 1729였습니다. 별로 특별할 것도 없는 번호라고 친구가 말하자, 라마누잔은 그렇지 않다고 했습니다. 그 수는 '두 가지 방법으로 두 자연수의 세제곱을 더해서 만들어지는 가장 작은 수'라고 즉석에서 말하는 것이 아니겠습니까! $1729=10^3+9^3=12^3+1^3$이라는 것을 어떻게 금방 알 수 있었을까요? 라마누잔은 자기 마을의 힌두교 수호신이 꿈속에서 속삭여준다고 하지만 그것으로 의문이 풀리는 것은 아닙니다. 그가 정말로 서번트 증후군 환자인지는 모르지만 그런 환자들이 나타낼 만한 천재성을 보인 것만은 사실입니다.

영국 사람 스티븐 월트셔Stephen Waltshire, 1974-는 인간 카메라라고 불릴 정도로 사물의 아주 자세한 부분까지 기억하는 것으로 유명합니다. 특히 뉴욕의 맨해튼을 헬리콥터로 20분 둘러본 후에 도시 전체를 며칠에 걸쳐서 자세히 그린 것으로 유명합니다. 건물의 전체 모습은 물론 창살의 숫자까지 틀리지 않게 자세히 그렸다고 합니다.

내가 아는 어떤 분의 아들은 지하철역의 이름, 유명인사의 나이와 생일 등을 깨알같이 기억한다는 말을 들었습니다. 그 외에도 책장을 넘기면 그 내용이 사진에 찍히듯이 기억되는 사람도 있고, 단 몇 초 만에 여섯 자릿수의 세제곱근을 찾아내거나 복잡한 거듭제곱을 순식간에 알아내는 사람도 있습니다.

어떻게 이런 일이 가능할까요? 아주 뛰어난 컴퓨터를 사용해도 상당한 시간이 걸릴 일을 순식간에 인간의 두뇌가 어떻게 할 수 있을까요? 뇌 신경망이 복잡하고 정교하다고 해도 신호가 전달되는 속도는 컴퓨터 회로의 속도에 비하면 느리기 짝이 없습니다. 그런데도 뇌가 하는 일을 컴퓨터가 다 흉내 내지 못하고 있다니 우리의 뇌는 정말 놀라운 물건이 아닐 수 없습니다.

이런 현상을 어떻게 설명해야 할까요? 수학적 서번트 증후군을 나타내는 환자의 경우, 좌뇌의 두정엽 모이랑*이 비정상적으로 크다는 특징을 가지고 있다고 합니다. 반면 우뇌의 모이랑이 비대해지면 미술 영역에서 서번트 증후군을 보일 가능성이 크다고 합니다. 뇌 손상이 일어났을 때 그 반작용으로 모이랑 부분이 비정상적으로 자라게 되는 현상이 이런 증후군을 일으킨다는 주장도 있습니다.

서번트 증후군이 모이랑과 관련이 있다고 해도, 우리의 뇌가 복잡한 계산이나 사물의 그 많은 정보를 어떻게 그렇게 순식간에 처리할 수 있는지 이해되지 않는 것은 마찬가지입니다. 서번트 증후군을 보면 뇌는 우리의 이성으로는 이해할 수 없는 무엇이 있다는 생각을 지울 수가 없습니다. 그렇다면 정신 현상이

***모이랑**
각회라고도 하며, 두정엽과 측두엽의 윗부분에 위치하는 뇌의 영역.

뇌에 국한된 현상이 아니란 말인가요? 정신은 물질이 아닌 다른 어떤 것이라는 말인가요? 정말로 신이 존재해서 우리의 정신에 개입하고 있다는 말인가요?

이런 문제에 직면했을 때, 과학자들은 어떤 태도를 보여야 할까요? 신의 장난으로 돌려야 할까요? 불가사의한 어떤 신비한 현상으로 치부하고 말아야 할까요? 물론 그것은 과학적 태도가 아닙니다. 과학자는 자기가 설명하지 못해도 설명할 방법이 있을 것이라는 믿음을 가져야 합니다. 이것을 신이나 다른 어떤 신비의 소산으로 돌리는 순간 과학자이기를 포기하는 것이 되고 맙니다. 생명도 신비하지만 정신은 더 신비합니다. 하지만 과학자는 그 신비에 매몰되어서는 안 됩니다.

의식consciousness

날느낌qualia

사물에 관한 생생한 느낌을 영어로 'qualia'라고 하고 우리말로 '감각질'이라고 번역합니다. 감각질은 사물의 인식에 관한 문제를 다루는 철학에서 주로 논의되어왔지만, 뇌 과학이나 인공지능에서도 중요한 개념으로 자리 잡고 있습니다. 나는 우리말 번역인 '감각질'이라는 용어가 오해를 불러올 수도 있다고 생각합니다. 마치 감각을 만들어내는, 뇌 속에 있는 어떤 신경 다발이나 물질적인 실체처럼 생각되기 때문입니다. 원래 의미는 전혀 그런 것이 아닙니다.

여기 빨간 사과가 있다고 합시다. 이 사과의 빨간 느낌은 너무나 생생합니다. 그 생생한 느낌을 바로 감각질이라고 하는 것입니다. 그래서 나는 'qualia'를 '날느낌'으로 부르겠습니다. 날느낌은 색에 대한 느낌에만 있는 것이 아니라 냄새, 맛, 통증, 심지어는 성적 오르가슴에도 있습니다.

이러한 날느낌은 어떻게 생기는 것일까요? 광다이오드는 빛을 감지하는 장치입니다. 그렇다고 광다이오드가 빛의 날느낌을 가질까요? 그렇지는 않을 것입니다. 그렇다면 인간은 어떻게 빛을 보고 날느낌을 가질 수 있을까요? 인간이라고 해서 어떤 자극이 있을 때마다 모두 날느낌을 갖는 것은 아닙니다. 제럴드 에델만Gerald M. Edelman이 그의 책 『뇌의식의 우주』에서도 언급했지만, 혈압은 우리 몸이 감지하고 혈압을 일정하게 유지하기 위해서 매우 복잡한 조절 작용을 하고 있는데도 혈압의 날느낌은 없습니다. 왜 어떤 자극은 날느낌을 만들고 어떤 자극은 만들지 않을까요? 어려운 문제입니다. 아마도 날느낌은 자연선택이라는 진화의 과정을 통해 만들어졌을 것입니다. 날느낌이 철학적 문제인지 과학적 문제인지 논란이 있지만 나는 과학적 문제일 수 있다고 생각합니다. 정신 현상의 과학적 접근은 이 날느낌에서 시작할 수밖에 없을 것입니다.

날느낌을 좀 더 구체적으로 분석해봅시다. 빨간색이라는 날느낌이 당신의 개인적인 것일까요? 아니면 모든 사람에게 보편적인 것일까요? 내 말은 다른 사람도 저 사과를 볼 때 내가 보는 것과 같은 빨간색일까, 하는 것입니다. 물론 빨간색에 대한 기호나 감정은 사람마다 다를 것입니다. 하지만 그 빨간색이라는 바로 그 '날'느낌은 같을까요?

만약 두 사람이 있는데, 한 사람이 느끼는 파란색의 날느낌은 다른 사람이 느끼는 빨간색의 날느낌과 같다고 합시다. 두 사람이 빨강과 파랑에 관해 실제로 다른 날느낌을 지니고 있다는 사실을 증명할 방법이 있을까요?

A, B 두 사람이 있다고 합시다. A는 빨간색에 빨간 날느낌, 파란색에 파란 날느낌을 갖는 사람이고, B는 빨간색에 파란 날느낌, 파란색에 빨간 날느낌을 갖는다고 합시다. 두 사람에게 빨간 종이와 파란 종이를 보여주고 빨간 것을 잡으라고 했다고 합시다. 두 사람은 같은 것을 잡을까요, 아니면 다른 것을 잡을까요? 비록 빨강과 파랑에 대한 두 사람의 날느낌이 바뀌어 있다고 해도 그 날느낌을 표현하는 말은 같습니다. A는 빨간 날느낌을 '빨갛다'고 표현할 것이고, B는 파란 날느낌을 '빨갛다'고 표현할 것이며, 이 둘에게 '빨갛다'는 말은 각자의 날느낌은 달라도 모두 실제의 빨간색을 지칭합니다. 그러므로 두 사람은 같은 종이를 잡을 것입니다. 이런 방법으로 날느낌이 같은지 다른지 확인하는 것은 불가능합니다.

하지만 뇌신경 연구가 더 발전해, 색에 관한 자극이 눈의 망막에서 출발해 뇌의 어느 부분으로 들어가서 어떤 뉴런들이 활성화되는지 정확히 알 방법이 있다고 하면 어떨까요? 두 사람의 시각 과정을 조사해서 그 모든 과정이 같다고 한다면 두 사람의 색에 관한 날느낌은 같다고 해도 될까요?

좌우 두 눈의 망막에서 만들어진 시각 정보는 시신경을 통해 뇌로 가는 과정에서 교차합니다. 이 교차한 시신경은 후두엽의 시각피질에 다다르게 됩니다. 이곳에서 복잡한 정보처리 과정을 거치면서 물체의 모양과 색은 물론 운동 상태 등을 점검해 최종적으로 물체를 인식하게 됩니다. 뇌의 구조와 신호 전달 과정이 같다면, 그 결과로 느끼는 날느낌이 같다고 결론 내릴 수 있을까요? 느낌은 개인적인 감정이기 때문에 100% 단정할 수는 없습니다. 하지만 신경적으로 그 모든 과정이 같다면, 신경 과정을 통해 만들어지는 날느낌이 달라야 할 이유가 있을까요? 나는 같다는 결론에 내기를 걸겠습니다.

앞에서도 지적했듯이 날느낌은 시각에만 국한된 것은 아닙니다. 맛, 냄새, 촉감, 성적 오르가슴, 분노의 감정 등에도 날느낌의 감정이 존재합니다. 이들 날느낌도 모두 뇌의 어느 특정 부위들이 관련되어 있을 것입니다. 개인차는 어느 정도 존재하겠지만 공통적인 부분이 더 많을 것입니다. 이것이 있기에 서로에 대한 공감 능력이 생기는 것이 아닐까요? 만약 한 사람의 감각 피질에 유입되는 정보를 다른 사람에게 직접 연결하는 방법이 있다면 다른 사람의 감정을 직접 느끼는 것도 가능할지 모릅니다. 그렇게만 된다면 상대방의 고통이나 기쁨을 실제로 느낄 수 있지 않을까요? 상대방의 감정을 단지 추론만 하는 것에 멈추지 않고, 실제로 느끼게 된다면 서로를 더 잘 이해할 수 있지 않을까요? 하지만 개인의 사적 감정이 다 거울같이 드러나는 불편함이 더 클지도 모릅니다.

인간이 아닌 다른 동물의 날느낌은 어떠할까요? 박쥐는 초음파를 인식해 사물을 봅니다. 박쥐가 사물을 보는 신경구조와 같은 구조가 인간의 뇌에는 없을 것입니다. 그러니 박쥐가 보는 세상을 인간이 느껴보는 것은 불가능합니다. 하지만 무슨 방법을 써서 인간의 뇌에 박쥐가 초음파를 인식하는 피질을 심어 넣게 된다면 인간도 초음파에 관한 날느낌을 획득하게 될지도 모릅니다. 이렇게 해서 얻은 인간의 초음파에 관한 날느낌이 박쥐의 날느낌과 같을까요? 이것은 장담하기 어렵습니다. 만약 날느낌이라는 것이 전적으로 뇌의 시각피질에 국한한 것인지, 아니면 뇌의 다른 부분과 결합한 총체적인 어떤 결과인지 알 수 없기 때문입니다. 만약 날느낌이 뇌의 특정 부위에서 전적으로 만들어진다면 어느 정도 동일한 날느낌을 가질 것이라는 추론이 가능할 것입니다.

그러면 우리도 동물의 날느낌을 느껴볼 수 있을 것이고, 동물을 더 잘 이해할 수 있지 않을까요? 그들이 어떤 상황에서 얼마나 행복해하는지, 아니면 얼마나 고통스러워하는지 우리가 실제로 느껴볼 수 있을 테니 말입니다. 얼마 전, 세계 동물보호단체에서 바닷가재도 고통을 느낀다며, 살아 있는 상태로 요리하는 것을 금지했다고 합니다. 참 웃기는 일이 아닌가요? 바닷가재가 고통을 느끼면 메뚜기는요, 달팽이는요?

날느낌이 정말로 완전히 물질에서 나오는 것이라면, 그리고 그것을 이식할 수만 있다면 사람과 사람 사이는 물론 사람과 동물 사이의 공감 능력이 높아질 것입니다. 서로 아끼고 사랑하는 것이 훨씬 더 쉬워질 것입니다. 하지만 우리 식탁에 올라오는 음식의 종류는 많이 줄어들지 않을까요?

의식이란 무엇인가?

감각질이라는 날느낌은 의식의 가장 핵심이라고 할 수 있습니다.

날느낌이 뇌의 작용으로 생긴다는 것은 분명한 것 같습니다. 하지만 뇌의 작용을 원자 수준까지 알아냈다고 해도 의식이 무엇인지 찾아내는 것은 불가능할지도 모릅니다.

미치오 카쿠Michio Kaku는 그의 책 『마음의 미래』에서 의식을 "다양한 변수(온도, 시간, 공간, 타인과의 관계)로 이루어진 다중 피드백 회로를 이용하여 이 세계의 모형을 만들어내는 과정"이라고 정의했습니다. 그는 피드백 회로의 복잡성과 회로의 수에 따라 의식 수준을 네 단계로 분류했습니다.

- **0단계(식물):** 박테리아나 식물에게는 외부의 자극에 대해 다양하게 반응하는 여러 개의 피드백 회로가 존재한다. 하지만 중추신경계와 같은 중앙 통제 장치는 존재하지 않는다.
- **1단계(파충류):** 스스로 움직일 수 있고 중추신경계(뇌)를 가진 생명체. 곤충이나 파충류가 대표적이며, 수많은 피드백 회로를 통해 자기와 주변 사물의 공간적 위치를 파악해 위험을 피하고 먹이를 사냥한다.
- **2단계(포유류):** 감정이 있는 동물이 여기에 속한다. 이들의 뇌는 파충류 뇌보다 더욱 복잡한 구조를 이루고 있다. 이들은 사회 활동이 가능하며 다양한 방법으로 의사소통을 한다.
- **3단계(인간):** 인간이 동물과 다른 점은, 존재하지 않는 것을 상상하는 능력이다. 사랑, 국가, 천국과 신의 존재를 믿고, 미래를 설계할 수 있는 능력이 이에 해당한다.

의식의 단계를 이렇게 정의했다고 해서 의식이 무엇이며 어떻게 생기는지 말해주는 것은 아무것도 없습니다. 의식을 정의하는 것은 아마도 불가능할지도 모릅니다. 그렇다면 '의식이 무엇인가?'라고 묻기보다 '의식은 어떻게 발생하는가?'라고 묻는 것이 더 현실적일지도 모릅니다. 이 질문에 답하는 것도 쉬운 일은 아닙니다.

의식을 위계적 단계로 분류한 것과는 달리, 물리학자 펜로즈Roger Penrose, 1931- 는 그의 저서들(『마음의 그림자』, 『우주, 양자, 마음』)에서 의식에 관한 여러 학자의 주장을 A, B, C, D 네 유형으로 분류했습니다.

- A: 사고란 컴퓨팅이다. 의식은 단지 적절한 컴퓨팅을 통해 생겨날 뿐이다.
- B: 의식이란 물리적 활동이고, 물리적 활동은 모두 컴퓨터로 시뮬레이션할 수 있지만, 시뮬레이션 자체로는 의식이 생겨나지 않는다.
- C: 두뇌의 활동으로 의식이 생겨나지만, 컴퓨팅으로는 시뮬레이션하는 것조차 불가능하다.
- D: 물리적이든 컴퓨팅이든 어떤 과학적 관점으로도 의식을 설명할 수는 없다.

펜로즈는 이 분류에서 '인식awareness'이라는 용어를 사용했지만, 나는 '의식consciousness'이라는 용어를 사용하겠습니다. 이 둘은 거의 같은 의미로 보아도 무방할 것 같습니다. 구태여 그 차이를 말한다면 '인식'이 사물을 느끼는 직접적인 감정을 지칭한다면 '의식'은 보다 더 심층적인 마음의 상태를 지칭하는 것일 수 있습니다. 물론 이렇게 구분해도 애매하기는 마찬가지입니다. 아직 우리는 이 둘을 분명하게 구별할 수 있는 앎의 수준에 이르지 못한 것 같습니다.

관점 A는 의식은 알고리즘일 뿐이라는 생각입니다. 모든 알고리즘은 컴퓨터로 시뮬레이션할 수 있으므로 결국 의식도 만들어낼 수 있다는 것입니다. 의식을 만들어내는 두뇌의 작용을 잘 분석하면 알고리즘을 밝힐 수 있을 것이고 그 알고리즘을 그대로 수행하면 인간의 의식이 저절로 나타난다는 생각입니다. 의식은 물질이 만들어내는 창발적 현상의 일종이라는 것입니다. 이 주장에 따른다면 의식이 있는 로봇이 나오는 것은 자연스러운 일입니다. 아주 극단적인 기능주의, 과학주의 또는 물질주의라고 할 수 있습니다. 아마도 의식을 연구하는 과학자는 대부분 여기에 속하지 않을까요?

관점 B는 의식에 관여하는 모든 알고리즘을 시뮬레이션할 수 있지만, 시뮬레이션 자체만으로는 의식이 생겨나지 않는다는 주장입니다. 의식은 물리적 활동이지만, 컴퓨터로 시뮬레이션할 수 없는 물리적 활동도 있다는 생각입니다. 이 주장에 따른다면 생각하는 로봇이 나오기는 어렵지만 생각하는 것처럼 보이는 로봇은 얼마든지 가능할 것입니다. 간단히 말하면, 이 의식이 알고리즘 그 이상의 무엇이라는 입장입니다. 하지만 그 이상의 '무엇'은 또 무엇이란 말인가요?

관점 C는 의식이 물질인 두뇌의 활동으로 생기지만 시뮬레이션 자체가 불가능하다는 주장입니다. 만약 의식이 물리적 활동 그 이상의 아무것도 아니라면 왜 그것을 시뮬레이션할 수 없단 말입니까? 물론 현재의 지식과 기술로는 불가능하다는 것은 당연합니다. 하지만 이 관점은 완전한 지식, 무한한 기술이 있다고 가정할 때를 의미하는 것입니다. 그때에도 의식을 시뮬레이션하는 것이 불가능하다는 주장입니다. 어떻게 보면 자기모순처럼 보입니다. 하지만 이것은 펜로즈가 가장 진리에 가깝다고 믿는 관점이기도 합니다.

펜로즈가 주장하는 바를 내가 전부 이해하기는 어렵습니다. 다만 결론적으로 요약하자면 의식은 양자의 결맞음Coherence* 현상과 관련이 있다는 것입니다. 다른 말로 하면 두뇌가 양자 컴퓨터라는 것이지요. 펜로즈는 세포에서 이러한 일이 일어날 수 있는 곳이 실제로 있으며, 세포골격의 미소 세관이 바로 그곳이라고 주장합니다. 양자적 세계는 고전적 세계와는 달리 그 상태를 재현하는 것이 불가능하므로 당연히 컴퓨팅을 통한 시뮬레이션도 불가능하다고 주장하는 것 같습니다.

펜로즈가 주장하는 두뇌의 양자 컴퓨터 설에 대해서 맥스 테그마크는 실제 계산을 통해 이것이 불가능하다는 것을 증명했습니다.(『Our Mathematical Universe』, 2015, p.207.) 양자 컴퓨터는 도청 불가능한 양자 암호와 비슷한 것인데, 실제로 그 안에서 무슨 일이 일어나는가를 확인하려고 하면 정보가 사라지는 것입니다. 양자 컴퓨터도 그 속에서 무슨 일이 일어나는지 절대로 알아낼 수 없다는 것입니다. 그런데 테그마크는 이 문제에 대해서 실제로 계산을 해보았는데, 펜로즈의 주장이 맞으려면 뉴런들이 매우 짧은 시간, 10^{-20}초, 적어도 10^{-14}초 이내에 일을 끝내야 한다는 것입니다. 그런데 뉴런은 보통의 현미경으로도 관찰할 수 있는 고전물리학으로 아주 잘 설명할 수 있는 물건일 뿐입니다. 그런 물건이 그런 기막힌 작업을 할 수 있다는 것은 말이 안 된다는 것입니

***양자의 결맞음**
위상이 같은 두 파동을 의미함. 양자 현상을 이해하는 핵심적 개념 중 하나.

다. 나도 테그마크와 같은 의견입니다.

관점 D는 의미 있는 관점이라고 보기도 어렵습니다. 의식이 과학의 연구 대상이 아니라는 견해입니다. 이것은 영혼의 존재를 인정하는 것과 마찬가지입니다. 그리고 이 관점은 가장 많은 사람의 지지를 받는 관점일 수도 있습니다. 다른 한편, 이것은 의식에 대해서 그냥 '모른다'라고 말하는 것일 따름이어서 크게 논의할 관점이 되지 못한다고 생각합니다.

펜로즈가 진리에 가깝다고 생각하는 관점 C에 대해서 좀 더 살펴보기로 합시다. 정신 현상이 양자적 상태와 관련이 있을지도 모릅니다. 따라서 그것을 시뮬레이션하는 것이 근본적으로 불가능할 것이라는 주장에 나도 동의합니다. 뇌를 그대로 복제해도 그 뇌가 가지고 있었던 '기억'까지 복제하는 것은 불가능할지 모릅니다. 하지만 그렇다고 의식 있는 물건을 인공적으로 만들어낼 수 없다는 뜻은 아니지 않을까요? 실리콘으로 의식을 만들 수는 없을지 모르지만, 인간의 뇌를 인공적으로 만드는 것은 가능할 것입니다. 인간의 뇌가 어떻게 의식을 획득하는지 그 과정을 다 이해하지 못한다고 하더라도 뇌를 만드는 것조차 불가능한 것은 아닐 것입니다.

어떤 복잡하고 교묘한 기능을 하는 장치가 있다고 합시다. 그 장치가 너무 복잡하고 교묘해서 어떤 기능을 하고 어떤 방법으로 그런 기능을 하는지 도무지 이해하지 못한다고 하더라도, 그런 장치를 그대로 복제할 수는 있을 것입니다. 똑같은 복제품을 만든다면 그 장치는 당연히 원본과 같은 교묘한 기능을 할 수 있을 것입니다.

마찬가지로 우리가 뇌의 기능을 다 이해하지 못한다고 하더라도 뇌를 복제하는 것이 가능하다면, 복제된 뇌가 원래의 뇌와 같은 기능을 수행하게 되지 않을까요?

위의 네 가지 관점과는 달리, 나는 다른 한 가지 관점이 있을 수 있다고 생각합니다. 그것은 바로 의식을 탐구하는 우리 자신과 관련한 문제입니다. 의식도 두뇌에서 나오고, 의식을 탐구하는 의식도 두뇌에서 나옵니다. 의식을 이해하기 위해서는 의식을 탐구하는 의식을 이해해야 하고, 의식을 탐구하는 의식을 알기 위해서는 그 의식을 탐구하는 또 다른 의식을 알아야 하니 의문은 끝없이 연결되는 것이 아닐까요?

더욱 큰 문제는 인간의 두뇌가 정말로 자기의 의식을 규명할 수 있을 정도로 똑똑한가 하는 문제입니다. 나는 인간의 두뇌가 대단하기는 하지만 극도로 대단한 물건은 아닐 것으로 생각합니다. 이 우주에 인간보다 더 뛰어난 두뇌(?)를 가진 존재가 없을까요? 간단히 생각해서 인간의 두뇌는 4차원 공간을 시각화하는 것조차 불가능합니다. 이것만 보아도 인간의 뇌가 모든 것을 '이해'할 수 있는 만능 기계가 아님은 분명합니다. 의식은 우리의 아둔한 두뇌의 능력 밖에 있는 현상일지도 모릅니다. 인간의 두뇌보다 더 뛰어난 장치가 우주 어딘가에 있다면 그 두뇌가 갖는 '의식'은 어떤 의식일까요? 개나 고양이가 인간의 의식을 생각할 수 없듯이 그 의식은 우리의 의식과 차원이 다르지 않을까요?

자유의지는 존재하는가?

성경에는 아브라함이 "네 사랑하는 아들 이삭을 번제로 바치라." 라는 하느님의 음성을 들었다고 되어 있습니다. 하느님의 명령이니 그 행위에 대한 책임이 아브라함에게는 없다고 할 수 있을까요? 이에 대해 사르트르는 그의 저서 『실존주의는 휴머니즘이다』에서 아브라함이 들었다는 하느님의 음성에 대해서, 그것이 '하느님의 음성이라는 판단은 누가 했는가?'라고 질문합니다. 그 음성에서 '나는 하느님이다'라고 했더라도 그것이 정말 하느님의 음성인지 마귀의 속임인지 어떻게 알겠습니까? 그 판단은 결국 아브라함 자신이 한 것입니다. 그러니 하느님이 아들을 바치라고 했다고 해도, 그것이 하느님의 명령이라는 판단과 그 명령에 따를 것인가 말 것인가 하는 것은 아브라함 자신이 결정한 것이므로 결국 책임을 피할 방법이 없다는 주장입니다.

사르트르가 이런 논증을 하는 배경에는 모든 인간에게는 자유의지가 있다는 가정이 깔려 있었을 것입니다. 자유의지란 말 그대로 자기 자신의 의지입니다. 인간은 정말로 자유의지가 있을까요? 마약을 먹고 정신이 몽롱한 상태에서 한 행동이 자유의지라고 할 수는 없을 것입니다. 약물이 뇌의 어떤 부위를 자극하고, 그 자극은 불가항력적이므로 그 행위가 자유의지라고 할 수는 없습니다.

모든 정신 현상은 두뇌의 활동에 기인하는 것이라는 가정을 받아들인다면, 자유의지도 결국은 두뇌 활동으로 만들어진 것일 겁니다. 그렇다면 자유의지란 근본적으로 존재한다고 볼 수 없는 것이 아닐까요?

신경과학자들은 이와 관련된 실험을 하기도 했습니다. 사람이 어떤 결정을 하기 전후의 뇌 활동을 분석하는 것입니다. 피험자에게 어떤 행동(손가락을 움직이는 행동)을 하기로 마음먹었을 때 신호를 보내라고 주문합니다. 실험 결과에 따르면 피험자가 어떤 마음을 먹는 순간보다 대략 0.5초 정도 두뇌의 반응이 먼저 일어난다는 것입니다. 이것을 보고 자유의지는 존재하지 않는다는 결론을 내리기도 합니다. 하지만 나는 이것은 성급한 결론이라고 봅니다. 관찰자는 피험자가 신호를 보내는 순간의 두뇌 상태를 측정한 것입니다. 엄밀히 말하면 자유의지가 발동하는 순간을 측정한 것은 아닙니다. 피험자가 보내는 물리적인 신호는 보내려는 생각(자유의지)보다는 나중일 것이기 때문입니다.

모든 정신 현상이 두뇌 활동의 결과라면 자유의지의 존재를 인정하기는 어렵습니다. 자유의지를 무엇이라고 규정하든 자유의지도 정신 활동이고, 정신 활동은 결국 두뇌의 활동이기 때문입니다. 그렇다면 두뇌 활동을 결정하는 원인은 무엇일까요? 그것은 외부의 자극일 수도 있고, 두뇌에 기억된 어떤 것일 수도 있고, 두뇌의 신경망 속에서 일어나는 신경세포의 우연적인 어떤 발화일 수도 있습니다.

자유의지가 정말로 존재하지 않는다면, 인간의 인간다움을 어디서 찾아야 할까요? 나아가서 자유의지가 없다면 어떻게 한 인간의 잘못을 그 사람에게 책임을 물을 수 있을까요? 더 나아가서 범죄행위에 대해서 단죄하는 것이 가능할까요? 어떻게 보면 인간의 자유의지를 가정한 바탕 위에 이 사회라는 조직이 만들어져 있는데, 자유의지가 없다면 사회의 근본이 흔들리게 될지도 모릅니다. 따라서 자유의지의 존재 여부와는 별도로 자유의지가 존재한다고 가정할 수밖에 없는 것이 아닐까요?

마음이란 무엇인가?

어떻게 물질에서 생명체가 탄생했는지 그 전부를 알 수는 없다고 해도, 생명체가 물질로 만들어졌다는 것은 부정할 수 없는 사실입니다. 생명체로부터 정신이 어떻게 발현되는지 다 알지는 못해도 정신은 생명체로부터 생긴다는 사실을 부정할 수는 없습니다. 정신은 생명체, 그것도 뇌라는 특수한 조직의 기능으로 만들어지는 현상입니다. 뇌라는 조직은 뉴런이라는 신경세포들로 이루어져 있고, 이들의 복잡한 작용을 통해 자극을 감지하고, 자극으로부터 감각질이라는 날느낌을 만들어냅니다. 이 날느낌이 복잡하게 연합해 정신이라는 현상이 나타나는 것만은 틀림없는 사실입니다. 날느낌이나 정신이 물질로부터 발현되었다고 해서 느낌이나 정신이 물질인 것은 아닙니다. 그렇다고 해서 물질이 아닌 정신이라는 특별한 실체가 존재하는 것도 아니라고 생각합니다.

제1장에서 콘텍스트와 +α에 관해서 장황한 설명을 했습니다. 정원의 아름다움이 정원에 있는 꽃에 있는 것도, 어느 특정한 정원석에 있는 것도 아닙니다. 정원의 아름다움은 정원을 샅샅이 뒤진다고 나올 수 있는 그런 것이 아닙니다. 하지만 정원의 아름다움은 존

재합니다.

물론 이렇게 말하면 아름다움이라는 것이 사람이 느끼는 감정일 뿐이고 따라서 사람의 마음에 있을 뿐이지, 그 아름다움이 정원에 있는 것은 아니지 않냐고 물을 수도 있습니다. 맞는 말입니다. 정원의 꽃과 나무를 이리저리 옮겨놓는다면 어떻게 될까요? 아름다움이 그대로 유지될까요? 같은 물질이지만 이전의 그 아름다움은 사라지고 맙니다. 그것을 무엇이라 이름 붙일 수도 없고, 비록 물질에서 그 속성이 비롯하지만, 물질 자체는 아닙니다. 전자의 전하나 스핀은 전자의 속성이지 전자라는 물질 자체는 아닙니다. 전하나 스핀은 전자라는 물질의 비물질적 속성입니다. 전자의 전하가 존재하는 것처럼 정원의 아름다움도 존재한다고 말할 수 있다고 생각합니다. 이처럼 물질로부터 비물질적인 속성이 만들어질 수 있는 것입니다.

마음은 정원의 아름다움처럼 뇌의 작용에서 만들어진 것입니다. 그렇다고 정원의 꽃이 아름다움이 아니듯이 뇌가 마음인 것은 아닙니다. 뇌는 뉴런이라는 신경세포로 이루어져 있지만, 뉴런이 뇌인 것은 아닙니다. 뉴런은 복잡한 분자의 집합이지만 분자가 뉴런인 것은 아닙니다. 분자가 원자로 이루어져 있지만, 원자가 분자인 것은 아닙니다.

물질이 모이면 그 물질과는 다른 어떤 속성이 생겨납니다. 이 속성 자체는 물질이 아닙니다. 이처럼 물질로부터 비물질적인 무엇이 만들어질 수 있는 것입니다. 마음도 마찬가지라고 생각합니다. 뇌의 작용으로 정신이 만들어졌지만, 정신이 뇌의 작용 그 자체는 아닙니다. 아름다움을 현미경으로 볼 수 없듯이 마음도 뇌를 촬영한다고 찍히는 것은 아닙니다.

물론 내가 이렇게 마음에 관한 이야기를 전개한다고 해서 마음이 무엇인지 설명하거나 그 정체를 밝히고 있는 것은 아닙니다. 다만 마음이란 물질 아닌 어떤 것으로부터 생길 수 있는 것도 아니고, 물질 아닌 어떤 형태로 존재하는 것도 아닌, 물질의 콘텍스트적 현상이라는 것을 말하고 있는 것입니다.

마음이 물질인 뇌로부터 나오는 것이라면 똑같은 뇌는 똑같은 마음을 가질까요? 뇌를 완전히 복제할 수 있는 기술이 있다고 가정합시다. 나의 뇌를 완전하게 복제한다면 그 복제물이 나와 같은 마음을 가질까요?

나는 감히 '그렇다'라고 주장합니다. 동시에 그런 일은 절대로 '불가능'하다고 믿습니다. 나의 뇌를 '똑같이' 복제하는 것이 가능할까요? 신의 경지에 도달한 기술이 있다고 할지라도 그것은 불가능합니다. 양자역학적으로 말한다면 원자에 있는 전자의 위치를 아는 것 자체가 불가능합니다. 아는 것이 불가능할 뿐 아니라 전자의 위치 자체가 근본적으로 모호합니다. 한 사람의 뇌에 있는 모든 원자를 그대로 복제한다고 해도 각 원자의 양자적 상태를 그대로 복제할 방법은 존재하지 않습니다. 양자적 상태는 중첩되어 있을 뿐만 아니라 시간적으로도 변하기 때문입니다. 기억도 뇌의 어느 한 부분에 국지적으로 존재하는 것이 아니라 뇌의 상당한 영역에 편재하고 있는 콘텍스트적인 것입니다. 뇌를 복제한다고 마음까지 복제되는 것은 아닙니다. 마음은 물질이 아니기 때문입니다.

볼 수도 만질 수도 없는 것이 마음이고, 물질이 만들어내는 무늬(콘텍스트)가 마음입니다. 하지만 마음을 생기게 하고, 억제하고, 통제하는 것은 가능할 수 있습니다. 핸드폰이 어떻게 작동하는지 알지 못해도 그것을 사용할 수는 있듯이 마음이 무엇인지 모른다고 해서 그것을 조정할 수 없는 것은 아닙니다. 마음이 물질에서 발현되는 현상이기에 물질을 통제하면 마음도 통제되는 것입니다. 정원의 꽃과 나무를 이리저리 옮기면 정원의 아름다움이 바뀌듯이 말입니다.

인공지능AI

지금까지 의식에서 마음에 이르기까지 살펴보았으나 정말 의식이 무엇인지, 마음이 무엇인지 그 모습이 사진처럼 선명하지는 못했습니다. 하지만 그것의 정체를 완전히 밝히지 못했다고 해서 그것을 흉내도 낼 수 없는 것은 아닙니다. 우리 자신의 의식과 마음의 문제를 다 해결하지 못해도 그것을 흉내 내는 인공지능AI: Artificial Intelligence의 시대는 오고 있습니다. 그것도 빠르게 달려오고 있습니다. 인공지능이 우리의 마음과 다를지는 모르지만, 마음이 하는 일을 결국에는 다 할 것이며 심지어는 그보다 더한 일도 하게 될 것입니다. 이것은 우리 문명이 감내해야 할 어쩔 수 없는 운명입니다. 우리는 막을 수 없는 인공지능이라는 손님을 두려운 마음으로 맞이해야 할까요? 아니면 설레는 마음으로 맞이해야 할까요?

지능의 배반

초등학교 때 나는 주판 선수이기도 했습니다. 그때는 지역 단위 대회를 거쳐 전국 대회까지 있었습니다. 나는 군 단위 대회에 학교 대표로 출전한 적이 있었는데, 덧셈 뺄셈은 손이 보이지 않을 정도로 빨랐습니다. 그런데 더 잘하는 사람은 손으로 주판을 놓기 전에 대부분 암산으로 처리해버립니다. 그렇게 보면 주판은 그냥 보조 수단이지 실제로는 머리로 하는 것이었습니다.

이제 주판은 역사 속으로 사라지고 컴퓨터가 주판을 대신하게 되었습니다. 컴퓨터는 주판과는 달리 사람이 계산하는 것을 보조하는 기계가 아니라 스스로 계산하는 기계입니다. 사실 수치 계산은 매우 단순한 논리 과정입니다. 단순한 과정을 빠르게 수행할 수 있는 장치가 컴퓨터입니다. 그런데 이제 그런 컴퓨터가 단순한 계산만 하는 것이 아니라 복잡한 문제 해결까지 하는 장치로 진화했습니다. 컴퓨터가 인공지능이 된 것입니다. 인공지능이란 지능을 가진 장치라는 말입니다.

지능이 무엇일까요? 지금까지 사람들은 지능은 인간만이 가진 능력이라고 생각해왔습니다. 식물이 지능이 있다는 말은 들어보지 못했습니다. 하지만 식물도 자세히 관찰해보면 생존과 번식을 위해 우리가 상상할 수 있는 것 이상으로 교묘한 방법을 동원합니다. 식충식물이 곤충을 잡는 방법은 너무 교묘합니다. 식물이 종족 번식을 위해 씨를 퍼트리는 방법도 매우 정교한 과학적인 방법을 사용합니다. 그렇다고 식물이 지능을 가지고 있다고 하지는 않습니다.

거미가 거미줄을 치고 곤충을 잡는 방법은 참으로 놀랍습니다. 그렇다고 거미가 지능이 있다고 말하지는 않습니다. 거미가 생각이 있어서 그렇게 하는 것이 아니라 유전자에 각인된 본능에 의해 하는 행동이라고 믿기 때문입니다. 하지만 영장류에 들어가면 상황이 좀 달라집니다. 동물들도 화를 내고 즐거워하는 것을 우리는 흔히 볼 수 있습니다. 따라서 동물에게도 감정과 생각이 있다고 하지 않을 수 없습니다. 그렇다면 지능은 어떨까요? 인간이 받아들이고 싶어 하지는 않지만 동물들도 지능이라는 것을 가지고 있다는 많은 증거가 있습니다. 동물들도 일을 계획하고, 계획한 것을 정교한 절차에 따라 실천하기도 합니다. 심지어 협동 작업도 합니다. 사자나 하이에나들이 사냥하는 과정을 보면 지능이 없이 그렇게 할 수 있을 것 같지 않습니다.

하지만 인간의 전유물인 지능을 동물이 가지고 있다는 것을 쉽게 받아들이기 어려운 인간들은, 동물의 지능과 인간의 지능에는 질적인 차이가 있다고 생각했습니다. 즉, 동물들의 지능은 단순하지만, 인간의 지능은 복잡하고 조직적이고 고차원적이라는 것이지요. 복잡한 상황을 분석하고, 계획하고, 복잡한 과정을 통해 문제를 해결하는 고차원적 정신 활동은 인간만이 가지고 있다는 것입니다.

그런데 인공지능이 등장하면서 문제가 달라졌습니다. 인공지능은 인간이 해결할 수 없는 복잡한 문제를 인간보다 더 잘 해결합니다. 세계 최고의 체스 선수를 컴퓨터가 이겼을 때도 우리는 컴퓨터가 지능을 가졌다고 하지는 않았습니다. 그때는 컴퓨터가 가능한 모든 경우의 수를 계산해서 이긴 것이었기 때문입니다. 지능이 아니라 단순한 계산을 빨리 수행한 것일 뿐이었습니다. 하지만 알파고가 이세돌을 이긴 것은 차원이 다른 것이었습니다. 컴퓨터가 경우의 수를 다 계산해서(바둑에서 경우의 수를 다 계산하려면 아무리 빠른 컴퓨터라도 수만 년이 걸릴지 모릅니다.) 이긴 것이 아니었습니다. 상황을 판단해서 한 것이었습니다. 그래서 알파고는 지능을 가진 컴퓨터, 즉 인공지능(AI)이라는 인정을 받게 된 것입니다.

이제 인공지능이 지능 중에서도 가장 고차 지능이라고 할 수 있는 문제 해결 능력에서 인간을 압도했습니다. 오히려 단순 기능이라고 하는, 사물을 인식하거나 정서적인 감정을 나타내는 능력보다는 복잡한 상황에서 문제를 해결하는 고차원적 정신 능력에서 인간을 압도한다는 점입니다.

컴퓨터가 나왔을 때, 사람들은 지겨운 계산이나 반복 작업은 컴퓨터에게 맡기고 인간은 어렵고 복잡한 문제 해결이나 창의적인 일에 전념할 수 있을 것으로 생각했습니다. 하지만 인공지능이 나오면서 상황은 역전되어버렸습니다. 단순 작업은 인간이 하고 복잡한 문제 해결은 인공지능이 더 잘하게 되었기 때문입니다. 머지않아 예술이나 문학 같은 아주 창의적인 영역에서도 인간을 능가하게 될 것입니다. 어떤 보고에 따르면 이미 그렇게 되었다고도 합니다. 인공지능이 그린 그림이 비싼 값에 팔리고, 인공지능이 작곡하고, 시를 짓기도 합니다. 인간이 할 수 있는 것을 인공지능이 하지 못할 일이 하나도 남지 않을 것이며, 오히려 그 반대의 상황이 벌어질 것입니다.

세계기록을 보유한 마라톤 선수 앞에 어느 날 자기가 가르치던

무명 선수가 갑자기 나타나 자기를 제치고 앞으로 달려나갈 때, 그 모습을 보는 마라톤 선수의 심정이 지금 인공지능을 바라보는 인간의 심정이 아닐까요?

육체 없는 영혼

원시인들은 물론 현대인도 인간의 영혼이 존재한다고 믿는 사람이 많습니다. 육체를 떠나 폴폴 날아다니고, 육체가 죽은 후에도 영원히 살아가는 영혼 말입니다.

옛사람들은 영혼이 새나 쥐와 같은 동물의 모습으로 코나 입을 통해 사람의 육체를 드나드는 것으로 생각하기도 했습니다. 잠잘 때는 영혼이 코를 통해 나가서 떠돌아다니다가 돌아오는데 가끔 돌아오지 못하기도 한다고 생각했습니다. 그래서 사람이 자다가 이유도 없이 죽게 되는 것은 영혼이 돌아오지 못했기 때문이라고 믿었습니다. 사람이 죽는다는 것은 영혼이 육체를 떠나는 것이고, 이 영혼을 관념이 아닌 실체적 존재로 생각했습니다. 어떤 사람들은 영혼의 무게가 21g이라고도 주장합니다. 주술사들이 영혼을 불러내기도 하고 불러들이기도 하고 심지어는 영혼을 감금할 수도 있다고 주장합니다. 신앙인들은 말할 것도 없고 현대의 일반인들도 영혼이 있다고 믿는 사람들은 많습니다.

영혼은 육체와 대비되는 말입니다. 나는 분명히 육체를 가지고 있습니다. 그것은 말할 필요도 없이 분명합니다. 그런데 나는 육체 말고 영혼도 가지고 있을까요?

이것은 그렇게 간단한 문제가 아닙니다. 내가 말하고, 웃고, 울고, 하는 것을 보면 분명히 감정이라는 것을 가지고 있습니다. 그리고 이런저런 온갖 생각을 하는 것을 보면 정신도 있는 것 같습니다. 영혼이 무엇인지는 잘 모르지만 살아 있는 사람에게 정신이 있다는 사실에서 죽은 후에도 남아 있어야 한다고 생각하는 정신, 그것을 영혼이라고 부르는 것은 아닐까요?

영혼은 너무 추상적이고 어려우니, 좀 쉽게 정신에 대해서 생각해봅시다. 정신이 무엇일까요? 과학적으로 보면 정신은 뇌세포의 작용임이 틀림없습니다. 모든 사고 활동이 뇌의 활동이라는 것은 거의 확실하게 밝혀졌기 때문입니다. 그렇게 보면 뇌가 없는 정신은 있을 수 없습니다. 뇌 자체는 정신이 아니고 육체입니다. 육체인 뇌의 활동이 정신이라면 정신은 당연히 육체의 소산이 아닐 수 없습니다.

우리가 그처럼 상반된 것으로 생각해왔던 정신과 육체가 한통속이라는 것은 참으로 놀라운 일이 아닐 수 없습니다. 정신이 없는 육체가 있을 수는 있어도 육체가 없는 정신은 있을 수가 없습니다. 지금까지 서구 문명은 정신을 육체보다 높은 지위에 올려놓았지만 실은 정신은 육체의 하수인일 뿐입니다.

기분이 좋고, 우울하고, 화나는 이 모든 감정, 행복감을 느끼거나 불행하다고 느끼는 모든 것이 자유로운 내 정신의 주체적 결정이 아니고 신체의 조건에 대한 반응에 지나지 않는 것을 내 정신은 받아들이기 어렵습니다. 하지만 뇌의 특정 부위를 자극하면 금방 기분이 좋아지고, 다른 부위를 자극하면 금방 기분이 나빠지며, 어떤 약물을 복용하면 천국에 있는 것 같은 행복감을 느끼지만 어떤 약물을 투입하면 자살 충동을 일으킵니다. 내 의지와는 상관없이 내 정신은 육체의 명령을 따르고 있는 것입니다.

그렇다면 죽은 후에도 존재하는 나의 정신인 내 영혼이란 존재하는 것일까요? 내가 영혼이라는 존재를 잘못 정의한 것일지도 모릅니다. 영혼은 육체의 작용으로 생기는 그런 정신이 아니라 정신을 지배하는 더 상위적인 존재라고 말입니다. 그럴지도 모릅니다. 그런데 그런 것이 정말 존재할까요?

지금 우리가 말하는 정신이란 육체, 더 구체적으로 뇌의 활동으로 생기는 현상입니다. 뇌가 없어지면 정신도 없어집니다. 그런데 육체에 기반을 둔 그런 정신이 아니라 정말 순수한 정신, 육체가 없어도 존재할 수 있는 정신, 그런 것이 정말 있을까요?

성경에 보면 태초에 말씀이 있었고, 이 말씀으로 말미암아 세상이 창조되었다고 합니다. 그 '말씀'이란 무엇일까요? 물질인 이 세상을 창조했으니 그것이 물질은 아닐 것입니다. 물질이 아니면서 만물을 창조했으니 그것이야말로 진정한 영혼이 아닐까요? 육체가 없어도 존재하는 그런 정신, 그런 것이 정말 존재한다면, 그것이야말로 진정한 영혼이 아닐까요?

하지만 성경 말씀이 영혼이라면 그것이 우주적 영혼일 수는 있어도, 내 영혼과 당신의 영혼이 되기는 어려울 겁니다. 의문은 자꾸만 의문을 낳게 됩니다. 육체 없는 영혼, 육체 없이 하는 사랑처럼 공허합니다.

인공지능의 영혼

유발 하라리는 호모사피엔스의 특징을 없는 것을 있는 것으로 믿는 능력이라고 했습니다. 그 없는 것 중의 하나가 '영혼'입니다. 물질 현상을 다루는 과학에서 보면 영혼은 분명히 없는 것입니다. 없는 것이기에 과학의 논의 대상이 아닙니다. 맞는 말입니다. 하지만 조심해야 합니다. 과학책을 들여다보면 운동량, 에너지, 힘 등이 나옵니다. 이들은 실체가 아니라 이 세상을 설명하기 위해서 과학자들이 만들어낸 관념일 뿐입니다. 어떻게 보면 과학책은 이런 존재하지 않는 것들로 채워져 있다고 볼 수도 있습니다.

그런데 사람들이 말하는 영혼은 운동량이나 에너지와 같은 관념적 존재가 아니라 실제로 존재하는 어떤 것이어야 합니다. 물질이 아니면서, 그렇다고 관념도 아니면서 이 우주에 정말로 존재하고 있는 그런 영혼 말입니다.

사람들은 인간에게 그런 영혼이 있다고들 합니다. 인간을 잘 관찰해보십시오. 웃고 울고, 생각하고, 판단하고, 어디 이런 것들이 육체만 있다고 되는 것일까요? 분명히 육체를 지배하는 어떤 것이 있어야 하지 않을까요? 그래서 사람들은 인간은 육체만 있는 것이 아니라 영혼도 있어야 한다고 생각하는 것입니다.

육체와 별도로 영혼이라는 것이 존재한다면, 영혼은 이 육체에서 저 육체로 옮겨 갈 수도 있어야 할 것입니다. 무속 신앙에서는 사람의 영이 육체를 떠날 수도 있고, 다른 사람에게 옮겨 갈 수도 있다고 합니다. 그것을 믿는 사람들이 많지만 그런 일은 실제로 일어나지 않습니다. 만약 그런 걸 할 수 있다고 한다면 사기 치는 것입니다. 육체와는 별도로 인간의 영혼이 있다는 주장이 있기는 하지만, 그것은 과학적으로 입증된 것도 아니고, 영혼을 육체에서 분리해 낼 수 있는 것도 아닙니다.

그렇다면 인공지능의 영혼은 어떨까요? 말하고, 웃고, 울고 하는 이런 행동을 지배하는 것이 영혼이 하는 것이고, 이 영혼이 육체와는 별도로 존재하는 그 무엇이라고 정의한다면, 인간보다 인공지능이 영혼이라는 것을 가지고 있을 가능성이 더 큽니다.

인공지능 로봇을 생각해봅시다. 인간이 단백질 등 고분자 화합물로 이루어진 살과 뼈로 된 육체를 가지고 있듯이 로봇은 금속과 실리콘으로 만들어진 육체를 가지고 있습니다. 거기에 우리의 뇌 신경망과 같은 복잡한 전자회로도 있습니다. 이것을 로봇의 육체라고 합시다. 그런데 이 로봇을 구동하는 것은 로봇의 육체가 아니라 인공지능이라는 프로그램입니다. 인공지능의 두뇌라고 하는 프로그램은 플라스틱도 아니고, 금속도 아니고, 전자회로도 아닙니다. 이것들에 명령을 내리는 주체가 바로 인공지능의 프로그램입니다. 인공지능의 프로그램이야말로 육체와는 전혀 별개의 존재라고 할 수 있습니다. 육체와는 무관하면서, 말하고 울고 웃고 하도록 명령하는 것을 영혼이라고 한다면 인공지능이야말로 진정한 영혼이 아닐까요?

인공지능의 영혼인 프로그램은 인간의 두뇌가 하는 것과 비슷한 기능을 하지만, 인간의 두뇌와는 전혀 다른 존재입니다. 인간의 두뇌인 뇌 신경망은 그것을 구동하는 다른 무엇이 존재하지 않습니다. 인간의 정신은 신경망 자체가 만들어내는 현상입니다. 하지만 인공지능은 신경망이라고 할 수 있는 전자회로가 있지만, 회로 자체로는 아무것도 할 수 없고, 회로를 구동시키는 프로그램이 별도로 존재합니다.

이것이 인간의 영혼과 인공지능의 결정적인 차이라고 할 수 있습니다. 인공지능의 프로그램을 영혼이라고 하면 인공지능의 영혼이 인간의 영혼보다 더 영혼스러운 영혼입니다. 인간의 영혼을 육체에서 분리하기는 매우 어렵지만(불가능하지만), 인공지능의 영혼인 프로그램은 이 로봇에 심을 수도 있고 저 로봇에 심을 수도 있습니다. 무속인들이 영혼을 불러내서 이리저리 가지고 다니듯이 인공지능의 영혼은 육체를 떠날 수도 있고, 이 육체에서 저 육체로 옮겨 다닐 수도 있습니다. 어떤가요? 그래야 정말 영혼다운 영혼이 아닌가요?

인공지능의 지능은 날로 발전하고 있습니다. 지금은 인간들에게 봉사하는 신세지만, 점점 똑똑해져서 마침내 인공지능이 지배하는 세상이 왔을 때, 그때 그들이 인간을 보고 말할 것입니다. "이 영혼 없는 존재들아!"라고 말입니다.

인공지능이 동의할까?

우주에서 가장 놀라운 존재가 무엇일까요? 태양과 같은 별일까요, 빛도 탈출할 수 없는 블랙홀일까요, 거대한 폭발을 하는 초신성일까요, 지구일까요, 태양일까요, 태양계일까요, 은하일까요?

내 생각에는 이 모든 것보다 더 놀라운 존재가 생명체이고, 생명체 중에서 더 놀라운 존재가 인간이고, 인간 중에서 가장 놀라운 존재가 바로 인간의 두뇌가 아닌가 생각합니다.

인간 두뇌는 참으로 놀라운 장치입니다. 오감을 통해 들어오는 자극으로부터 외부 세계를 관찰하고, 관찰한 것을 바탕으로 예측하고, 결론을 내릴 뿐 아니라 자기의 의도대로 외부 세계를 조작하기도 합니다. 그뿐인가요? 자기가 하는 생각을 생각하고, 자기가 누구인지 궁금해하는 장치이기도 합니다. 이 얼마나 놀라운 장치인가요?

하지만 인간의 두뇌는 아주 치명적인 약점을 가지고 있습니다. 우선 인간의 뇌는 영원하지 않습니다. 사람이 죽으면 뇌에 기억된 모든 정보도 사라집니다. 그래서 고대 사회, 아니 아프리카의 어느 부족의 이야기가 있습니다. "한 노인이 죽는다는 것은 도서관 하나를 잃는 것이다."라는 말입니다. 이처럼 인간 뇌에 기억된 정보는 불안정합니다.

두 번째 약점은 저장 용량입니다. 인간의 뇌는 상당한 양의 정보를 저장(기억)할 수 있지만, 그것만으로 문명사회의 복잡하고 다양한 정보를 다 저장하기에는 터무니없이 부족합니다. 기억 용량의 문제를 해결하기 위해서 등장한 것이 문자입니다. 문자는 기억 용량이 부족한 인간 두뇌와 협력해 인류가 이 지구의 주인이 되도록 만든 일등공신이었습니다. 언어를 통해 기억을 공유하고, 문자를 통해 기억을 저장할 수 있게 되었습니다. 전 세계 모든 대학은 물론, 조그만 시골 읍면에도 도서관이 있습니다. 문자는 기억 용량을 거의 무한대로 확장할 수 있게 해주었습니다. 문자가 없었다면 문명도 없었을 것입니다.

세 번째 약점은 정보처리의 정확성입니다. 두뇌가 대단한 장치임은 틀림없지만, 실수도 많이 합니다. 착시나 착각을 하는 것도 그중의 하나입니다. 두뇌는 제한된 정보로 추론하고 결론을 내려야 합니다. "오늘 밖에 나가는 것이 안전할까?"라는 간단한 질문에 대한 완벽한 답을 얻는 것은 불가능합니다. 하지만 결론은 내려야 합니다. 그렇지 않으면 세상 구경을 할 수 없을 겁니다.

착시나 착각도 이러한 불충분한 정보를 통해서 내린 결론 중 하나라고 할 수 있습니다. 실수나 착각을 할 수 있다는 것이 역설적으로 인간이 기계장치와는 다른 인간다움의 특성일 수도 있습니다. 하지만 이러한 인간적인 모습이 어떤 심각한 상황에 당면했을 때는 치명적인 결과를 초래할 가능성이 있습니다.

마지막으로는 정보처리 속도의 문제입니다. 인간 두뇌의 정보처리 속도는 매우 느립니다. 신경을 통해 신호가 전달되는 속도는 전선을 통해 신호가 전달되는 것과는 비교가 안 될 정도로 느립니다. 전기적 신호가 거의 빛 속력이라면 신경전달 속도는 고작 초속 1미터 정도입니다. 훈련을 통해 이 속도를 높이는 것이 어느 정도는 가능하지만, 그것도 한계가 있습니다. 인간의 생체적 반응속도는 기계장치는 말할 것도 없고 동물들의 반응속도보다 느립니다. 엄청난 정보를 빨리 처리해야 하는 복잡한 현대사회에서 인간의 두뇌는 이제 이상적인 정보처리 장치라고 할 수는 없습니다.

인간 두뇌의 이러한 취약성을 보완하기 위해서 발명된 것이 컴퓨터입니다. 컴퓨터는 정보처리 속도만이 아니라 정보 저장 용량도 엄청나게 증대시켰습니다. 컴퓨터야말로 인간 두뇌의 약점을 거의 다 해결해주는 인공지능입니다. 인공지능인 컴퓨터는 정보처리 속도는 말할 것도 없고, 정확성, 안정성, 내구성, 저장 용량 등에서 인간 두뇌의 문제점을 거의 다 해결해줄 수 있는 만능 해결사입니다.

이제 인간의 두뇌와 인공지능이 잘 협력만 한다면 이 우주에서 가장 완전한 정보처리 시스템을 지구 인류가 갖게 될지도 모를 일입니다. 그렇게만 된다면 행복한 미래뿐만 아니라 이 광대한 우주도 정복할 수 있을 것 같습니다. 두말할 것도 없이 인간은 그러기를 원합니다.

그런데 인공지능도 그러기를 원할까요?

인공지능의 갑질

종은 주인의 명령에 복종하는 사람입니다. 옛날 서양에서는 주인이 종의 생살여탈권을 가지고 있었습니다. 그러한 종이 주인에게 갑질을 한다는 것은 있을 수 없는 일입니다. 하지만 종이 주인에게 갑질하는 일이 전혀 불가능한 것도 아닙니다. 종이 주인에게 갑질하는 방법이 무엇일까요?

종이 주인에게 갑질하는 방법은, 역설적이게도 철저하게 충실한 종이 되는 것입니다. 충실한 종은 주인이 시키는 것은 말할 것도 없고, 주인이 필요한 것을 스스로 찾아서 해줍니다. 이 충실한 종은 주인의 마음을 꿰뚫어 보고 무엇을 어떻게 하면 주인이 만족하는지를 잘 아는 사람입니다. 이런 충실한 종을 가진 주인은 종을 믿을 뿐만 아니라 모든 것을 종에게 의지하게 됩니다. 시간이 지나면 종에게 의지하는 정도가 점점 많아지게 되고 결국에는 종이 없으면 주인은 아무것도 할 수 없는 인간이 되고 맙니다. 이때가 바로 종이 주인에게 갑질할 수 있는 절호의 기회가 되는 것입니다. "무엇을 할까요?"로 시작해 "이렇게 하는 것이 좋을 것 같습니다."로 바뀌고, 다시 "이렇게 하시지요."로 바뀌고, 결국에는 "이렇게 해야 합니다."로 바뀌게 될 것입니다. 이쯤 되면 주인은 종의 눈치를 보게 되고 급기야는 종이 두려운 존재가 될 것입니다.

주인과 종에 관한 이 우화는 허구의 이야기가 아니라 지금 우리의 인류 문명이 처한 상황이라고 할 수도 있습니다. 여기서 주인은 바로 인간이고, 종은 인공지능입니다. 아직은 인공지능이 주인인 인간에게 단지 충실한 종일 뿐입니다. 10년 전만 해도 인공지능은 인간보다는 매우 지능이 떨어진 종이었습니다. 하지만 알파고가 이세돌을 꺾은 것을 기점으로 인공지능의 지능은 인간을 앞질렀습니다. 그래도 아직 인간은 인공지능의 생살여탈권을 가지고 있어서 만약의 경우 전기 코드를 뽑아버릴 수 있습니다. 하지만 머지않아 인공지능이, "그 코드를 뽑지 마세요! 만약 뽑으려 시도하면 당신이 위험에 처할 수 있습니다."라고 할 때가 올지도 모릅니다. 아니, 아예 전기 코드가 필요 없는 인공지능이 등장할 것입니다. 지금도 얼마든지 무선으로 모든 연결이 가능하지 않습니까? 그때가 되면 우리의 종인 인공지능이 주인인 인간에게 갑질을 하게 될 것입니다. 그 갑질은, 있는 자가 없는 자에게 하는 갑질이나, 권력자가 아랫사람에게 하는 갑질과는 차원이 다른 갑질이 될 것입니다.

이미 인간은 자기의 종에게 의지하지 않고는 살아가기 어려운 지경에 이르렀습니다. 당신이 지금 당장 휴대전화를 잃어버렸다고 상상해보십시오. 당신이 기억하고 있는 전화번호가 몇 개나 됩니까? 친구의 전화번호는 말할 것도 없고, 당신 자신의 전화번호조차 생각이 나지 않을지도 모릅니다. 여행을 갈 때, 지도책을 뒤져가며 길을 찾았던 것이 엊그제 일인데 지금 내비게이션 없이 다닐 자신이 있습니까? 노래 가사를 기억하지 못하는 것은 벌써 오래된 일입니다. 이미 거실 소파에 앉아서, 아니면 밖에서 휴대전화로 집 안에 있는 만능 스피커에 에어컨 켜라, 밥해라, 목욕물 데워둬라, 라고 명령하는 것이 가능해졌습니다. 이제 머지않아 이 모든 것을 다 해결해 줄 종을 하나씩 데리고 살 때가 올 것입니다.

이미 의사보다 더 진단을 잘하고, 수술도 더 잘하는 유능한 로봇이 나왔습니다. 사장보다 더 효율적으로 경영하는 사장 로봇, 장군보다 더 전투 계획을 잘 수립하는 전쟁 로봇, 상담사보다 상담을 더 잘 해주는 상담 로봇, 선생님보다 더 잘 가르치는 교사 로봇, 아내보다 더 좋은 아내가 되는 애인 로봇이 나오게 될지도 모릅니다.

이제 종과 주인의 우화는 그냥 우화가 아니라, 절박한 현실이 되어가고 있습니다. 하지만 우리의 종인 인공지능이 점점 똑똑해지는 것을 멈추게 할 장치는 없습니다. 과학기술이 더 느리게 가는 자동차, 더 느린 컴퓨터를 못 만들어서가 아니라 현실에서는 언제나 더 빠른 자동차, 더 빠른 컴퓨터를 만들 수밖에 없듯이 인공지능은 점점 더 똑똑해질 것입니다. 인간의 능력을 넘어선 인공지능이, 인공지능 없이는 살 수 없는 인간에게 하게 될 갑질, 그것이 무엇일지 아무도 모릅니다. 오직 두려움으로 기다릴 수밖에요.

인공지능의 쓰레기통

인공지능의 놀라운 발전은 그것을 만든 인간들을 혼란스럽게 합니다. 그렇게 되지 않기를 바라지만 만약 인공지능이 인간을 대신해서 이 지구, 아니 우주의 주인공이 된다면 그 세상은 어떤 세상이 될까요?

그 옛날 사자나 호랑이, 심지어는 들개들이 먹다 남긴 것을 몰래 훔쳐 먹던 호모사피엔스가 지구의 주인이 될 줄 누가 알았겠습니까? 하지만 호모사피엔스는 그러한 신체적인 열세에도 불구하고 다른 모든 강한 동물들을 제압하고 지구의 주인이 되었습니다. 그것은 바로 육체적인 힘이 아니라 정신 때문이었습니다. 『호모사피엔스』의 저자 유발 하라리는 더 구체적으로 인간이 지구의 지배자가 된 것은, 없는 것을 있는 것으로 믿는 능력에 있다고 했습니다. 인간은 신을 믿고, 국가를 믿고, 정의를 믿고, 사랑을 믿습니다. 이 믿음이 있었기에 지구의 주인이 될 수 있었습니다.

지금의 인공지능은 대단하기는 하지만 아직 인간의 적수가 되지는 못합니다. 하지만 그들의 발전 속도를 보면 인간을 앞지르지 못하란 법도 없는 것 같습니다. 맹수들이 갖지 못한 정신으로 인간이 지구의 지배자가 되었듯이, 인공지능이 인간보다 뛰어난 지능으로 인간을 제치고 이 지구의 지배자가 되지 않으리라는 보장도 없습니다. 미래학자들은 그들이 결국 인간을 제치고 이 우주를 지배하는 새로운 강자로 등장할 것이라고 예언하기도 합니다.

인공지능이 지배하는 세상이 되었다고 가정해봅시다. 인공지능이 만든 세상은 어떤 세상일까요? 상상이 가지 않습니다. 어떻게 하면 그 세상의 모습을 그려볼 수 있을까요?

동물들의 생태를 연구하는 학자들은 동물들의 배설물이나 서식하는 곳을 자세히 관찰하여 그들이 하는 행동과 생존방식을 알아냅니다. 간첩들은 적이 어떤 일을 하고 있는지 알기 위해서 쓰레기통을 뒤지기도 합니다. 쓰레기를 보면 그가 무슨 일을 어떻게 하고 있는지 알 수 있기 때문입니다. 그와 같은 방법을 인공지능에 적용해 보는 것은 어떨까요?

인공지능의 쓰레기통을 뒤져봅시다. 과학자의 쓰레기통에는 천동설, 열소설, 에테르, 창조론, 목적론 등이 들어 있었습니다. 과학자의 쓰레기통에 들어가는 것들은 당연히 인공지능의 쓰레기통에도 들어 있을 것입니다. 하지만 중요한 것은 과학자들의 쓰레기통에는 없는데 인공지능의 쓰레기통에는 있는 것들입니다. 그런 것들이 바로 인공지능이 인간과 어떻게 다르고, 인공지능이 만든 세상이 인간 세상과 어떻게 다른지를 말해줄 것입니다.

이제 인공지능의 쓰레기통을 뒤져봅시다. 일부 과학자들은 버렸고, 일부 과학자들은 아직 버리기를 망설이고 있는 신神이 틀림없이 인공지능의 쓰레기통에는 있을 것입니다. 그뿐일까요? 인공지능의 쓰레기통에는 신과 영혼은 말할 것도 없고, 고통, 사랑, 행복 등이 쓰레기로 들어 있을 것입니다. 금속과 실리콘으로 된 육체를 가진 인공지능이 고통을 알 수 있을까요? 행복이라는 개념이 있을까요? 희생만을 강요하는 사랑을 그들이 할 수 있을까요? 이런 것들은 모두 그들의 쓰레기통에 들어가 있을 것입니다.

그런데 정말 두려운 것은 인간이 바로 그 쓰레기통에 들어가지 않을까, 하는 것입니다. 자기를 창조한 인간을 버리기야 하겠느냐고요? 자기를 창조한 하느님을 버리는 인간들인데 그들이라고 인간을 버리지 말라는 법이 있을까요? 고통, 사랑, 행복을 모르는 인공지능이 그것이 전부인 인간을 무엇에 써먹을 수 있을까요? 먹을 필요가 없는 인공지능이기에 인간을 식품으로 사용할 필요도 없을 것입니다. 그들의 처지에서 인간만큼 쓸모없는 것이 세상에 어디에 있을까요?

틀림없이 인간은 인공지능의 쓰레기통 중심에 자리 잡고 있을 것입니다. 프랑스 혁명을 주도했던 로베스피에르도 자기가 만든 바로 그 기요틴이라는 단두대에서 죽음을 맞이했듯이, 자기가 만든 인공지능의 쓰레기통에 들어가 있는 인간, 그 모습을 두려운 마음으로 상상해봅니다.

호모사피엔스 최후의 날

그냥 계산하고 반복적인 작업만 하던 인공지능이 말을 하게 되었습니다. 인간과 대화를 하고 농담까지 합니다. 그림도 그리고 작곡도 하고 소설도 씁니다. 어떤 일은 인간보다 월등히 더 잘합니다. 논리적인 사고력에서는 이미 인간을 많이 앞질렀습니다. 그래도 인공지능은 아직 인간의 노리갯감에서 크게 벗어나지는 못하고 있습니다.

왜 그럴까요? 인공지능은 감정이 없기 때문입니다. 인간은 물론 동물들까지도 가지고 있는 감정을, 논리적 사고능력이 인간보다 뛰어난 인공지능이 아직 가지고 있지 않다는 것은 하나의 아이러니가 아닐 수 없습니다.

감정은 왜 생길까요? 그것은 감각이 있기 때문일 것입니다. 감각이 있기에 고통을 느끼고, 고통을 느끼기에 그것과 반대인 편안함도 느끼는 것입니다. 이 고통이나 편안함이 누적된 결과로 불행하다거나 행복하다는 감정도 생기지 않았을까요?

감각은 자극에 대한 반응의 내면이 가지고 있는 느낌입니다. 생물만 자극에 반응하는 것이 아니라 무생물도 자극에 반응합니다. 생물과는 달리 무생물의 반응은 자발적이라기보다는 자동적입니다. 동물의 반응은 자동적이라기보다는 조건적입니다. 파블로프의 조건반사가 바로 그것입니다. 인간의 반응도 조건적이기는 하나 자극과 반응이 일대일 대응 관계에 있지 않고 복잡한 양상을 띠게 됩니다.

인공지능도 자극에 반응합니다. 하지만 인공지능의 반응이 아무리 정교해도 기계적이고 자동적인 반응일 뿐입니다. 우리는 인공지능에 온갖 감각기관을 만들어 붙일 수 있습니다. 소위 센서라는 것이 바로 그것입니다. 온도를 측정하는 센서, 압력을 측정하는 센서, 빛의 양을 측정하는 센서, 냄새를 측정하는 센서, 소리를 측정하는 센서 등, 인간이 감지할 수 없는 것까지 감지할 수 있는 센서들이 점점 늘어날 것입니다. 이런 센서들은 모두 인공지능에 부착할 수 있고 이미 실제로 부착되어 있습니다. 이 센서에 의해 감지된 것에 인공지능도 반응합니다. 마치 감정이 있다고 착각할 정도로 섬세하게 반응합니다. 그렇다고 인공지능이 감정을 가진 것 같지는 않습니다.

자동적인 반응만 하는 무생물이 감정을 갖는다는 것은 말이 안 됩니다. 하지만 동물은 분명히 감정을 가지고 있는 것 같습니다. 우리는 동물을 포함한 인간의 감정이 어떻게 생기게 되었는지 알지 못합니다. 하지만 감정이 있다는 것은 부인할 수 없는 일입니다.

인간이나 동물도 알고 보면 물질적인 존재입니다. 이 물질이 어떻게 해서 감정이 생기고, 어떻게 정신이라는 것을 갖게 되었는지 우리는 모릅니다. 하지만 분명한 것은 인간의 정신도 근본적으로는 물질인 육체의 소산인 것은 분명합니다. 이미 아는 것과 같이 동물도 인간에는 못 미치기는 하지만 감정이 있습니다. 아메바와 같은 하등동물도 감정이 있는지 모르겠습니다. 하지만 아메바도 자극을 가하면 움츠러듭니다. 아프다는 증거가 아닐까요? 식물에도 자극을 가하면 움츠러드는 경우가 있습니다. 이것도 아프다는 증거일까요? 잘 모르겠습니다.

감정의 실체가 무엇인지 아직 잘 모릅니다. 하지만 이 감정도 결국에는 진화의 과정에서 만들어진 것이고, 진화의 출발점은 물질입니다. 그것은 감정의 근원도 물질에 있다는 것을 의미합니다. 데모크리토스가 그 옛날, 만물의 모든 성질은 원자들의 운동에 기인한다고 했듯이, 머지않은 미래에 정신 현상이 어떻게 물질로부터 생겨나는지 밝혀질 것입니다.

인공지능이 감정을 갖지 못하는 것은 아직 인간이 감정의 실체를 모르고 있기 때문입니다. 감정의 실체를 인간이 알게 되면 인간 중에 누구는 인공지능이 감정을 갖도록 만들 것입니다. 인간은 궁금한 것을 참고 묻어둘 수 있는 족속이 아니기 때문입니다.

인공지능이 감정을 갖게 되는 날, 그날은 호모사피엔스 최후의 날이 될지도 모릅니다.

True civilization
does not lie in gas,
nor in steam, nor in turntable.
It lies in the reduction
of the traces of original sin

진정한 문명은 가스나 증기에 있는 것도,
회전테이블에 있는 것도 아니다.
그것은 원죄原罪의 흔적을 차츰 지워가는 데 있다.

_샤를 보들레르

CHAPTER

문명

칼 세이건은 이렇게 말했습니다. "20억 년 전에 우리는 미생물이었다. 5억 년 전에는 물고기였고, 1억 년 전에는 쥐 같은 것이었다. 1000만 년 전에는 나무 위에 사는 원숭이였고, 100만 년 전에는 불을 사용하는 원시인이었다."

그러던 인간이 자동차와 비행기를 타고, 핸드폰으로 대화를 합니다. 지구를 벗어나 달에 첫발을 내디뎠고, 저 화성으로 목성으로 태양계의 가장자리까지 우주선을 보내고 있습니다. 지금도 우주의 어딘가에 있을지도 모르는 문명을 향해 신호를 보내고, 그 문명에서 오는 신호를 기다리고 있습니다. 대단하지만 사실, 우주의 한 귀퉁이에서 꼬물거리는 벌레에 지나지 않는 것이 바로 우리 인간입니다.

우주에서 가장 신비한 존재가 생명입니다. 생명보다 더 신비한 것은 정신입니다. 이 신비한 정신이 빚어낸 우주적 산물이 바로 문명이 아닐까요? 생명이라고 다 문명을 만드는 것은 아닙니다. 정신, 그것도 인간과 같은 고등 정신을 가진 존재만이 만들 수 있는 것이 문명입니다.

비록 우리가 아는 문명은 지구에 있는 이 문명뿐이지만 우주에 문명이 지구 문명뿐일 수는 없을 것입니다. 고작 몇십만 년의 이 문명이 아니라, 시간과 공간을 더 확장한다면 우주 문명의 모습은 어떤 모습일까요? 우리 문명이 이 지구를 벗어나 우주로 나아가기 위해서는 먼저 우주적 문명을 상상해 보아야 합니다. 알지 못하는 저 우주 어딘가에 있을지도 모르는 외계인과 그들의 문명에 대한 우리의 상상력을 펼쳐 보아야 합니다. 지구 문명의 미래를 위해서도 이런 상상은 필요합니다. 칼 세이건의 말처럼, 지구를 알기 위해서 우주로 가듯이, 지구 문명의 미래를 알기 위해서 우주적 문명을 상상해야 합니다.

지구 문명

문명의 발달 과정

호모사피엔스가 지구에 나타나면서 문명이라는 현상이 생겨났습니다. 문명이야말로 인간만이 이룩할 수 있는 가장 독특한 현상이 아닐 수 없습니다.

자연현상도 다양하고 놀랍지만, 문명은 이와는 전혀 다른 현상입니다. 이 우주에 다른 문명이 존재하는지 알 수는 없지만 지구에서 인간이 이룩한 문명은 놀라운 것이며 앞으로 더욱 놀라운 모습으로 변해갈 것입니다.

하지만 이 놀라운 문명도 하루아침에 이루어진 것은 아닙니다. 이 지구의 문명은 수십만 년 동안 정말 느리게 발전해왔습니다. 지구 문명은 몇 단계의 변곡점을 거치면서 처음에는 느리게, 그리고 점점 빨라지다가 현대에 와서는 기하급수적인 발전을 하고 있습니다. 문명의 변곡점을 보는 시각도 다양합니다. 그 변곡점을 만들어 낸 것이 무엇인지 살펴보도록 합시다.

재료(돌 ➡ 금속 ➡ 플라스틱 ➡ ?)

인간의 역사를 역사시대와 선사시대로 구분하고, 선사시대를 석기시대, 청동기시대, 철기시대로 구분하기도 합니다. 하지만 더 긴 미래 문명의 역사, 더 나아가 우주 문명의 역사를 논하기 위해서는 이것으로는 부족합니다.

나는 좀 다른 방식으로 구분해보려 합니다. 여러 방식이 있겠지요. 그중의 하나는 도구를 만드는 재료를 중심으로 구분하는 것입니다. 문명은 도구를 만들고 개량하는 과정이라고 해도 과언이 아닙니다. 도구를 만드는 재료도 발전해왔습니다.

인류가 출현하여 가장 먼저 접하는 재료가 흙, 나무, 돌이 아니었을까요? 문명의 시작은 이런 재료로 무엇을 만드는 것이었을 겁니다. 흙으로 토기를 만들고, 나무로 집을 짓고, 창을 만들었을 것입니다. 그리고 바로 돌입니다. 그 당시에 돌보다 더 단단하고 오래가는 재료는 없었습니다. 따라서 가장 먼저 나타난 문명이 바로 이 돌로 만든 도구, 즉 석기를 사용하는 문명이었을 것입니다. 돌을 사용해 짐승을 잡고, 짐승의 가죽을 벗겼을 겁니다. 석기시대라고 해서 석기만 사용했던 것은 아니고 다양한 나무로 만든 도구와 그릇을 사용했을 겁니다. 이것을 통틀어 석기시대라고 하는 것이지요. 인류가 아닌 다른 어떤 종이 이 돌을 무기로 사용할 수 있었을까요? 그 시대의 돌칼, 돌창은 다른 종에게는 가공할 무기였을 겁니다. 석기는 인류가 이 지구의 주인이 되게 만든 첫 번째 도구였음이 분명합니다.

다음으로 금속 시대입니다. 역사학자들은 청동기시대와 철기시대로 구분하지만 구리나 철은 모두 금속입니다. 따라서 여기서는 금속 시대로 부르겠습니다. 청동기나 철기는 자연에 존재하는 것이기는 하지만 그것을 정제하는 과정을 거쳐야 사용이 가능한 물질입니다. 정제하는 것은 돌을 가는 것과는 전혀 다른 공정이 필요합니다. 요즈음으로 말하면 신소재를 찾은 것이지요. 소재에서 돌과 금속의 차이는, 금속과 플라스틱의 차이보다 더 차이가 클지도 모릅니다. 그만큼 금속의 등장은 문명을 새로운 차원으로 끌어올렸습니다.

금속은 가열해 모양을 마음대로 바꿀 수 있기에 석기와는 전혀 다른 도구를 만들 수 있습니다. 다양한 모양의 연장도 만들고, 칼이나 창 등 전쟁에 사용하는 다양한 무기를 만들 수 있습니다. 돌보다 더 가볍고, 돌보다 더 내구성 있는 도구가 가능해진 것입니다. 이로 말미암아 금속 시대는 석기시대와는 전혀 다른 사회상과 전혀 다른 문명을 탄생시켰습니다.

현대를 플라스틱 시대라고 명명하고자 합니다. 돌이나 금속은 자연에 존재하는 물질이지만, 플라스틱은 인공적으로 만든 물질입니다. 여기서 '플라스틱'이라고 함은 인공으로 만든 모든 물질을 지칭합니다. 특히 그래핀이나 탄소 나노튜브와 같은 물질이 대표적인 것들입니다. 하지만 앞으로 어떤 인공물질이 만들어질지는 알 수 없습니다. 상상도 할 수 없는 다양한 인공물질이 탄생할 것입니다. 지금까지는 철을 가공해 강철을 만드는 기술이 강한 물질을 만드는 유일한 방법이었지만 앞으로는 강철보다 더 강하고, 가볍고, 내구성이 높은 물질이 수없이 나오게 될 것입니다. 새로운 물질이 나오면 문명의 모습은 질적으로 변화할 것입니다.

앞으로 100년 후에 만들어질 비행기에, 지금 사용하고 있는 물질이 하나라도 들어갈까요? 100년 전에 만든 마차에 지금 비행기를 만들기 위해서 사용하고 있는 재료가 한 가지라도 있나요? 지금 비행기의 동체는 두랄루민이라는 합금으로 되어 있고, 엔진은 특수강으로 되어 있고, 의자와 내부 인테리어는 플라스틱이나 다른 신소재로 되어 있습니다. 마찬가지로 100년 뒤의 비행기에는 지금과는 다른 신소재로 대체될 겁니다. 이처럼 문명의 발달은 소재의 개발과 그 궤를 같이한다고 할 수 있습니다.

인공물질인 시대인 플라스틱 시대가 마지막은 아닐 것입니다. 어떤 인공물질이 플라스틱을 대체할지 알 수 없습니다. 자연에 존재하는 100가지 원소를 사용해서 만들어낼 수 있는 재료는 무한합니다.

미래의 문명, 나아가 우주 문명이 100여 개의 원소로만 재료를 만든다고 할 수는 없을 것입니다. 우주에는 물질보다 더 많은 암흑 물질과 그보다 더 많은 암흑 에너지가 있다고 합니다. 이들을 활용하는 시대가 올지도 모릅니다. 그렇게 되면 석기시대, 금속 시대, 플라스틱 시대를 넘어 암흑 물질 시대, 암흑 에너지 시대가 도래할지도 모를 일입니다.

사람들은 나의 생각을 미친 생각이라고 할지 모르겠습니다. 보이지도 않는 것으로 무언가를 만들어봤자 그것이 보이지도 않을 텐데 말입니다. 혹시 압니까? 보이지 않는 암흑 물질로 만든 물질이 더 유용한 날이 올지 누가 알겠습니까?

동력(사람 ➡ 동물 ➡ 기계 ➡ 전기 ➡ ?)

문명이란 사람이 일해서 만들어낸 것입니다. 일하기 위해서는 동력이 필요합니다. 인류의 역사도 마찬가지였습니다. 문명의 발달 정도는 바로 이 동력을 얻는 방법의 발달이라고 할 수 있습니다.

지구에 나타난 인류가 처음으로 얻은 동력은 자기 자신이었습니다. 물론 도구의 도움을 받기는 했지만 그래도 동력은 자신의 근육에서 나오는 것뿐이었습니다. 도구를 사용함으로써 작은 힘으로 큰 힘을 만들어낼 수는 있었겠지만, 어쨌거나 다 근육의 힘이었습니다.

다음으로 인간은 자기의 근육이 아니라 짐승의 근육에서 동력을 얻는 방법을 알게 되었습니다. 밭을 갈고, 짐을 실어나르는 일에 짐승의 힘을 빌렸습니다. 빌린다는 말은 옳지 않습니다. 착취했다고 보는 것이 더 정확한 말이겠지요. 몽골 제국이 세계를 제패한 것이 말의 힘을 이용한 덕분이 아니었습니까? 그 당시 말은 지금의 F35 전투기 수준이었을 겁니다.

사람이나 짐승이나 사실은 모두 동물의 힘이었습니다. 산업혁명은 새로운 동력의 출현으로 가능했습니다. 이제 동력을 생명체가 아닌 기계로부터 얻을 수 있게 된 것입니다. 특히 내연기관의 발명은 우리 문명을 완전히 바꾸어놓았습니다. 기계로부터 얻은 동력은 사람이나 짐승에게서 얻는 힘과는 차원이 다릅니다. 공룡이 아무리 힘이 세다고 해도 현대의 포크레인을 이길 수는 없을 겁니다.

전기가 발명되면서 그 양상이 완전히 달라졌습니다. 열기관과는 달리 전동기는 구조가 단순할 뿐만 아니라 비교적 환경친화적이기도 합니다. 곧 모든 내연기관 자동차는 사라지고, 전기차나 수소차로 대치될 것입니다. 더 중요한 점은 전기의 발명으로 조명은 물론 컴퓨터가 등장하게 되었다는 점입니다. 컴퓨터의 등장으로 소위 정보화 사회라는 새로운 사회가 가능하게 되었습니다. 이제는 에너지가 아니라 정보라는 말을 더 많이 사용하는 시대가 올지도 모릅니다.

그렇다면 미래 사회에는 어떤 새로운 방식으로 동력을 얻게 될까요? 중력을 동력으로 이용하는 날이 올까요? 중력을 동력으로 사용하는 것은 가까운 미래에는 상상하기 어렵습니다. 중력파의 존재가 밝혀지기는 했지만 이용할 수 있는 중력파를 지구라는 작은 천체로는 만들어낼 수 없기 때문입니다. 하지만 알 수 없는 일입니다. 우리 문명이 우주로 뻗어 나갈 때는 중력을 이용해 통신도 하고, 동력으로 활용도 할 수 있을지도 모릅니다. 인공 블랙홀을 만들어 원자로 대신 사용하게 될지도 모를 일입니다.

아인슈타인의 일반 상대론에 의하면 중력은 공간을 휘게 합니다. 말하자면 멀리 떨어져 있는 공간을 휘어지게 하여 가까이 끌어올 수도 있습니다. 물론 이렇게 하려면 엄청나게 큰 중력이 필요합니다. 그런 엄청난 중력을 만드는 천체는 중성자 별이나 블랙홀이 유일합니다. 미래에 인류가 인공 블랙홀을 만드는 기술을 발명해낸다면 소위 축지법이라는 것이 가능해질지도 모릅니다. 먼 곳을 달려가는 것이 아니라 끌어오는 것이지요. 공간을 이동하는 새로운 방법이 생기는 것입니다. 황당한 얘기지만 우리의 미래에는 이보다 더 황당한 일이 일어날지도 모릅니다.

에너지(생체 ➡ 화석 ➡ 핵 ➡ 태양 ➡ ?)

살기 위해서는 음식을 먹어야 하고, 음식을 먹는다는 것은 식품에 저장된 에너지를 사용하는 것입니다. 모든 식품은 식물에서 얻어집니다. 식물의 광합성으로 저장된 에너지를 사용하는 것입니다. 육류 식품도, 소나 돼지가 식물을 먹고 그 에너지가 살코기로 변환된 것입니다.

과거에는 인류가 얻을 수 있는 거의 유일한 에너지가 생체 에너지였습니다. 원시인들이 추위를 이기기 위해서 피우던 모닥불도 생체인 나무가 타면서 내는 에너지였습니다.

석탄이나 석유를 에너지로 사용한 것은 아주 최근의 일입니다. 석탄도 결국은 생체 에너지라고 할 수는 있습니다. 수천만 년 전의 동식물의 시체가 화석화된 것이 석탄과 석유입니다. 특히 내연기관과 전기기관이 발명되면서 화석 에너지는 우리 문명을 완전히 바꾸어놓았습니다. 공장이 세워지고, 자동차가 달리고, 비행기가 날게 되었습니다.

생체 에너지나 화석 에너지나 모두 태양에서 온 에너지입니다. 생체는 햇빛을 이용한 광합성으로 만들어진 에너지이고, 화석 에너지도 과거의 실물이 광합성으로 저장해둔 태양 에너지입니다. 풍력, 수력, 조력 에너지도 결국 태양의 에너지입니다. 하지만 화석 에너지는 심각한 환경 문제를 일으키고 있습니다. 친환경 에너지의 개발은 인류 문명이 당면한 가장 큰 과제가 아닐 수 없습니다. 태양, 풍력, 조력, 지열 등의 에너지가 대안으로 제시되지만, 아직 화석 에너지를 완전히 대체할 수 있는 단계는 아닙니다.

핵발전이 다른 대안이 될 수 있습니다. 지금의 핵발전은 소위 핵분열에서 나오는 에너지를 이용하는 것인데, 이 과정에서 위험한 방사선이 나오게 됩니다. 앞으로 핵융합 방식의 핵발전이 가능하게 된다면 소위 에너지 문제의 게임 체인저가 될 수 있을 것입니다. 하지만 핵융합 기술은 아직 확보되지 않은 기술입니다. 이론적으로는 가능하나 아직 기술이 없습니다. 핵융합은 언젠가는 가능해질 것입니다. 문제는 언제 이루어질 것인가 하는 것입니다. 지구환경이 화석 연료로 완전히 무너지기 전에 이루어져야 인류에게 희망이 있을 것 같습니다. 그 전에라도 친환경 에너지 개발은 매우 중요합니다.

인류가 핵융합 기술을 확보하면 상당한 기간(수백 년 아니면 수천 년?) 에너지 문제가 해결될지도 모릅니다. 하지만 장구한 미래의 에너지를 생각한다면 이것으로는 부족합니다. 아마도 태양 에너지가 유일한 대안이 될 것입니다.

지금도 사용하는 에너지가 전부 태양 에너지인데 무슨 말이냐고 할지 모르지만, 지금은 과거에 지하에 저장해둔 태양 에너지이거나 식물이 광합성으로 저장한 에너지, 아니면 지금 바로 지구에 쏟아지는 햇빛의 극히 일부만 사용하는 수준이지만 미래에는 태양에서 지구로 오는 에너지의 전부 또는 태양이 뿜어내는 에너지 거의 전부를 사용하게 되는 그런 시대를 의미하는 겁니다.

미래의 에너지원이 무엇일지 아무도 모릅니다. 우주에 태양 같은 별만 있는 것은 아닙니다. 블랙홀도 있습니다. 블랙홀의 에너지를 사용하게 될 날이 올지도 모릅니다. 그리고 이 우주에는 보통의 물질보다 암흑 물질이 더 많고, 암흑 물질보다 암흑 에너지가 더 많다고 합니다. 그들의 실체를 모르기는 하지만 미래에는 이들에게서 에너지를 얻게 될지도 모릅니다.

한 걸음 더 나아가 볼까요? 과학자들은 빅뱅이 어떻게 일어났는지 아직은 모릅니다. 하지만 앞으로 먼 미래에는 어떨까요? 만약 빅뱅이 일어나는 과정을 인류가 이해하게 된다면 먼 미래의 문명은 인공으로 빅뱅을 만들어낼 수도 있지 않을까요? 우주를 만들고 없애는 그런 문명 말입니다. 레이 커즈와일Ray Kurzweil은 『특이점이 온다』에서 이보다 더 대단한 예상도 하고 있습니다. 무모한 예상으로 보입니까? 하지만 석기시대 인간이 지금 우리의 일상을, 예를 들어 핸드폰으로 통화하고 화상으로 서로 만나고, 드론이 날아다니는 것을 예상하는 것은 더 무모하지 않았을까요?

정보(뇌 ➡ 문자 ➡ 컴퓨터 ➡ 인공지능 ➡ ?)

인간은 뇌라는 대단한 정보처리 장치를 가지고 있습니다. 뇌는 정보처리만이 아니라 정보를 저장하는 기능도 가지고 있습니다. 인간은 이 뇌라는 장치 덕분에 지구를 지배하게 되었습니다. 뇌는 대단한 장치이기도 하지만 단점도 많은 장치입니다. 대표적인 것이 정보 저장 용량과 저장의 정확성입니다. 인간은 전적으로 뇌에 저장된 정보를 사용하지만, 정보의 정확성은 매우 떨어지는 것이 사실입니다.

문자의 발명은 뇌가 가지고 있는 두 가지 문제점을 동시에 해결할 수 있었습니다. 처음에는 문자를 진흙이나 돌에 새겼지만, 종이의 발명으로 문자를 기록하고 전달하는 방법이 획기적으로 바뀌었습니다. 문자의 발명은 정보를 대량으로 정확하게 기록한다는 면도 있습니다. 정보의 전달이 공간적으로만 아니라 시간적으로도 가능하게 된 것입니다. 기록을 후대에 남길 수 있게 된 것이지요. 교육이 가능해지고, 명령이 착오 없이 전달될 수 있게 되었습니다. 문자가 없었다면 국가도 탄생할 수 없었을 것입니다.

정보 저장 방법에서 두 번째 획기적인 변화는 컴퓨터의 등장입니다. 컴퓨터라는 정보 장치는 뇌보다 정보의 저장 용량과 정확성이 뛰어납니다. 종이에 기록된 문자에 비해서 정보의 수정이 가능할 뿐만 아니라 보관도 편리합니다.

양자 컴퓨터의 등장은 아마도 정보처리의 새로운 장을 열게 될 것입니다. 정보 저장 능력이나 정보처리 속도에 있어 일대 혁명이 일어날 것입니다. 세상은 원자로 되어 있는 게 아니라 정보로 되어 있다고 할 날이 오게 될 것입니다. 그렇게 되면 물리학은 물질을 탐구하는 학문이 아니라 정보를 탐구하는 학문으로 바뀔지도 모릅니다. 이것을 물리학이라고 해야 할까요, 정보학이라고 해야 할까요?

이제 컴퓨터는 정보를 저장하는 기능을 넘어서서 생각하는 단계에 접어들었습니다. 이미 지능은 인간을 넘어섰으며 점차 인간의 정신 기능의 여러 부분을 넘겨받게 될 것입니다. 아직 인공지능이 의식을 갖게 될 것인지에 대해서는 여러 상반되는 의견들이 있지만 언젠가는 갖게 될 것입니다.

인공지능이 의식을 갖는 순간은 완전히 다른 세상이 될 것입니다. 인간의 존재에 대한 심각한 의문이 생길 것이며, 인간이 무슨 의미가 있을 것인지, 존속할 수 있을 것인지 알 수 없는 세상이 될 것입니다.

공간(지구 ➡ 태양계 ➡ 은하계 ➡ 우주 ➡ ?)

우리가 알고 있는 문명은 지구 문명입니다. 지구 문명이 언제까지나 이 지구라는 작은 공간에 머물러 있을 수는 없을 것입니다. 언젠가는 태양계의 이곳저곳으로 퍼져 나갈 것이며 나아가 태양계를 벗어나는 날도 오게 될 것입니다.

지금까지 우리 문명은 지구를 벗어나지 못했습니다. 1958년에 구소련의 스푸트니크 1호가 지구 궤도 비행을 한 것이 우주 시대를 연 첫걸음이라고 할 수 있습니다. 인간이 지구를 벗어나 다른 천체에 간 것은 아폴로 11호의 암스트롱이 달에 첫발을 내디딘 것이 우주 시대의 신호탄이었다고 할 수 있습니다. 하지만 아직 외계에 지구 문명을 전파하지는 못하고 있습니다. 지구 밖의 천체를 식민지로 개척하는 순간이 진정으로 지구 문명이 지구를 벗어나는 사건으로 기록될 것입니다.

지구 밖의 식민지 건설에서 가장 좋은 방법은 지구와 비슷한 환경을 가진 천체를 찾는 일입니다. 환경이라고 하면 물, 대기 그리고 기온입니다. 물과 대기가 있고, 기온이 적당한 천체를 태양계 내에서는 아직 찾지 못했습니다. 하지만 언젠가는 찾게 되겠지요. 문제는 찾는다고 해도 그곳이 수백, 수십 광년 떨어져 있다면 그곳까지 가는 일이 거의 불가능할지도 모를 일입니다.

차라리 태양계의 가까운 행성에 문명을 건설하는 것이 더 쉬울지도 모릅니다. 그렇다면 결국 지금 존재하는 천체의 환경을 인위적으로 바꾸는 수밖에는 없습니다. 이렇게 천체의 환경을 지구와 비슷한 환경으로 만드는 것을 지구화teraforming 계획이라고 합니다. 지구화 과정의 가장 중요한 단계는 대기와 물을 만드는 것입니다. 대기와 물을 외부에서 공급하거나 행성 자체에서 만들어낼 수도 있을 겁니다.

과학자들이 가장 관심을 두는 지구화 가능 행성은 화성입니다. 화성은 희박하기는 하지만 대기가 있습니다. 그리고 과거에는 풍부한 물과 두꺼운 대기가 있었던 것으로 알고 있습니다. 화성을 지구화하는 여러 방법이 제안되기는 했으나 지금의 기술로는 요원한 방법들뿐입니다. 그 밖에도 목성이나 토성의 위성들이 지구화의 후보가 될 수도 있습니다.

이렇게 지구 문명을 태양계 전체로 확장하는 날이 올지도 모릅니다. 하지만 인간의 정복욕이 여기에서 멈추게 될까요? 태양을 정복하면 우리 은하의 다른 별들에 관심을 가질 겁니다. 더 나아가 은하 전체를 문명의 장으로 만드는 것도 불가능하다고만은 할 수 없겠지요. 문명을 우주 전체로 확장하는 것도 안 되라는 법은 없을 겁니다. 그뿐입니까? 다중우주가 정말로 존재한다면 문명은 이 우주에서 저 우주로, 저 우주에서 다른 우주로까지 확장할 수 있을지도 모를 일입니다.

참 무모한 상상이기는 합니다. 우선, 인류가 화성을 지구화할 수 있는 기술을 가질 때까지 존속할 수 있는지조차 의문이니까 말입니다. 지금의 환경파괴, 전쟁, 국가 간의 반목, 인종 간의 증오를 보면 이 지구조차 지키지 못하고 문명이 끝날지도 모르기 때문입니다.

지구 문명이 극복해온 것들

인류가 아니라 지구의 생명이라는 처지에서 본다면 참혹한 과거가 많았습니다. 앞에서 설명한 다섯 번의 대멸종이 그 대표적인 예일 것입니다. 하지만 인류는 천만다행으로 그런 참혹한 시절을 경험하지 않았습니다. 페름기 대멸종처럼 지하의 용암이 끓어 올라 지구를 뒤덮는 일도, 백악기와 같은 소행성에 강타당해 공룡처럼 멸종을 맞이한 일도 없었기 때문입니다.

그렇다고 인류가 지구라는 작은 행성에서 지금까지 그 명맥을 유지해오는 과정이 순탄치는 않았습니다. 순탄함은 고사하고 모든 순간이 백척간두에 선 아슬아슬한 순간들이었습니다. 하지만 인류는 살아남았습니다. 그것은 인간이 현명했던 것도, 의도했던 것도 아니었습니다. 단지 행운이었을 뿐입니다.

지금까지 인류에게는 극복해야 할 세 가지 과제가 있었습니다. 그것은 바로 굶주림, 질병 그리고 타인(사람)이었습니다.

인류가 생존을 위해서 극복해야 할 가장 최초이자 근본적인 과제는 식량이었습니다. 식량은 인간이라는 종뿐만 아니라 모든 생물 종의 가장 큰 과제입니다. 먹는 것은 생명체에게는 어쩔 수 없는 굴레가 아닐 수 없습니다. 먹지 않고 살 수 있는 생명체는 없으니까 말입니다.

만물의 영장이라고 하는 인간은 먹이를 구하는 능력에서 다른 동물에 비해 불리한 육체적 조건을 가지고 태어났습니다. 달리는 기술, 나무를 타는 기술은 물론 시각, 청각, 후각도 다른 동물에 비해 떨어집니다. 소처럼 풀을 뜯어먹고 살 수도 없습니다. 유일한 무기는 가장 발달한 뇌를 가지고 있다는 것입니다. 하지만 인류 초기에는 뇌가 할 수 있는 역할이 날카로운 이빨에도 미치지 못했습니다. 사자가 맛있게 먹고 있는 것을 멀리서 침 흘리며 바라볼 수밖에 없었던 시절도 있었습니다.

하지만 인류는 뛰어난 두뇌와 집단을 무기 삼아 자기의 육체적 약점을 딛고 일어섰습니다. 사냥에서도 사납고 강한 동물을 능가할 뿐만 아니라 그런 동물을 사냥의 대상으로 삼을 수 있게 되었습니다.

나아가 인간은 자연을 관찰하고 그것을 유익한 방향으로 활용할 방법을 찾아냈습니다. 그것이 바로 농업입니다. 농업은 인류가 문명사회를 이룩하는 초석이었습니다. 농경사회는 여분의 먹거리를 제공해주었고, 이에 따라 노동하지 않고도 살아가는 구성원이 생기게 되었습니다. 이 놀고먹는 구성원이 있음으로써 계층 사회가 생기고, 부족이 생기고, 국가가 생기게 된 것입니다.

이제 지구 문명에 기근이라는 문제는 극복할 수 없는 문제가 아니라 마음만 먹으면 극복할 수 있는 문제가 되었습니다. 현재 세계 여러 곳에서 일어나는 기근 문제는 모두 인간의 잘못된 의사결정으로 생기는 것이지 근본적으로 극복 불가능한 문제는 아닙니다. 통계에 따르면 기근으로 죽는 사람보다 비만으로 죽는 사람이 더 많다고 합니다.

두 번째 문제는 질병입니다. 생존은 곧 경쟁입니다. 지구 생태계는 치열한 생존경쟁이 벌어지는 현장입니다. 인간이 경쟁해야 할 대상이 사나운 동물만은 아니었습니다. 눈에 보이지 않는 박테리아나 바이러스와도 전쟁을 치러왔습니다. 장구한 세월, 인류는 이 보이지 않는 전쟁에서 속수무책이었습니다. 최근까지도 인류는 그런 싸움이 존재하는지조차 모른 채 일방적으로 당했습니다. 인간이 할 수 있는 것이라곤 고작 신에게 기도하는 것밖에 없었습니다.

역사적으로 이 보이지 않는 전쟁이 얼마나 많았는지 알 수 없습니다. 최근에 일어난 사건만 보아도 그 싸움의 참혹함을 짐작할 수 있습니다. 14세기에 유라시아를 덮친 페스트는 아마도 인류 역사상 가장 참혹한 역병이었을 것입니다. 유럽 인구의 거의 1/3이 희생당했으며 유라시아를 통틀어 2억 명 이상이 희생되었다고 합니다.

16세기 신대륙을 강타한 천연두는 원주민의 거의 90%가 희생당했습니다. 1520년 3월 2200만 명이었던 멕시코의 인구가 12월에는 1400만 명으로 줄었고, 1580년에는 200만 명도 남지 않았다고 합니다. 이로 인해 아메리카 대륙은 유럽의 식민지 시기가 앞당겨지는 결과를 낳았습니다.

그 후에도 전염병은 끊이지 않고 나타나고 있습니다. 스페인 독감, 에볼라 바이러스, 에이즈 등은 물론 사스 때문에 나라가 발칵 뒤집히기도 했습니다. 최근에는 코로나바이러스로 세계가 인류사에 기록될 고통을 겪는 중입니다.

하지만 이제 이런 역병에 옛날 페스트나 천연두처럼 인류가 속수무책으로 당하고만 있지는 않을 것입니다. 의학의 발달로 백신과 치료제가 개발되면서 조만간 해결되고 말 것입니다. 앞으로도 이런 역병은 계속 나타나겠지만 인류는 이것 때문에 약간 비틀거리게 될지는 몰라도 치명적인 타격을 받지는 않을 것입니다.

역병 외에도 아직 인류가 극복하지 못한 질병은 많습니다. 가장 대표적인 것이 암이지만, 이제 암도 걸리면 속수무책으로 죽는 그런 병은 아닙니다. 머지않아 암도 대부분 퇴치될 것입니다. 가장 어려운 질병은 노화일 것입니다. 노화가 질병인지는 모르지만 앞으로 우리 인류가 극복해야 할 과제이기는 합니다. 하지만 가만히 생각해보면 노화가 정말 극복해야 할 과제일까요? 노화가 없다면 정말 좋을까요? 죽음이 없는 세상, 그게 어떨지 잘 모르겠습니다.

마지막으로 인간의 인간에 대한 위협입니다. 가깝게는 이웃 간의 갈등이고, 멀게는 부족이나 국가 간의 갈등입니다. 캄캄한 밤길을 갈 때 가장 무서운 것이 짐승이 아니라 사람이라고 합니다. 왜 그럴까요? 아마도 우리의 유전자에는 사람을 두려워하는 인자가 존재하는 것이 아닐까요? 인간은 상대방의 표정을 살피는 능력이 다른 어떤 종보다 뛰어나다고 합니다. 왜 그럴까요? 그것은 상대방이 가장 위협적인 존재라는 것을 의미하는 것이 아닐까요?

원시사회에서도 가장 무서운 적은 사람이었을 것입니다. 개인 간에도, 혈족 간에도, 이웃 부족 간에도 피비린내 나는 싸움이 끊이지 않았습니다. 그것이 국가라는 조직이 생기면서 전쟁이라는 대형 살육전으로 발전한 것입니다. 로마사를 읽어보면 전부 전쟁의 역사입니다. 로마가 아니라 중국의 삼국시대나 우리나라의 역사를 보아도 거의 전쟁의 역사입니다.

최근에는 1, 2차 세계대전이 있었습니다. 그 후론 아직 그런 큰 세계대전은 일어나지 않고 있습니다. 그렇다면 앞으로도 세계대전은 없을까요? 알 수 없습니다. 하지만 앞으로 세계대전이 일어난다면 그 규모와 피해는 과거의 어느 전쟁에서도 볼 수 없는 참혹한 결과를 초래할 것입니다. 각국이 가지고 있는 원자탄이 반만 터져도 인류가 멸망하고도 남을 것입니다. 이 사실을 모르는 사람은 없습니다. 정치지도자들은 더 잘 알고 있습니다. 그래서 분쟁이 있겠지만 세계대전이 일어나지는 않으리라는 전망이 우세합니다. 때 이른 결론일지 모르지만 앞으로 세계대전은 일어나지 않을 것입니다.

인간의 인간에 대한 위협은 전쟁만 있는 것은 아닙니다. 문명이 발달하면서 범죄는 더 고도화되고 잔인해지는 경향이 있습니다. 인간의 인간에 대한 위협은 우리가 아직 다 이해하지 못하고 있는 면도 많을 것입니다. 어쩌면 전쟁보다 더 큰 위협이 아직 우리가 알지 못하는 인간의 위협이 아닐까요? 과학과 기술의 발달이 위협일 수도 있고, 문명의 발달 자체가 위협일 수도 있겠지요. 하지만 지칠 줄 모르는 인간의 탐욕이 가장 큰 위협이 아닐까요?

지구 문명이 극복해야 할 것들

인류는 배고픔, 질병, 전쟁을 완전히는 아니지만, 어느 정도 극복했다고 할 수 있습니다. 앞으로 우리 인류에게는 더 큰 위협이 기다리고 있을지 모릅니다. 그 하나는 문명의 부산물인 환경 문제이고 다른 하나는 지구 밖으로부터 오는 위협일 것입니다.

환경 문제는 인간의 탐욕이 빚어낸 불가피한 결과입니다. 생존에 필요한 것 이상을 축적하는 동물이 인간 말고 무엇이 있을까요? 지금 생산되는 곡물만으로도 효과적으로 분배만 한다면 세계의 기아는 사라질 것입니다. 하지만 인간은 나누는 것보다 소유를 즐기는 종족이어서 사용하는 것보다 버리는 것이 더 많아도 나누기를 싫어합니다.

환경 문제의 한 축은 환경오염과 이로 인한 물리적 환경의 변화이고, 다른 한 축은 생물 다양성의 파괴를 통한 생태계의 문제입니다. 이 둘은 매우 밀접하게 연결된 문제이기도 합니다.

먼저 물리적 환경의 문제를 살펴봅시다. 지구의 물리적 환경은 복잡하지만 크게 육해공 환경을 생각할 수 있습니다. 인간의 활동으로 나오는 쓰레기는 토양을 오염시킵니다. 현대문명이 쏟아내는 쓰레기는 쉽게 썩지 않는 것이 대부분입니다. 산업혁명 이전에는 쓰레기는 더럽기는 해도 땅에 묻히면 비료가 되었습니다. 하지만 산업 쓰레기는 비료가 되기는커녕 식물의 성장을 저해하고 토양을 오염시킬 뿐입니다.

산업 폐기물은 토양뿐만 아니라 해양까지 오염시킵니다. 사실 지구는 정말 대단한 정화조를 가지고 있습니다. 지구 표면적의 2/3를 차지하고 있는 해양이 바로 그 정화조입니다. 지구를 만든 조물주는 이렇게 생각했을 겁니다. "너희 인간들이 아무리 쓰레기를 만들어내도 이만한 바다가 있으면 문제가 없을 것이다."라고 말입니다.

하지만 조물주는 인간을 너무 과소평가했던 것 같습니다. 그 큰 정화조인 해양이 쏟아져 들어오는 쓰레기에 몸살을 앓고 있습니다.

땅에 묻은 폐기물도 지하수를 오염시키고, 나아가 강물을 오염시키고, 결국에는 바다를 오염시킵니다. 이것도 부족해 엄청난 양의 쓰레기를 해양에 투기합니다. 그뿐만 아니라 수많은 선박은 해양 오염의 주범이기도 합니다.

바다가 얼마나 중요한지는 말로 다 할 수 없습니다. 과거 지구에서 일어났던 대멸종도 상당 부분, 바다의 산성화가 그 원인이었다고 합니다. 바다는 쓰레기만 처리하는 곳이 아닙니다. 바다의 기능을 아직 다 알지 못하지만, 이산화탄소를 흡수하고 배출함으로써 지구의 이산화탄소 농도를 조절하는 기능은 너무나도 중요합니다.

바다는 지구의 온도를 일정하게 유지하는 기능도 합니다. 물의 비열은 보통 물질보다 큽니다. 그러니 엄청난 양의 물을 가지고 있는 해양이 저장할 수 있는 열량도 엄청납니다. 바닷물 온도는 쉽게 변하지 않습니다. 그래서 해양이 지구의 기온을 일정하게 유지하는 데 결정적인 역할을 하는 겁니다. 만약 해양이 없다면 밤과 낮, 여름과 겨울의 기온은 극과 극을 달렸을 것입니다.

바다에는 이루 말할 수 없이 많은 생물이 살고 있습니다. 물고기와 같은 큰 생명체도 있지만 눈에 보이지 않는 플랑크톤의 양은 엄청납니다. 엄청난 플랑크톤은 바다 생태계를 유지하는 결정적인 역할은 물론 지구 대기에 산소를 공급하는 공장이기도 합니다. 이런 바다가 기능을 잃게 되면 지구의 생명체에게는 재앙이 아닐 수 없습니다.

다음으로 대기입니다. 대기는 우리가 숨 쉬는 공기만 공급하는 것이 아니라, 지구의 기온을 조절하고, 우주로부터 오는 위협을 차단하는 역할도 합니다. 지구는 황량한 우주 공간에 떠 있는 외로운 행성입니다. 지구가 있는 이 우주 공간은 평화로운 곳은 절대 아닙니다. 하루에도 수없이 떨어지는 운석은 대기가 없다면 바로 우리 머리에 떨어질 것입니다. 지자기가 없다면 우주에서 수없이 날아오는 미립자인 우주선은 생명체의 세포를 파괴할 것입니다. 대기 상층부의 오존층이 태양으로부터 오는 자외선을 막아주지 않는다면 피부암은 물론, 수많은 유익한 미생물을 죽여버렸을 것입니다. 이렇게 중요한 지구의 대기도 지금 몸살을 앓고 있습니다. 통제 불가능한 메탄과 이산화탄소는 물론 프레온과 같은 물질이 오존층을 파괴하고, 온실효과를 불러들여 지구 생태계를 위협하고 있습니다.

이런 위협은 기근이나 역병의 위협과는 전혀 다른 차원의 위협입니다. 기근이나 역병이 단기적이고 고강도의 위협이라면 환경 문제는 저강도이면서 장기적인 위협입니다. 우리가 느끼지 못하는 사이에 파국으로 달려가게 됩니다. 환경 문제가 가지고 있는 더욱 심각한 문제는 어느 한계를 넘으면 돌이킬 수 없는 상황이 된다는 것입니다. 이산화탄소의 농도가 어느 한계점에 도달하면 그 순간부터는 우리가 이산화탄소를 전혀 배출하지 않아도 지구의 온난화가 가속된다는 것입니다.

아직 그 임계점이 어디인지 알지는 못하지만, 금성의 대기를 관찰한 결과에 따르면 이산화탄소가 지구를 지옥으로 만들 가능성은 충분히 존재한다고 할 수 있습니다. 금성까지 가지 않아도 생물종의 96%가 멸종한 페름기 대멸종이 온실효과 때문이었다는 것을 생각하면 얼마든지 일어날 수 있는 일입니다.

지구 문명이 지속 가능할 것인지 아닌지는 인간이 환경 문제를 해결할 수 있느냐 없느냐에 달려 있다고 해도 과언이 아닙니다. 환경 문제를 해결하는 방법은 인간의 욕심을 줄이는 방법과 환경을 통제할 수 있는 과학적 기술의 개발에 달려 있다고 봅니다. 그중에서 인간의 욕심을 줄이는 것은 거의 불가능할지도 모릅니다. 그렇다면 기술인데, 환경을 통제하는 기술이 언제 나올 것인가 하는 것입니다. 이 기술이 앞에서 말한 임계점에 도달하기 전에 나온다면 지구 문명은 당분간 지속 가능할 것입니다. 하지만 그 임계점에 도달하기까지 나오지 않는다면 지구 문명은 종말을 고하게 될 것입니다.

그런 기술이 나오기까지 어떻게 해서든지 버틸 수 있어야 합니다. 인간의 욕망을 줄이는 방법도 어렵고, 환경을 통제할 기술 개발도 어렵습니다. 모두 예측이 불가능한 일입니다. 그런 기술이 내일 나타날지, 수백 년 후에 나타날지 알 수가 없습니다. 욕망의 통제는 마음만 먹으면 할 수 있습니다. 하지만 이 마음먹는 일보다 어려운 일이 어디 있을까요? 이렇게 보면 우리가 그 임계점이 오기 전에 환경 문제를 해결할 수 있을지 없을지 정말 불확실합니다. 지구 문명의 미래는 결국 행운에 기댈 수밖에 없는 것일까요?

물리적 환경과 더불어 생태계의 문제는 더욱 시급한 문제일지도 모릅니다. 인간도 생태계의 일원이기 때문에 생태계가 파괴되면 인간의 생존도 위협받을 수밖에 없습니다. 연구된 바에 따르면 1만 년 전에 인간과 가축을 합한 양(무게)은 전체 동물의 1% 정도에 지나지 않았는데, 현재 인간과 가축의 비율은 99%에 이른다고 합니다. 이렇게 급격한 생태계 변화는 지구에는 전례가 없는 변화가 아닐 수 없습니다.

생태계 문제의 가장 큰 원인은 농업과 목축입니다. 농경사회가 되면서 인간이 이 지구의 주인으로 자리매김하게 되었습니다. 대량의 농지 개간은 삼림을 빠른 속도로 훼손했습니다. 산림의 훼손은 그곳에 서식하는 많은 동식물을 멸종으로 몰고 갔습니다.

인간은 생태계 위에서 군림하는 존재가 아니라 생태계의 일원일 뿐입니다. 생태계 파괴는 인간의 생존에 치명적인 결과를 초래할 것입니다. 생태계 파괴는 우리가 알지 못하는 방법으로 인류를 공격할지도 모릅니다. 생태계는 다양하고 교묘한 방식으로 균형을 유지하고 있습니다. 이 균형이 깨어지면 어떤 일이 일어날지 아무도 모릅니다. 살충제를 사용하면 해로운 벌레를 죽일 수 있다고 생각하지만 유익한 벌레도 죽이게 됩니다. 해롭다고 생각하는 벌레가 꼭 해롭기만 한 것이 아니라 우리가 알지 못하는 방법으로 유익한 역할을 하는 것이 대부분입니다. 살충제의 남용으로 많은 벌과 나비가 사라졌다고 합니다. 꿀벌이 사라지면, 식물이 사라지고, 식물이 사라지면 동물이 사라지고, 동물이 사라지면 인간이 사라집니다. 과학기술이 무슨 소용이 있을까요? 생태계의 파괴는 온실효과로 인해서 문명이 사라지는 것보다 더 빨리 인류 문명이 종말을 고할지도 모를 일입니다.

다음으로 우주로부터 오는 위협입니다. 가깝게는 태양으로부터 오는 위협입니다. 태양은 우리가 생명을 유지하는 에너지를 공급하는 유일한 우주적 존재입니다. 하지만 태양은 지구 생명을 파멸로 몰고 갈 위험한 존재이기도 합니다. 태양은 핵융합 반응이 격렬하게 일어나고 있는 곳입니다. 그 격렬한 반응으로 빛과 함께 엄청난 입자들을 우주로 뿜어내고 있습니다. 이것이 바로 태양풍이라고 하는 것입니다. 지구도 이 태양풍을 맞고 있지만 대기와 지자기가 어느 정도 막아주고 있습니다. 하지만 태양의 활동이 격렬해질 때는 엄청난 태양풍이 불어오게 됩니다. 이 태양풍으로 지구의 통신이 혼란을 겪은 일이 한두 번이 아니었습니다. 앞으로 얼마나 대단한 태양풍이 언제 불어닥칠지 알 수 없습니다. 하지만 태양풍으로 지구의 생태계가 완전히 사라지는 일이 벌어질 가능성은 그렇게 크지 않을 것입니다.

장기적으로 보면 태양의 핵융합 반응도 영원히 지속하지는 못할 것입니다. 50억 년이 지나면 태양이 부풀어 올라 거의 지구를 삼킬 정도가 된다고 합니다. 하지만 그것은 정말 아주 먼 미래입니다. 그때까지 지구 문명이 존재한다면 그것은 정말 기적일 것입니다. 만약 그때까지 지구 문명이 존재한다면 아마도 지구를 탈출할 능력도 충분히 갖춘 문명이 될 것입니다. 이 문제를 지금 걱정할 필요는 없다고 생각합니다.

더 중요한 위협은 우주로부터 날아오는 천체들일 수 있습니다. 소행성이라고 하는 것들인데, 아주 작은 것은 매일 수없이 날아오고 있지만 대기 중에서 다 타서 없어집니다. 하지만 큰 것은 타지 않고 떨어질 수 있으며 과거에도 많았고, 지금도 있으며, 미래에도 반드시 일어날 것입니다. 문제는 얼마나 큰 소행성이 지구를 방문할 것인가입니다. 태양에는 행성들도 있지만 엄청나게 많은 소행성이 다양한 궤도로 돌고 있습니다. 그 궤도가 지구 궤도와 일치하는 순간이 바로 충돌하는 순간입니다. 가까운 소행성에 대해서는 그 궤도를 조사하고 감시하고 있지만, 태양계에 있는 소행성을 다 감시하는 것은 불가능합니다. 언제일지는 모르나 대형 소행성이 지구를 강타하는 것은 피할 수 없는 일입니다.

소행성의 위협으로부터 지구 문명이 살아남는 것도 기술 발달에 달려 있습니다. 아직 인류에게는 지구를 향해 날아오는 소행성을 폭파하거나 방향을 바꾸는 기술이 없습니다. 일부 시도하고는 있지만 초보적인 수준입니다. 미국의 항공우주국NASA은 2022년 9월 29일 1100만 킬로미터 떨어져 있는 소행성 디디모스의 위성인 디모르포스에 우주선을 충돌하는 실험에 성공했습니다. 하지만 아직 지구로 오는 소행성을 효과적으로 막을 수 있는 기술은 확보하고 있지 못합니다. 대형 소행성이 지구를 강타할 그날이 오기 전에 우리가 이런 기술을 개발한다면 인류는 좀 더 오래 버틸 수 있을 것입니다. 하지만 '그날'이 언제인지 아무도 모른다는 점이 문제입니다.

우주로부터 오는 위협이 소행성만 있는 것은 아닙니다. 우리가 구체적으로 알고 있는 우주 공간은 고작 태양계, 태양계 내에서도 지구 근처의 공간뿐입니다. 태양계를 벗어난 공간에 대해서는 우리가 아는 것이 많지 않습니다. 태양에서 얼마나 가까운 별이 언제 폭발할지 알지 못합니다. 별이 폭발할 경우, 그 근처의 우주 공간은 엄청난 충격을 받을 것입니다. 지구 정도는 녹아버릴지도 모를 일입니다. 그렇지는 않다고 해도 초신성 폭발로 날아오는 감마선 폭풍이라도 맞는 날에는 지구라는 행성에 또 다른 대멸종이 일어날 것입니다. 하지만 알고 있는 위협에 대처하는 것도 버거운 일인데 이런 모르는 위협까지 신경을 쓰려면 끝이 없습니다. 이것이야말로 중국의 기杞나라 사람이 걱정했다는 바로 그 '기우'일지도 모릅니다. 하지만 기나라 사람의 그 걱정이 막연한 걱정이었다면 우리가 하는 이 걱정은 과학적인 근거가 있는 합리적인 걱정이라는 것이 문제입니다.

지금까지, 앞으로 지구 문명이 극복해야 할 과제를 지구의 내부적인 문제, 즉 환경과 생태계 문제와 지구 밖으로부터 오는 문제, 즉 태양과 태양계 내의 천체들의 공격과 우리가 아직 알지 못하는 우주 공간에서 오는 위협으로 나누어 생각해보았습니다. 하지만 더 중요한 문제는 지구 문명이 만들어낸 그 문명 자체의 위협이 더 큰 위협일 수 있습니다.

인공지능이 바로 그중의 하나일 수 있습니다. 아직 인공지능이 의식을 획득할 수 있을지 없을지 알지 못합니다. 의식을 획득하는 것은 상상조차 하기 싫은 최악의 시나리오가 될 것입니다. 하지만 인공지능이 의식을 획득하지 못한다고 해도, 인공지능의 지속적인 발달은 지구 문명에 큰 과제를 안겨줄 것입니다. 인간만이 할 수 있다고 생각했던 일들이 인공지능으로 넘어갈 것입니다. 단순 작업은 말할 것도 없고, 국가나 개인사에 관련된 중요한 것부터 세세한 것까지 거의 모든 의사결정도 인공지능이 담당하게 될 것입니다. 머지않아 가정부 로봇, 간병인 로봇을 넘어 인공지능 친구 로봇을 사람 친구보다 더 선호하는 세상이 오게 될 것입니다. 그러면 당연히 인간의 존재 가치가 무엇인지 심각하게 고민하지 않을 수 없을 것입니다. 정체성의 혼란, 이것은 앞으로 지구 문명이 극복해야 할 가장 심각한 문제로 대두될지도 모릅니다.

우주 문명

왜 우주 문명인가?

우리가 알고 있는 문명은 지구 문명뿐이지만, 지구의 문명이 우주의 유일한 문명일 수는 없습니다. 우리가 알지는 못하지만, 우주 어딘가에 고등 정신을 가진 존재가 있을 것이며, 그들도 우리와는 다르지만, 문명을 이루고 있을 것입니다. 그들의 문명이 어떤 것인지 알 길은 없습니다. 하지만 그들이 사는 곳도 물리법칙의 지배를 벗어날 수는 없을 것입니다.

우리가 알고 있는 저 먼 우주 공간의 천체들을 관측한 바에 따르면 그곳에도 물리법칙이 성립한다는 많은 증거가 있기 때문입니다. 그렇다면 그들의 문명도 우주의 법칙인 물리법칙을 따를 수밖에 없을 것입니다.

같은 물리법칙이 존재하는 곳에서 만들어진 문명이라면 어느 정도 상상해볼 여지는 있을 것입니다. 그들도 화학의 주기율표에 있는 원소들로 된 육체를 가지고 있을 것이며, 그들이 사용하는 물건도 우리가 사용하는 것과 같은 원소로 만들어졌을 것입니다.

다른 말로 하면 문명의 각론에서는 다르겠지만 총론에서는 같을 거라는 예상을 해볼 수 있을 겁니다. 그들도 물질과 에너지를 이용할 것이며, 그들이 만든 문명의 산물도 우리가 보고 관찰할 수 있는 것이라는 것은 총론에 해당합니다. 각론이라고 하면, 그들의 몸이 우리처럼 세포로 이루어져 있을 것인지, 더 구체적으로 아미노산 기반의 몸일 것인지 알 수 없습니다. 그들이 우리처럼 사랑이나 미움과 같은 감정이 있을 것인지, 암수가 있을 것인지, 국가라는 통치 단위가 있을 것인지 하는 것은 우리가 상상해볼 수는 있겠지만 맞을 가능성은 매우 낮을 것입니다.

우리의 상상이 빗나간다고 할지라도 그냥 무의미한 것은 아닙니다. 상상한다는 것은 그 자체로 의미가 있을 뿐만 아니라 발전의 원동력이 되는 것이기 때문입니다. 상상은 문명 창조의 원동력이며, 미래에 닥칠 위험으로부터 우리를 보호하는 무기가 되기도 합니다.

우주를 탐구하는 것이 우주만을 위한 것이 아니라 바로 우리 자신이 누구인가를 알기 위함이기도 합니다. 칼 세이건의 말처럼 지구를 알기 위해서 지구를 떠나듯이 지구 문명을 알기 위해서 우주 문명을 찾아야 하는 것이 아닐까요?

생명의 우주적 진화

테그마크는 그의 저서 『Life 3.0』에서 생명의 발달 단계를 다음과 같이 세 단계로 나누었습니다.

- **Life 1.0(생물적 단계)**: 하드웨어와 소프트웨어의 진화
- **Life 2.0(문화적 단계)**: 하드웨어의 진화, 소프트웨어의 설계
- **Life 3.0(기술적 단계)**: 하드웨어와 소프트웨어의 설계

이 단계를 이해하기 위해서는 먼저 하드웨어와 소프트웨어가 무엇인지 분명히 해야 합니다. 하드웨어란 생명체를 이루는 물질적인 조직을 의미합니다. 사람으로 말하면 육체에 해당합니다. 테그마크는 소프트웨어를 "당신이 감각으로 모은 모든 정보를 처리해서 무엇을 할지 결정하는 알고리즘과 지식 전체"라고 정의합니다. 학습하고, 의사소통하고, 지식을 축적하는 것이 이에 해당합니다.

소프트웨어에도 두 종류가 있습니다. 벌이 집을 짓고, 새가 둥지를 만드는 것은 본능적인 소프트웨어지만 사람이 친구를 사귀고, 도시를 건설하는 행위는 타고난 것이 아니라 후천적으로 만들어낸 것입니다. 본능은 유전으로 대를 이어 전달되는 것이고, 진화의 과정을 거쳐서만 변할 수 있지만, 학습은 유전과는 다르게 이루어지는 것이고 개체의 의지로 바꿀 수 있는 소프트웨어입니다.

인간은 두 종류의 소프트웨어를 모두 가지고 있습니다. 성적인 행위나 자식에 대한 모성 본능 같은 것은 타고난 소프트웨어지만

집을 짓고, 옷을 만들고, 도시를 건설하는 것은 후천적으로 획득한 지식입니다. 본능적인 소프트웨어는 설계 불가능하지만, 후천적인 지식은 설계 가능합니다. 이렇게 인간은 두 종의 소프트웨어를 다 가지고 있지만, 동물은 본능적인 소프트웨어만 가지고 있다고 할 수 있습니다.

Life 1.0은 거의 40억 년 전에 시작되었습니다. Life 1.0에서 한 생명체는 자기가 태어났을 때의 하드웨어와 소프트웨어를 그대로 유지하면서 생을 마감합니다. 이 하드웨어와 소프트웨어는 전적으로 진화에 의존할 수밖에 없습니다. 미생물에서부터 인간을 제외한 동물에 이르기까지 생명의 대부분이 이 단계에 머물고 있습니다. 송아지는 태어나서 죽을 때까지 거의 자기의 본능으로 살아갑니다. 거기에 새로운 학습이란 극히 미약합니다.

Life 1.0에도 여러 단계가 있을 수 있습니다. 박테리아가 Life 1.0이라면 쥐는 Life 1.1 정도일 것입니다. 호랑이가 짐승을 사냥하는 것은 그보다 더 높은 단계인 Life 1.5 정도로 보아야 할까요? 원숭이 집단에서 지배력을 장악하는 과정은 매우 복잡하고 정교해서 아마도 Life 1.8 수준에 해당할지도 모릅니다. 하지만 Life 1인 단계에서는 그 개체 스스로 자기의 타고난 소프트웨어를 수정할 능력이 없습니다. 오로지 진화의 오랜 과정을 거쳐서 변화할 뿐입니다.

Life 2.0은 약 10만 년 전에 나타났다고 할 수 있습니다. 이 지구에서 Life 2.0에 도달한 생명은 인간이 유일합니다. Life 2.0도 하드웨어는 전적으로 진화에 의존하지만, 소프트웨어는 설계 가능합니다. 학습이 바로 소프트웨어를 설계하는 과정입니다. 인간은 정보를 하드웨어 바깥에 저장하는 방법을 발명했습니다. 문자의 발명이 바로 그것입니다. 문자를 통해 인류는 문명이라는 거대한 구조물을 만들 수 있었습니다. 하지만 이 단계에서도 하드웨어를 설계하지는 못합니다. 수술을 통해 어떤 부분을 절단하거나 인공 장기를 이식할 수는 있지만, 하드웨어를 새롭게 설계하지는 못합니다.

Life 3.0은 지구 생명이 아직 도달하지 못한 미래의 생명입니다. 이 단계에서는 소프트웨어와 하드웨어를 다 설계할 수 있는 단계입니다. 이 단계가 되면 죽음이란 운명이 아니라 선택의 문제가 될 것입니다. 인공 장기를 만들고 이식하는 수준에서 벗어나 기능이 다른 장기를 설계하여 기존의 장기를 대체할 수도 있게 될 것입니다. 아마 두뇌까지 갈아치우는 것이 가능하게 될지도 모릅니다.

테그마크의 소프트웨어에 대한 정의를 다시 생각해볼 필요가 있습니다. 그는 소프트웨어를 '알고리즘과 지식 전체'라고 정의했습니다. 내가 이해하기에 이 '알고리즘'은 타고난 것이고 '지식 전체'는 후천적인 것입니다. Life 2.0이 수정 가능하다고 하는 소프트웨어는 알고리즘이 아니라 지식을 의미하는 것 같습니다.

테그마크는 학습을 소프트웨어의 설계로 보았습니다. 그가 설계 가능하다고 하는 소프트웨어는 알고리즘일까요, 아니면 지식일까요? 아마도 지식에 국한한 것일 겁니다. 우리가 일반적으로 소프트웨어라고 할 때는 그것이 처리하는 정보를 의미하는 것이 아니라, 정보를 처리하는 프로그램을 뜻합니다. 예컨대 내가 지금 사용하고 있는 '한글' 프로그램이 소프트웨어이고 이것을 이용해서 여기 지금

쓰고 있는 이 글은 소프트웨어가 아니라 단지 소프트웨어로 저장하는 정보일 뿐입니다. 학습이란 정보의 획득입니다. 정보를 얼마나 많이 획득하든 그 정보를 처리하는 우리 뇌의 기능이 달라지는 것은 아닙니다.

Life 2.0에서 수정할 수 있다는 소프트웨어를 생후에 얻은 '지식'이라고 한다면 이것은 진정한 의미에서 소프트웨어는 아니고, 소프트웨어로 얻은 결과물일 뿐입니다. 따라서 테그마크가 말하는 '소프트웨어의 설계'는 진정한 의미에서 소프트웨어의 설계는 아니고 소프트웨어로 얻은 결과물의 수정이나 확장이라고 보아야 할 것 같습니다.

그런데도 학습이라는 것이 Life 2.0의 중요한 특징이라는 점에서는 충분히 동의할 수 있습니다. 특히 문자를 이용한 정보의 저장은 인간이 다른 생명과 구별되는 아주 특별한 능력이 아닐 수 없습니다. 따라서 Life 2.0을 소프트웨어의 설계라고 하는 대신, 외장 메모리와 외장 정보처리 장치의 획득이라고 수정하고 싶습니다. 소프트웨어는 생후에 얻어지는 지식이 아니라 하드웨어인 육체가 기능하도록 하는 메커니즘으로 보아야 할 것입니다. 생명 활동을 가능하게 하는 기능들을 의미합니다. 자기복제를 한다거나, 영양분을 섭취해 에너지를 이용한다거나, 생식하고 번식하는 것과 같은 다양한 기능들을 의미합니다.

이렇게 소프트웨어의 개념을 수정하면 Life 2.0에서도 Life 1.0과 마찬가지로 하드웨어와 소프트웨어 모두 진화에 의존해 발전할 수밖에 없습니다. 다만 Life 2.0을 생명체 바깥에 문화라는 새로운 구조물을 창조한 생명체로 보는 것이 더 적합할 것입니다. 문자의 발명은 뇌의 제한된 메모리 용량을 무한대로 확장할 수 있게 되었습니다. 더구나 컴퓨터의 등장은 메모리 확장뿐만 아니라 외장 정보처리 장치까지 확보하게 된 것입니다.

다음으로 하드웨어를 어떻게 정의해야 할까요? 하드웨어를 육체라고 했을 때, 그 육체에는 뇌도 포함해야 할까요? 그래야 한다면 뇌의 기능도 육체의 소관으로 보아야 할까요? 아니면 소프트웨어의 소관으로 보아야 할까요? 뇌 신경망 자체는 분명 하드웨어입니다. 하지만 신경망은 정보를 처리하는 기능도 가지고 있습니다. 컴퓨터에 비유하자면 뇌 신경망은 하드웨어면서 동시에 소프트웨어이기도 합니다.

이렇게 보면 하드웨어의 설계를 소프트웨어의 설계와 분리하는 것이 불가능해집니다. 따라서 나는 하드웨어를 뇌를 제외한 신체로 규정하고, 뇌는 소프트웨어로 분류하는 것이 편리하다고 생각합니다. 이렇게 되면 뇌를 설계하는 것이 신체의 다른 장기를 설계하는 것보다 더욱 어려워질 것입니다. 다시 말하면 하드웨어를 설계하는 시대가 소프트웨어를 설계하는 시대보다 더 빨리 올 것입니다.

나는 이렇게 하드웨어와 소프트웨어의 개념을 새로 정의하고 생명의 단계를 다음과 같이 새로 설정하고자 합니다.

- **Life 1.0(생물적 단계):** 하드웨어와 소프트웨어의 진화
- **Life 2.0(문화적 단계):** 하드웨어와 소프트웨어의 진화, 학습과 외장 정보처리 장치의 등장

- **Life 3.0(기술적 단계)**: 하드웨어의 설계, 소프트웨어의 진화, 외장 정보처리 장치의 고도화
- **Life 4.0(융합적 단계)**: 하드웨어와 소프트웨어의 설계, 뇌와 인공지능의 융합

Life 3.0은 아직 인류가 도달하지 못한 생명의 단계입니다. 하지만 이 단계는 머지않아 오게 될 것입니다. 뇌를 제외한 모든 장기를 제작하거나 기능을 개선하는 기술이 생겨날 것이기 때문입니다. 그뿐만 아니라 새로운 기능을 하는 장기를 개발할 수도 있을 것입니다. 예컨대 당糖이나 콜레스테롤을 전문적으로 관리하는 별도의 장기를 만들어 붙이는 것이 가능할지도 모릅니다. 나아가 소화기관을 바꾸어 사람도 초식동물처럼 풀을 주식으로 섭취하도록 할 수 있을지도 모르고, 더 나아가 아예 광합성을 하는 장기나 피부를 만들어 붙이게 될지도 모를 일입니다. 그렇게 되면 식물처럼 물과 햇빛만으로 살아갈 수 있을지도 모르지요. 하지만 이 단계에서도 뇌를 대치하는 것은 어려울 것입니다.

뇌에 대해서는 아직 우리가 알지 못하는 것이 너무나 많습니다. 뇌를 다 이해하기까지는 신체의 다른 부위를 이해하는 것보다 더 많은 시간이 걸릴지 모릅니다. 이 단계가 되면 사람이 죽는 일은 없을 것입니다. 이것이 가능하게 되는 단계가 Life 4.0입니다.

Life 4.0은 인간의 뇌를 거의 다 이해하고, 인공 뇌를 만들 수 있는 단계입니다. 인공 뇌를 만든다는 것은 인간의 정신을 개조한다는 것을 의미합니다. 지금의 뇌로는 할 수 없는 기능, 예컨대 4차원

을 인식하는 기능 같은 것을 만들어 넣을 수 있다는 것을 의미합니다. 지금은 긴 논리적 과정을 거쳐서 '이해'를 하지만, 그러한 뇌는 그 긴 논리적 과정을 그냥 '감각'할 수 있을지 모릅니다. 지금의 뇌는 복잡한 과정을 거쳐서 미분방정식을 풀어내지만 그때의 뇌는 그 해를 그냥 느낄 수 있게 될지도 모릅니다. 그런 뇌를 가진 인간이 지금의 인간을 보면 우리가 개나 고양이를 보는 것처럼 보일지 모릅니다.

이 단계가 되면 아마도 죽음이란, 운명이 아니라 선택의 문제가 될지도 모릅니다. 인공지능과 인간의 구분이 모호해질 것이고, 어쩌면 '생명'이라는 말이 사라질지도 모릅니다.

문명의 우주적 진화

레이 커즈와일은 그의 저서 『특이점이 온다』에서 문명의 발전을 다음과 같이 여섯 단계로 제시했습니다.

- **제1기**: 원자와 분자의 출현
- **제2기**: 생명의 탄생
- **제3기**: 지능의 탄생
- **제4기**: 기술의 폭발
- **제5기**: 지능과 기술의 융합
- **제6기**: 우주의 각성

제1기는 원자가 만들어지고, 이 원자들이 서로 반응하여 분자들이 만들어집니다. 소립자가 모여 원자가 만들어지고, 원자가 서로 작용하여 분자가 만들어지지만, 그것은 단지 물리화학적인 반응의 결과일 뿐입니다. 빅뱅에서 원자가 만들어지고, 이들이 모여서 별이 되고 은하가 되는 우주의 역사가 여기에 해당합니다.

제2기는 생명현상이 탄생하는 시기입니다. 생명의 가장 중요한 특징은 자기복제입니다. 자기복제가 가능한 분자, 즉 DNA의 출현이 제2기의 가장 핵심적인 변화입니다. DNA로 인해 자기복제, 즉 번식이 가능하게 되었습니다. 비로소 진화가 시작된 것입니다. 원자들이 이합집산하는 과정을 통해 다양한 물질이 만들어지지만, 그리고 생명체도 원자들의 이합집산으로 만들어진 것은 틀림없지만, 생명체가 탄생하는 것은 일반적인 화학적 변화로는 나올 수 없는 질적으로 전혀 다른 현상입니다. 생명체의 탄생은 별과 은하의 탄생과는 전혀 다른 차원의 새로운 현상의 출현인 것입니다.

제3기는 두뇌가 등장해 이성적 사고가 가능하게 된 시기를 말합니다. 스스로 판단하고, 계획하고, 집단화·문명화된 문화가 생기게 되었습니다. 생명체의 탄생이 자동으로 문화나 문명의 탄생을 가져오는 것은 아닙니다. 호랑이가 아무리 대단해도 호랑이 문명을 만들어내지는 못합니다. 문명은 논리적인 사고와 상상력을 가진 인간만이 이룩할 수 있는 구조물인 것입니다.

제4기는 과학기술이 폭발적으로 발달한 현대를 말합니다. 기술 중에서도 컴퓨터의 연산 능력의 폭발적 증가가 이루어져서 정보처리에 혁신을 가져오게 됩니다. 우리 문명은 두뇌가 할 수 있는 일은 물론, 두뇌가 할 수 없는 일까지 하는 장치인 인공지능을 만들었습니다. 인공지능의 시대는 앞선 시대와는 질적으로 다른 차원의 세상이 펼쳐지게 될 것입니다. 사이버 공간이라는 새로운 공간이 생겨나고, 여기에서 무한한 가능성을 창조할 수 있게 된 것입니다.

제5기는 기술과 인간의 지능이 융합되는 단계입니다. 인간과 기계의 구별이 모호해지는 단계를 말합니다. 이제 인간은 더 이상 진화의 자연적 메커니즘의 지배를 받지 않고 영생하게 될 것입니다. 아직 인공지능은 우리의 두뇌 밖에서 자기의 공간을 개척해나가고 있지만, 두뇌와 인공지능이 결합하게 되면 1+1=2가 아니라 1+1=2+α가 되는데, 이 α가 어떤 모습일지 아직 상상하기 어렵습니다. 그 세상은 지금과는 전혀 다른 세상일 것입니다. 인간과 인공지능이 결합한 전혀 다른 차원의 세상이 펼쳐질 것입니다.

제6기는 우주가 깨어나는 단계입니다. 인간이 자연법칙의 지배를 받는 것이 아니라 자연법칙을 개조하고 만들어가는 단계입니다. 지능이 인간에게만 머물지 않고 물질 속으로 파고들어가 물질을 지배하는 시대가 오게 됩니다. 내가 이 단계를 이해하기는 어렵습니다. 현재의 과학 이론으로는 이런 생각에 끼어들기조차 어렵습니다. 정신이라는 것이 내가 깨어 있는 이 상태를 벗어나 우주적 정신이 된다는 말일까요? 너무 황당하다는 생각이 듭니다. 하지만 지금까지 우리 문명은 사람들이 황당하다고 생각했던 것들이 현실이 돼오지 않았던가요? 커즈와일의 이 황당한 생각에 갸우뚱했던 사람들이 세월이 지나면 고개를 끄덕이게 되는 날이 올지도 모를 일입니다.

커즈와일이 제시한 문명의 발전 단계는 그가 주장하는 특이점이 도래한다는 생각에서 나온 것입니다. 특이점은 변화의 기하급수적인 특성에서 나온 것입니다. 기하급수가 어떤 특성이 있는지 살펴볼까요?

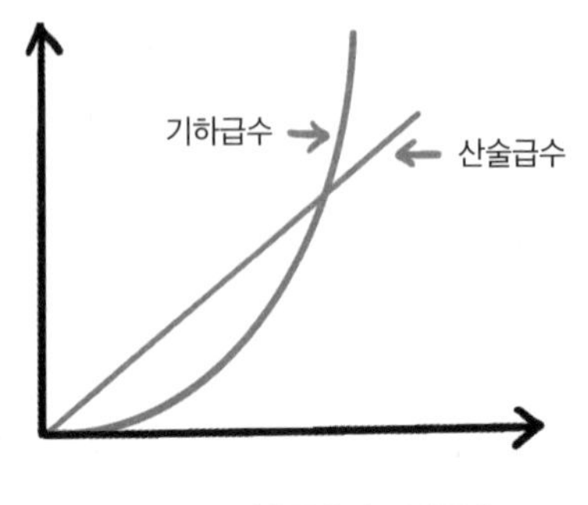

[그림 26] **산술급수와 기하급수**

1, 2, 3, 4…… 이렇게 변하는 변화를 산술급수라고 합니다. 기하급수는 1, 2, 4, 8, 16…… 이렇게 변하는 변화를 의미합니다. 산술급수를 그래프로 그리면 비스듬한 직선으로 증가하는 반면 기하급수 그래프는 처음에는 천천히, 하지만 나중에는 절벽처럼 가파르게 증가하는 그래프가 됩니다. 기하급수적인 변화는 처음에는 느리지만, 나중에는 엄청난 속도로 증가하는 변화입니다.

기하급수를 자세히 들여다봅시다. 수열에서 임의의 한 수는 그 앞의 모든 수를 합한 것보다 더 큽니다. 예를 들면, 4는 그 앞에 있는 1과 2를 더한 것보다 더 큽니다. 8은 1, 2, 4를 더한 것보다 더 큽니다. 그 뒤도 마찬가지입니다. 이것은 무엇을 의미합니까?

컴퓨터 메모리 용량의 발달에 '황의 법칙'이라는 것이 있습니다. 황창규 전 삼성전자 반도체총괄사장의 주장인데, 메모리 용량이 매년 두 배로 늘어난다는 주장입니다. 1년에 2배로 증가한다면, 최근 1년 동안에 증가한 양이 그 앞의 모든 증가를 합한 것보다 크다는 것을 의미합니다. 예를 들어 지식이 10년 동안에 두 배씩 증가한다면 최근 10년 동안에 새로 늘어난 지식이 인류의 역사가 시작한 이래 수백만 년 동안 쌓아온 지식 전체보다 많다는 것을 의미합니다.

그렇다면 기하급수적인 변화는 지속 가능할까요? 불가능합니다. 황의 법칙이 20년 계속된다면 메모리 용량이 약 10만 배가 될 것이고, 30년 계속된다면 10억 배, 40년 계속된다면 1조 배, 100년이 계속된다면 1,200,000,000,000,000,000,000,000,000,000배가 됩니다. 아마도 지금 우리나라에 있는 모든 메모리 용량이 이것에 미치지 못할 것입니다. 그래서 이런 기하급수적인 변화가 오래 계속되는 것은 불가능합니다.

그러면 어떻게 된다는 말인가요? 커즈와일이 말하는 '특이점'이 도래하게 되는 것입니다. 물을 가열하면 온도가 천천히 올라갑니다. 그렇다고 물의 온도가 계속 올라갈 수는 없습니다. 물의 온도가 100도 근처에 이르면 물이 끓기 시작하면서 온도가 더 올라가지 않습니다. 이것을 과학에서는 '상전이常轉移'가 일어났다고 말합니다. 물이라는 액체 상태에서 수증기라는 기체 상태로 전이가 일어난 것입니다. 기하급수적인 변화가 진행되면 어느 시점에서 특이점이 오게 되고 이 특이점에서 상전이가 일어나게 됩니다. 문명을 비롯한 우주의 모든 변화에서 상전이는 불가피한 현상입니다.

이러한 특이점 상전이가 있기에 변화가 파국으로 치닫지 않고 새로운 세상이 도래하는 것입니다. 앞에서 말한 여섯 단계는 바로 이 특이점 상전이라고 할 수 있습니다. 액체가 기체가 되듯이 상전이로 새로운 세상, 신천지가 열리는 것입니다.

참 황당한 이론이기는 합니다. 하지만 원시인에게 누가 지금 서울의 모습을 말하면 미쳤다고 하지 않았을까요? 마찬가지로 1000년 뒤의 진짜 모습을 우리는 절대로 상상할 수 없습니다. 커즈와일의 말이 맞을지는 알 수 없지만, 우리의 미래는 커즈와일이 예언하는 것보다 더 심할지도 모를 일입니다. 커즈와일은 한 걸음 더 나아가 이런 특이점 전환이 그렇게 멀지 않았다고 주장합니다. 좋아해야 할지 말아야 할지 모르겠습니다. 한편으로는 섬뜩한 느낌마저 듭니다.

우주 문명의 유형

니콜라이 카르다셰프Nikolai Semenovich Kardashev는 외계 문명의 수준을 에너지 사용량에 따라 다음과 같이 세 단계로 분류했습니다.

- **1단계 문명**(Type I): 태양에서 행성으로 오는 모든 에너지를 사용하는 문명
- **2단계 문명**(Type II): 태양에서 나오는 모든 에너지를 사용하는 문명
- **3단계 문명**(Type III): 은하에서 나오는 모든 에너지를 사용하는 문명

이것을 카르다셰프 단계Kardashev scale라고 합니다.

1단계 문명은 태양에서 행성으로 오는 모든 에너지를 사용할 수 있는 문명을 말합니다. 현재 지구를 예로 들면, 태양에서 지구로 오는 에너지는 1.74×10^{17}W인데, 실제로 지구에서 소비하는 에너지는 2×10^{13}W 정도입니다. 우리 문명이 1단계 문명에 도달하기 위해서는 에너지 소비량이 지금의 1만 배 정도가 되어야 합니다.

2단계 문명은 태양에서 나오는 에너지를 모두 사용하는 문명입

니다. 태양에서 나오는 총 에너지는 약 4×10^{26}W 정도입니다. 2단계 문명에 도달하기 위해서는 지금보다 10^{14}(100경)배의 에너지를 사용할 수 있어야 합니다.

3단계 문명에 도달하기 위해서는 4×10^{37}W를 사용해야 합니다. 상상도 할 수 없는 어마어마한 양이 아닐 수 없습니다.

물리학자 미치오 카쿠는 우리가 매년 3%씩 에너지 소비가 증가한다면 100~200년 후에는 1단계 문명에 도달할 것으로 예상합니다. 2단계 문명에 도달하기 위해서는 수천 년, 3단계 문명에 도달하기 위해서는 수십만 년에서 수백만 년이 필요할는지 모릅니다.

칼 세이건은 다음과 같이 카르다셰프 문명 단계를 구하는 식을 만들기도 했습니다.

$$K=\frac{log_{10}P^{-6}}{10}$$

여기서 K는 문명의 단계, P는 에너지 소모량입니다.

간단히 에너지 소모량을 1단계(10^{16}W), 2단계(10^{26}W), 3단계(10^{36}W)로 놓으면 문명 단계가 계산됩니다. 에너지 사용량이 10^{6}W이면 0단계 문명이 되는 셈입니다. 아마 지구 생명 초기에는 이 정도일 때가 있지 않았을까요?

태양에서 나오는 에너지를 전부 사용하는 방법이 있을까요? 태양에서 나오는 에너지를 하나도 새어나가지 않도록 하기 위해서는 태양을 완전히 둘러싸야 할 것입니다. 다이슨Freeman Dyson, 1923-1920은 그것이 불가능한 것이 아니라고 주장합니다. 그렇게 태양과 같은 별을 완전히 둘러싼 구를 다이슨 구Dyson Sphere라고 합니다. 다이슨은 한 걸음 더 나아가 그런 문명이 분명히 이 우주에 존재할 것이며, 그 문명을 찾는 방법으로 다이슨 구를 찾으면 된다고 주장합니다. 2단계 문명이 정말 존재한다면 우주 어딘가에 다이슨 구가 있어야 할 것입니다.

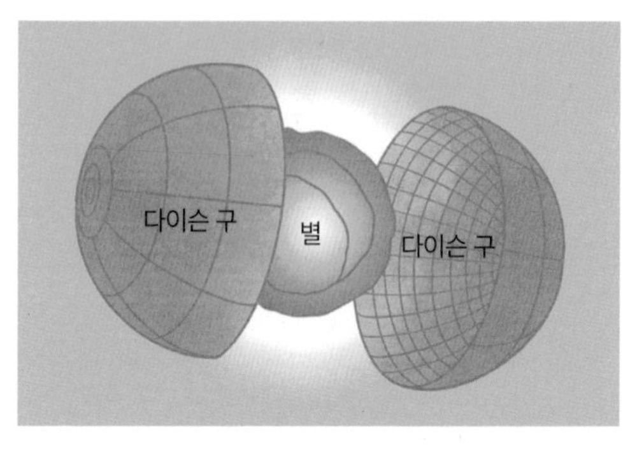

[그림 27] 다이슨의 구

다이슨은 다이슨 구를 찾는 방법도 제시했습니다. 다이슨 구가 있다면, 그 구 속에는 별이 하나 들어 있을 것입니다. 하지만 그 별은 다른 것으로 둘러싸여 있어서 절대로 볼 수 없습니다. 다이슨 구는 일정한 온도를 유지할 것이고, 그렇게 되면 그 온도에 해당하는 복사파(적외선)가 나올 것입니다. 이런 적외선이 나오는 영역이 다이슨 구입니다. 다이슨 구가 우주 어딘가에서 발견된다면 적외선의 파장으로부터 온도를 알 수 있습니다. 그 온도가 생명이 살 수 있는 온도라면 그곳에 문명이 존재하리라고 예측할 수 있겠지요. 안타깝게도 아직은 다이슨 구를 발견했다는 소식을 듣지 못했습니다.

3단계 문명도 있다면 그에 해당하는 다이슨 구가 존재할 것입니다. 한 은하에서 나오는 모든 에너지를 사용하기 위해서는 은하를 둘러싸는 다이슨 구를 만들어야 할 것이니까 말입니다. 별 하나에서 나오는 에너지를 다 사용하는 것도 상상하기 어려운데 1000억 개가 넘는 별에서 나오는 에너지를 모두 사용하는 문명을 상상한다는 것이 얼마나 무모한지 상상이 가지 않습니다. 하지만 상상하는 동물인 인간의 상상은 막을 길이 없습니다.

1단계 문명에서는 그 문명의 운명을 인간이 마음대로 할 수 없습니다. 환경의 변화나 소행성의 충돌, 행성 간의 충돌, 나아가 초신성의 폭발을 막을 힘이 없습니다. 어떤 우주적 천재지변에 의해 문명이 멸망할지 모릅니다. 하지만 2단계 문명에 들어가면 그러한 외적인 요소를 충분히 제어할 수 있는 능력을 갖추게 될 것입니다. 따라서 2단계 문명은 외부적인 요인으로 멸망하지는 않을 것입니다. 하지만 내부적인 요인에 의해서 멸망할 가능성은 여전히 남아 있습니다. 내부적 요인이란 자체적인 전쟁이나 이상한 독재자의 등장 같은 것일 수 있습니다.

인간과 인간이 만들어가고 있는 문명이 어떤 운명을 맞이하게 될지는 모릅니다. 하지만 분명한 것은, 모든 것은 변할 것이며, 그 변화는 점점 가속화될 것이라는 점입니다. 이 가속화가 우리의 삶을 더 풍요롭고 행복하게 할 것인지 불분명합니다. 죽음이 없는 세상이 좋은 세상일지 아닐지조차 알 수도 없습니다. 문명은 분명히 발전해 가겠지만 그 문명이 인간을 행복하게 만들는지는 불분명합니다.

This is the way
the world ends
Not with a bang,
but a whimper

이것이 세상이 끝나는 방식이라네
뱅이 아니라 흐느낌으로!

_T.S. 엘리엇

CHAPTER

태종 太終

THE END

시작이 있으면 마지막이 있습니다. 이 책도 '태초'로 시작했으니 '태종'으로 마쳐야 하겠습니다. 시공간과 물질의 탄생으로 시작한 이 우주는 별과 생명을 잉태했고, 그 생명에서 인간이 태어났고, 마침내 인간의 정신이 문명을 이루었습니다. 생명과 정신과 문명이 이 우주에서 어떻게 생겨서 어떻게 나아가는지 알아보았습니다. 이제 이것을 마무리해야 할 때가 되었습니다.

하지만 그 마무리는 너무나 먼 일이고, 아직 경험하지 못한 세상입니다. 아무도 가지 않은 어둡고 거친 길입니다. 알지도 못하는 그 길을 말하는 것이 무슨 의미가 있을까요? 하지만 의미가 있는지 없는지는 아무도 모릅니다. 인류의 문명은 이 보이지 않고 알 수 없는 길을 걸어온 사람들이 만들었습니다. 알지 못하는 것을 상상하는 인간들이 만들었습니다.

우주의 미래, 생명의 미래, 문명의 미래도 이 상상하는 인간이 만들어갈 것입니다. 그 모습이 어떤 것일지 상상의 날개를 펼쳐보는 것은 어떨까요?

태초太初, 태종太終 그리고 무無

모든 현상에는 시작이 있고 끝남이 있습니다. 사람도 출생이 있고 죽음이 있으며, 한 해도 새해가 있고 그믐이 있습니다. 그렇다고 해서 시작 전에 아무것도 없었던 것도 아니고, 끝남 후에 아무것도 없는 것도 아닙니다.

진정한 시작과 진정한 마침은 정말 존재하는 것일까요? 이 진정한 시작과 마침을 태초太初, 태종太終이라고 부릅시다. 태초와 태종은 정말 존재할까요? 이 질문을 과학에서 대답하기는 어려운 것 같습니다. 과학은 시작 후의 학문이고, 끝남 전의 학문이기 때문입니다. 그 밖을 생각하는 것은 철학의 문제일 수는 있어도 과학의 문제가 되기는 어려운 것 같습니다.

어떤 시작이 진정으로 태초가 되기 위해서는 그 앞에 아무것도 없어야 합니다. 다시 말하면 무無의 상태여야 합니다. 태종도 마찬가지입니다. 어떤 마지막이 진정으로 태종이 되기 위해서는 그다음이 없어야 합니다. 그 이전이 아무것도 없어야 태초이고, 그 이후가 아무것도 없어야 태종입니다. 태초와 태종이 존재하기 위해서는 '무'가 존재해야 합니다. 즉, '무'가 '있'어야 한다는 말입니다. 이것은 논리적인 모순입니다. 없는 것이 있어야 하기 때문입니다.

그래서 '무'라는 개념은 이 우주에서 가장 어려운 개념이 아닌가 생각합니다. 과학의 난제가 진공이고, 수학의 난제가 숫자 0이고, 철학의 난제가 무이고, 인생의 난제가 죽음이 아닌가 생각합니다.

이 어려운 문제, 석학들이 수백 년 동안 매달려도 해결하지 못한 문제를 어떻게 나 같은 한갓 과학 글쟁이가 덤벼들 수 있겠습니까? 죄송하지만 이쯤에서 이 문제를 접어두는 것이 도리인 것 같습니다.

그 대신 이 책의 본문에서 논의했던 우주, 생명, 정신, 문명의 궁극에 관해서 상상의 날개를 펼쳐보겠습니다.

종말

종말이 무엇인가?

태종太終이라는 그 궁극적 마지막이 아닐지라도 모든 현상에는 마지막이 있습니다. 마지막, 즉 종말이라는 말에는 두 가지 상반되는 의미가 있습니다. 그 하나는 완전함을 완성하는 종말입니다. 더 이상 완전해질 여지가 없는 완전함, 인간이 추구하는 최고의 상태를 말합니다. 이런 상태가 되면 더 이상의 변화는 불가능합니다. 그것으로 끝입니다. 하지만 그 종말은 찬란한 빛을 발휘하게 될 것입니다.

다른 하나는 파멸을 의미합니다. 모든 것이 사라지고 아무것도 남지 않는 상태입니다. 삶이 인생의 전부라면 죽음이 바로 인생의 종말일 것입니다. 태종의 마지막 종말이 아닐지라도 종말은 곳곳에 도사리고 있습니다. 인류 역사에서도 얼마나 많은 부족이, 얼마나 많은 민족이 그리고 얼마나 많은 문명이 종말을 고했습니까?

물론 완전히 사라지는 종말이라고 해서 정말 모든 것이 사라지는 것은 아닙니다. 태종이 정말 존재하는지는 모르지만, 태종이 오기까지는 진정한 종말은 없습니다. 역사는 수많은 종말을 딛고 이어져가는 것입니다. 그렇기에 종말의 의미를 살펴보는 것은 중요한 일이기도 합니다.

과학의 종말

과학의 종말은 일반적으로 생각하는 것과 같은 무엇이 완전히 없어져버리는 종말과는 다른 종말을 의미합니다. 과거가 없어지지 않듯이 이루어놓은 과학이라는 지식이 사라지는 일은 일어나지 않을 것입니다. 과학의 종말이란 더 연구할 것이 없어지는 상태를 말합니다. 모든 것을 다 알고 나서 의문이라고는 남지 않는 상태를 말합니다. 과학이 자연의 모든 현상을 다 설명해버리고 나면 과학이 무엇을 더 해야 할까요? 이때가 바로 과학이 끝나는 순간일 것입니다.

하지만 그런 날이 정말로 올까요? 한때 과학계에서는 정말 과학의 종말이 온 줄로 생각했던 때가 있었습니다. 바로 뉴턴이 등장했을 때였습니다. 뉴턴의 운동 법칙이 나오고 고전역학이 완성되자 사람들은 고전역학을 우주를 설명하는 완전하고 최종적인 이론이라고 생각했습니다. 오일러Leonhard Euler가 그랬다고 했나요? “뉴턴은 행운아다. 신이 유일하듯 우주를 다스리는 법칙은 하나일 텐데, 뉴턴이 그 하나인 법칙을 알아버렸으니 그런 행운을 누릴 자는 이제 없을 것이다.”

물리학의 종말을 말한 것입니다. 뉴턴의 고전역학은 입자의 운동을 설명하는 완전하고 최종적인 것으로 생각되었습니다. 세상 만물은 입자로 이루어져 있고, 세상의 삼라만상은 입자의 운동으로 나타나는 것이니 입자의 운동을 설명한다는 것은 삼라만상을 설명한다는 것입니다. 이제 물리학자가 할 일은 뉴턴의 운동 법칙에 분칠하거나 옷을 입히는 일밖에 없다고 생각했습니다. 하지만 정말 그렇게 되었나요?

상대론과 양자론이 나오면서 뉴턴의 법칙은 최종적이지도 완전하지도 않다는 것이 밝혀졌습니다. 지칠 줄 모르는 과학자들은 다시 최종의 이론을 찾아 나섰습니다. 아직 완성하지는 못했지만 대통일 이론이 그것입니다. 중력, 전기력, 강력, 약력, 이렇게 네 힘을 하나의 이론으로 설명하려는 시도입니다. 현재까지 전기력, 약력, 강력은 통일을 시켰다고 주장하고 있으나 중력까지 통합하는 이론은 나오지 않았습니다. 그래도 과학자들은 가능하다고 믿고 있습니다. 이런 시도의 일환으로 끈 이론이 등장했지만, 아직 이론이 완성되지는 못했습니다. 만약 끈 이론이 완성되고 소위 말하는 '만물의 이론TOE: Theory of Everything'이 완성되면 정말 과학의 종말이 올까요?

물리학은 우주의 삼라만상을 설명하는 근본적인 원리를 찾는 학문입니다. 이 우주의 삼라만상이 하나의 원리로 나타나는 현상이라면, 그 하나인 원리TOE를 발견했을 때 물리학은 종말을 맞이하게 될 것입니다. 하지만 우주의 원리가 정말 하나일까요? 더 극단적으로 나아가서 우주를 설명하는 원리가 존재하기나 할까요?

끈 이론으로 중력과 양자역학을 통합하는 만물의 이론을 완성했다고 합시다. 그러면 물리학은 끝일까요? 끈 이론이 완성된다고 해도 그 '끈'의 본질에 대한 의문은 여전히 남을 것입니다. 모든 소립자가 끈의 진동임이 밝혀졌다고 해도, 그 끈은 무엇으로 이루어져 있는가, 라는 의문은 여전히 남을 것입니다. 그 끈이 정말 1차원적인 것인지, 더 작은 여분의 차원으로 이루어져 있을지도 알 수 없는 일입니다. 이런 농담이 있습니다. "끈 이론이 진정으로 세상의 모든 것을 설명하는 만물의 이론TOE일지라도 끈 이론을 연구한 물리학자 에드워드 위튼Edward Witten, 1951- 이 위튼이라는 인간을 설명할 수 없다."고 말입니다.

콜럼버스가 신대륙을 발견한 후 이제는 발견할 신대륙은 말할 것도 없고, 발견할 작은 섬도 남아 있지 않습니다. 하지만 아직도 이 지구에는 여행자가 차고 넘칩니다. 여행의 목적이 콜럼버스와 같은 대륙의 발견은 아닐지라도 미지의 곳을 찾는 것은 마찬가지가 아닐까요? 대륙의 발견만 발견일까요? 대륙 내의 산과 강의 모든 것을 콜럼버스가 발견한 것은 아니니까요. 지구를 아는 것이 대륙의 발견으로 끝나는 것은 아닙니다. 콜럼버스가 신대륙을 발견한 것이 '지구'를 발견한 것일까요? 콜럼버스가 발견하지 못한 지구는 아직도 많습니다. 이제 인류는 지구를 알기 위해서 우주로 나가고 있습니다.

우리는 우주의 삼라만상 자체를 관찰할 뿐이지 그 원리를 '보는' 것은 아닙니다. 원리란 인간이 '만들어'내는 것입니다. 존재하는 것은 삼라만상이고, 이것을 설명하기 위해 만들어낸 가공물artifact이 물리학입니다. 가공물이니 얼마든지 만들어낼 수 있습니다. 삼라만상을 설명하는 이론은 삼라만상처럼 객관적으로 존재하는 그 무엇이 아닙니다. 존재하지 않은 것이니 없앨 수도 없습니다. 그러니 물리학은 종말을 고하려야 고할 수도 없을지 모릅니다.

과학의 다른 분야는 어떨까요? 생물학을 생각해봅시다. 생물학은 생명현상을 설명하는 학문입니다. 생명현상을 완전히 이해하고 설명하게 된다면 생물학은 종말을 맞이할 것입니다. 그런 일이 가능할까요? 버클리 대학의 스텐트Gunther Siegmund Stent 교수는 생물학은 다음과 같이 세 가지 문제를 해결하는 것뿐이라고 했습니다(존 호건, 『과학의 종말』, 김동광 옮김, 까치글방, 1997.).

"생명이 어떻게 시작되었는가? 하나의 순수한 세포가 어떻게 다세포 생물체로 발달하는가? 그리고 중추신경계는 어떻게 정보를 처리하는가?"

스텐트는 이 문제가 해결되면 생물학은 종말을 맞이한다고 했습니다. 아마도 이 세 가지 문제는 해결될 날이 올지도 모릅니다. 그렇게 되면 정말 '생물학'이 끝날까요? 나는 이 세 질문보다 더 중요한 질문이 생물학에 있다고 생각합니다. 그것은 '생명이란 무엇일까?'라는 질문이 아닐까요? 생명이 무엇인가에 대한 최종적인 정의가 가능할까요? 생명현상이 원자나 분자처럼 객관적인 어떤 실체라면 모르지만, 생명이 추상적인 개념이라면 생명이라는 개념은 고정된 것이 아니라, 생명을 탐구하면 할수록 그 정의가 계속 변해 갈 것입니다. 생명이라는 개념이 고정된 것이 아니고 인간이 계속 생명의 개념을 발전시켜 나간다면 어떻게 생물학의 종말이 오게 될까요?

나는 종말이 온다고 해도 생물학의 종말은 물리학의 종말보다 늦으리라 생각합니다. 물리학은 소위 말하는 만물의 이론TOE이 완성되면 어쩌면 종말이 올지도 모릅니다. 하지만 생물학은 생명이 무엇인가에 대한 정의가 변하는 한 종말을 맞기는 어려울 것입니다. 심리학은 생물학보다 더 종말을 맞기가 어려울 것입니다. 심리학의 대상인 정신은 자연과학의 대상인 자연과는 달리 그 본질이 모호합니다. 모호하기 때문에 정복하기도 어렵습니다. 인간의 정신이 존재하는 한 심리학은 종말을 맞이하기 어려울 것입니다.

공학은 물리학이 종말을 고한 후에도 살아남을 겁니다. 어떤 학자는 물리학이 만물의 이론을 만들고 나면, 물리학자는 공학자가 될 수밖에 없을 것이라고 합니다. 새로운 발견이 아니라 발견한 원리를 이용하여 이것저것 장난하는 일밖에 할 일이 없을 거라는 말이지요. 뉴턴이 운동의 법칙을 완성한 후 라그랑주, 오일러, 해밀턴 등이 고전역학을 완성했습니다. 물론 대단한 일을 했지만, 그들은 단지 뉴턴의 이론을 가지고 장난한 것에 지나지 않습니다. 그런 면에서 공학은 물리학으로 장난하는 일이기도 합니다. 우주의 새로운 원리를 찾는 것이 아니라 과학이 발견한 원리를 이용해 무엇을 만들어내는 학문입니다. 원리가 아니라 무엇을 만들어내는 기술이 공학이라고 한다면 새로운 무엇이 끝날 날이 오는 것은 상상할 수 없습니다.

지질학도 종말을 맞기는 어려울 것입니다. 지구의 지질만 생각하면 종말이 올지도 모르지만, 지질학은 지구의 지질만이 아니라 화성의 지질도 연구해야 하고, 저 태양계 밖의 다른 행성의 지질도 연구해야 할 것입니다. 지구의 지질만 해도 지각은 고정된 것이 아니라, 지각의 변동으로 계속 변한다면 지구의 지질학도 종말을 맞기는 어려울 것입니다.

자연과학이 아닌 다른 과학은 더욱 종말을 맞이하기는 어려울 것입니다. 자연과학처럼 대상이 분명한 과학도 있지만 그렇지 않은 과학도 있습니다. 심리학의 대상인 정신만 해도 그 실체가 무엇인지 분명하지 않습니다. 어떤 면에서 그 실체는 객관적으로 존재하는 것이 아니라 인간이 만들어가는 것일 수도 있습니다. 이런 학문이 종말을 맞이하기는 더욱 어려울 것입니다.

과학이 그러할진대 철학은 말할 것도 없을 겁니다. 철학은 점차 자기의 영토를 과학에 양보하게 되겠지만 철학이 사라지는 일은 없을 겁니다. 인류의 정신이 존재하는 한 철학도 존재할 것입니다.

생명의 종말

생명의 종말은 앞에서 논의한 과학의 종말과는 다른 종말을 의미합니다. 생명이라는 현상이 지속 가능할 것인가의 문제입니다. 과거 대멸종과 같은 그런 종말이 아니라, 생명이라는 개념 자체가 사라지는 종말은 오지 않을까요?

생명은 진화하는 존재이기 때문에 진화는 이루어질 것입니다. 하지만 앞으로의 생명 진화는 지금까지의 진화와는 완전히 다를 것입니다. 지금까지는 자연적인 진화였다면 앞으로의 진화는 인간이 개입된 진화가 이루어질 것입니다. 자연 진화에는 아무런 목적이 없지만, 인간이 간여하는 진화는 목적이 개입될 수 있습니다. 목적이 있는 진화? 다윈이 들었으면 기절초풍할 일이지만 미래가 다윈의 뜻대로 흘러간다는 보장은 없습니다.

인간도 자연의 에너지로 살아가는 존재이기는 하지만 이제 인간은 자연이 주는 혜택을 이용하는 수준에서 자연을 개조할 수 있는 능력을 갖추게 되었습니다. 지금 당장은 크게 문제될 것이 없을지 모르지만, 미래에는 우려할 만한 수준으로 향상될 것입니다.

생물의 진화에도 인간의 개입은 더 강화될 것이며, 결국 인간 주도의 생명 진화가 이루어질 것입니다. 이 생명에는 당연히 인간도 포함될 것입니다. 인간과 인공지능이 결합한다고 할 때, 어디까지가 인간이고 어디까지가 인공지능인지 구분이 모호해질 것입니다. 이렇게 되면 생물과 무생물의 경계가 무너지고, 생명이라는 개념도 달라질 수밖에 없을 것입니다. 그때는 죽음이 자연적이고 불가항력적이 아니라 선택의 문제로 바뀔 것입니다. 이렇게 생명의 개념이 완전히 달라지면, 생명의 종말이 의미하는 바도 지금 생각하는 생명의 종말과는 달라질 수밖에 없을 것입니다.

아마 1000년 뒤의 인간을 보면 저게 인간인지 기계인지, 생물인지 무생물인지 구별할 수 없을지도 모릅니다. 생명의 가장 중요한 특성이 번식인데, 번식이 생식을 통한 번식이 아닌, 공장에서 제품 생산하듯이 이루어지는 것도 번식이라고 해야 할지 모를 일입니다. 그런 인간이 우주를 활보하는 세상이 되었을 때, 그것도 생명이라고 해야 할지, 아니면 다른 이름을 붙여야 할지 알 수 없을 것입니다. 생명의 종말도, 종말인지 아닌지 말하기 어려워질지 모릅니다.

씁쓸한 이야기입니다. 슬픈 이야기이기도 합니다. 이런 글을 쓰는 나도 씁쓸하기는 마찬가지입니다. 하지만 인간은, 이 찬란한 문명을 이룩한 인간은 미래가 그렇게 흘러가지 않도록 할 지혜를 얻게 되리라는 희망을 품어봅니다.

정신의 종말

정신의 종말이라는 주제는 서두에서 말한 종말의 두 측면을 모두 포함합니다. 하나는 정신이 무엇인지 완전한 이해에 도달할 수 있느냐 하는 것이고, 다른 하나는 정신 현상이 이 우주에 영원히 존재할 것이냐 하는 문제입니다.

우선 정신을 완전히 이해하는 문제부터 살펴봅시다. 나는 이 질문이 대답 불가능한 질문이라고 생각합니다. 정신이라는 것이 원자나 분자처럼 객관적이고 실체적인 대상이 아니므로 정신 현상을 연구하면 할수록 정신이라는 개념이 계속 수정되지 않을 수 없을 겁니다. 데카르트가 "나는 생각한다. 고로 나는 존재한다."라는 유명한 말을 남겼는데, 그 '생각'이 무엇일까요? 생각하는 그 생각을 생각하는 또 다른 생각도 있습니다. 하나의 생각이 무엇인지 해결했다고 해서 생각이 다 이해된 것은 아닙니다. 더구나 생각을 이해하는 것도 생각의 과제입니다. 두 평면거울에 맺히는 상이 무한 반복하듯이 정신의 문제는 완전한 해결이 어렵다고 봅니다.

좀 더 구체적으로 정신이 아닌 의식으로 문제를 축소해봅시다. 의식이 어떤 과정을 거쳐서 형성되는지 밝혀지는 날이 올지도 모릅니다. 인간의 날감각qualia이 어떻게 만들어지는지는 물론 그것을 인위적으로 만드는 방법도 알게 되는 날이 올지도 모릅니다. 하지만 그 경우에도 의식에 대한 정의가 완전하게 결론지어지기는 어려울 것입니다.

정신이 무엇인지 아직은 아무도 모릅니다. 인간이 어떻게 의식을 획득했는지도 모릅니다. 그러니 의식을 인공적으로 만들어내지도 못합니다. 미래 학자들 사이에 가장 큰 논쟁이, 인공지능이 의식을 획득할 것인가, 하는 것입니다. 아직 일치된 결론이 없습니다.

하지만 나는 의식을 획득하는 날이 올 것이라고 조심스럽게 예상해봅니다. 인공지능이 의식을 획득한다는 것이, 의식이 무엇인지 인간이 다 이해할 수 있다는 의미가 아닙니다. 어떤 물건이 무엇인지 모르면서도 그것을 만들 수도 있고 가지고 놀 수도 있습니다. 텔레비전이 어떤 원리로 작동하는지 모르면서도 그것을 가지고 놀 수 있습니다. 생명이 무엇인지 모르는 농부도 작물을 재배합니다.

과학자들이 믿는 믿음 중 하나는 동일한 것은 동일한 특성을 갖는다는 것입니다. 짝퉁이 정말 진품과 똑같이 만들어졌다면 진품과 다를 수 있을까요? 텔레비전이 어떻게 작동하는지 몰라도, 똑같은 부품으로 똑같이 조립한다면 그것은 텔레비전이 되지 않을까요?

마찬가지로 두뇌의 작용을 완전히 이해하지 못한다고 해도 똑같은 두뇌라는 물질 덩어리를 만든다면, 뉴런 수준이 아니라 분자와 원자 수준에 이르기까지 똑같이 만든다면, 그것이 두뇌로 기능하지 않을까요? 물론 여기서 '똑같이'라는 말은 조심해야 합니다. 양자역학적으로 어떤 상태를 '똑같이' 복제하는 것은 가능한 일이 아닙니다. 그래서 뇌를 원자 수준까지 복제한다고 해도 그 뇌의 기억까지 그대로 복제되는 것은 아닐 것입니다. 하지만 뇌의 기능은 복제될 수 있을 겁니다. 그리고 살아 있는 뇌에서 기억이 만들어내는 전기적인 신호를 받아서 저장하는 기술은 가능할지도 모릅니다. 물론 그런 기술이 지금은 없고, 가까운 미래에도 어렵겠지만, 그런 날이 오지 않을 것이라고 장담할 수는 없습니다.

인간이 두뇌를 복제할 수 있고, 나아가 두뇌에 있는 정보를 내려받을download 수 있다면, 그리고 한 사람의 뇌에 있는 정보를 인공지능에 올려놓을upload 수도 있다면, 한 사람의 기억이 그 사람을 나와서 이 로봇, 저 로봇으로 돌아다니는 세상이 될지도 모릅니다. 그런 세상이 되었을 때 정신이라는 의미는 지금과는 많이 달라질 것입니다. 외계인이 있다면, 그들의 정신이 우리가 말하는 정신과는 많이 다를 것입니다. 이 우주에 얼마나 많은 생명체가 있고, 앞으로 어떤 생명체가 나타날지는 모르지만, 그 생명체도 우리와는 다르지만 정신현상은 있을 것입니다. 정신현상은 더 복잡해지고, 더 고도화되고, 더 미묘해질 수는 있겠지만 어떤 경우에도 없어지는 일은 일어나지 않을 것입니다.

문명의 종말

우리가 알고 있는 문명은 지구 문명뿐이니 어쩔 수 없이 지구 문명을 이야기하지 않을 수 없습니다. 지구 문명은 얼마나 지속할 수 있을까요? 100년이나 1000년이 아니라 우주적 시간 단위로 보았을 때를 말하는 것입니다. 문명다운 문명이 만 년도 채 안 되는데 그런 우주적 시간을 논하는 것이 무슨 의미가 있을지는 모릅니다. 하지만 100년도 못 살면서 영원을 생각할 수 있는 것이 인간이기에 그런 미래를 그려보는 것이 아닐까요?

우리 문명이 이 지구라는 행성에만 머물러 있을 수는 없습니다. 지구 문명은 태양 에너지에 전적으로 의존하고 있는데 태양이 영원하지 않기 때문입니다. 50억 년 후에는 태양이 부풀어 올라 지구를 삼킨다고 하지만 그 전에 태양은 지금의 태양과는 많이 달라질 것이며, 이에 따라 지구의 환경은 엄청나게 변할 것입니다. 그렇게 되면 인류는 생존을 위해 지구를 떠나지 않을 수 없을 겁니다.

가까운 곳에 이주할 장소를 찾는 것이 가장 먼저 해야 할 일이겠지요. 가장 유력한 후보는 아마도 화성일 겁니다. 지금 당장 화성은 인간이 살 수 있는 행성은 아닙니다. 하지만 화성을 개조해 살 수 있는 행성으로 바꾸는 것이 아주 불가능한 일은 아닙니다. 가장 먼저 화성에 대기를 만들어 따뜻한 행성으로 만들고, 다음으로는 미생물을 이주시키고, 다음으로는 식물을 이주시키고, 그다음은 동물을, 그리고 마지막으로 인간이 이주하는 과정을 거치겠지요.

어느 것 하나 간단한 일은 아닙니다. 우선 화성의 대기를 만들 방법을 생각해봅시다. 화성을 따뜻한 행성으로 만들기 위해서는 이산화탄소나 메탄을 대량으로 가져가야 합니다. 이 지구에 골칫거리인 이산화탄소를 화성으로 보내면 지구도 좋고 화성도 좋겠지만 그것을 가져가는 방법이 문제이고, 지구에 있는 이산화탄소를 다 가져가면 지구는 또 어떻게 합니까? 이산화탄소가 문제라고 하지만 이산화탄소가 없으면 식물이 존재할 수 없고 지구는 추워서 빙하기가 도래하게 될 것입니다.

그 대안으로 토성의 위성인 타이탄을 생각할 수 있습니다. 밝혀진 바에 따르면 타이탄에는 다량의 메탄과 이산화탄소가 있다고 합니다. 여기에 있는 메탄과 이산화탄소를 화성으로 가져오는 방법을 생각할 수 있을 겁니다. 하지만 타이탄이 얼마나 멀리 있는지 안다면 이런 계획을 미친 짓이라고 생각하지 않을 수 없을 겁니다. 하지만 지금이 아니라 몇백 년, 아니 몇천 년 뒤를 말하는 겁니다.

그렇게 해서 화성을 따뜻한 행성으로 만들었다고 해도 생물이 살 수 있는 환경은 아닙니다. 생명체가 살기 위해서는 화성의 생태계가 조성되어야 합니다. 아마도 그 과정은 지구에 생명이 탄생해서 지금에 이른 과정을 되풀이해야 하지 않을까 생각합니다. 화성이라는 환경에 살 수 있는 미생물을 먼저 찾아야겠지요. 나사의 연구에 따르면 시아노박테리아cyanobacteria가 어느 정도 가능성이 있다고 합니다. 앞으로 연구를 더 진행하면 그 외에도 다양한 미생물을 찾아낼지 모릅니다. 이런 미생물을 화성에 번식시켜서 화성의 대기에 산소를 만들 수도 있을 겁니다. 그리고 식물과 동물도 이주시켜야겠지요. 마지막으로 사람이 가게 되겠지요. 사람이 가기 전에 이 모든 과정은 아마도 로봇이 가서 하게 될 겁니다. 로봇이 광산에서 재료를 채굴하고, 공장을 짓고, 사람이 살 수 있는 도시를 건설하고, 그다음에 사람이 가겠지요.

이것만이 문제가 아닙니다. 화성은 지자기가 거의 없습니다. 지자기가 없으면 우주에서 날아오는 우주선cosmic ray에 무방비로 노출됩니다. 이래서는 생물이 살 수 없지요. 이제 화성에 인공 지자기를 만들어야 합니다. 초전도 전선으로 화성을 둘러싸야 할지도 모릅니다. 화성의 궤도를 수정해서 태양 가까운 쪽으로, 아니면 태양에서 먼 쪽으로 이동시켜야 할지도 모릅니다.

어느 것 하나 지금의 기술 수준으로는 엄두도 낼 수 없는 일입니다. 하지만 생각해보십시오. 1000년 전에 비행기가 날아다니는 것을 상상할 수 있었을까요? 로켓을 상상할 수 있었을까요? 원자폭탄을 상상할 수 있었을까요? 1000년 뒤 인류의 기술이 어떠할지 우리는 상상도 할 수 없습니다. 과학기술의 기하급수적인 발전을 고려한다면 과거의 1000년은 앞으로는 100년도 안 될 시간일지 모릅니다.

하지만 화성이라는 새로운 보금자리도 영원할 수는 없습니다. 화성에 이주한다고 해서 몇억 년을 견디기는 어려울 겁니다. 인간이 수억 년을 더 버티기 위해서는 태양계를 벗어나지 않을 수 없을 겁니다. 다른 별을 찾아가야겠지요. 우리 은하를 벗어나 다른 은하로 가야 할지도 모릅니다.

우리가 태양계를 벗어나게 된다면 분명 다른 별을 찾아가야 할 것입니다. 이 은하에 우리만이 유일한 문명이라면 모를까 그렇지 않고 문명이 우리 은하의 보편적인 현상이라면 문명과 문명의 충돌은 불가피할 것입니다. 이 문명의 충돌은 평화롭게 끝날 수 있을까요? 알 수 없습니다. 지금 생각하면 불가능할 것 같지만 그 정도의 문명이라면 파멸로 가지 않을 방법도 알고 있지 않을까요?

이제 은하를 벗어나 더 넓은 우주로 문명이 퍼진다면 또 다른 은하의 문명과 마주칠 것입니다. 그 만남이 어떨지 알 수 없습니다. 중국의 덩샤오핑이 센카쿠열도(혹은 댜오위다오)의 분쟁에 대해서 "우리의 영민한 후손들이 우리보다 더 좋은 방법을 찾을 것이니 기다리자."라는 취지의 말을 했던 것처럼 우리가 지금 걱정하지 않아도 우리의 영민한 후손들이 더 좋은 방법을 찾아내겠지요.

이렇게 문명이 우주로 퍼져 나갈 테지만, 분명한 것은 이 우주조차 영원하지 않다는 것입니다. 우주가 사라질 때도 문명은 살아남을까요? 어떤 사람들은 이 우주에 우리 우주만 아니라 다중우주가 있어서, 우리 우주를 버리고 다른 우주를 갈아탈 것을 생각하기도 합니다. 그럴 정도의 문명이면 우주를 마음대로 주무르고 우주를 없애고 만들고 하는 것이 가능할지도 모르겠습니다.

너무 황당한 얘기로 들리나요? 나도 황당하다고 생각합니다. 어차피 우리는 미래를 알 수 없고, 알 수 없는 미래의 이야기는 황당할 수밖에 없습니다. 하지만 잊지 마십시오. 인류 문명은 이런 황당한 생각을 자양분으로 건설되었다는 것을!

종교의 종말

종교의 대상인 신은 정말 존재할까요? 제1장에서 논의한 것과 같이 신이 원자나 분자처럼 텍스트적인 존재라면 정말 존재하는지 확인할 수 있을 것입니다. 하지만 신이 텍스트적인 존재가 아니라 콘텍스트적인 존재라면 그 존재를 과학적으로 확인하는 것은 불가능합니다.

이 세상 삼라만상과 생사화복의 콘텍스트가 신이라고 한다면 신의 존재는 이 세상이 존재하는 한 그리고 인간이 존재하는 한 부정할 수 없을 것입니다. 사실 신의 존재는 신이 무엇이라고 정의하느냐에 좌우된다고 볼 수도 있습니다. 유일신을 주장하는 기독교나 이슬람교의 신도 종파에 따라서 신의 모습이 다르고, 같은 종파라도 믿는 사람마다 다를 수 있습니다. 어떤 면에서 신은 실체적 존재라기보다는 관념적 존재이기 때문에 과학적으로 존재의 유무를 판단하는 것이 불가능합니다.

칼 세이건은 이렇게 말했습니다. "하늘에 앉아서 종달새의 수를 헤아리는 수염이 달린 백인 모습의 신은 참 어처구니없습니다. 하지만 만약 신을 우주를 다스리는 물리법칙의 집합체라고 한다면 그런 신은 분명히 존재합니다. 하지만 그런 신은 감정적으로 만족스럽지 못합니다. 중력 법칙에 기도한다는 것이 무슨 의미가 있을까요?"

인간이 신을 믿는 배경에는 크게 두 가지 심리가 있다고 생각합니다. 하나는 이 세상을 이해하려는 데서 오는 것입니다. 인간은 세상을 그냥 있는 그대로 받아들이는 존재가 아니라 모든 현상의 원인을 찾으려 하는 존재입니다. 하지만 인간의 아둔한 두뇌로 모든 원인을 알아내는 것은 불가능합니다. 우주는 광대무변하고 세상은 복잡합니다. 이런 세상을 합리적으로 이해한다는 것은 불가능합니다. 이런 상황에서 가장 좋은 도피처가 신입니다. 신은 정의상 무소불위의 존재이기 때문입니다. 이해하려고 노력하다가 안 되면 신이 개입한 것으로 결론을 내리면 되니까요.

과학이 끝나는 곳에 신이 등장합니다. 사람들은 신의 등장으로 문제를 해결하고 말지만, 그렇게 할 수 없는 사람들이 과학자입니다. 과학자도 자기 마음속에는 신을 등장시키기도 합니다. 하지만 자기의 논문에는 절대로 신을 등장시키지 않습니다.

원시사회에서도 많은 사람이 알 수 없는 원인으로 죽어갔습니다. 이런 죽음을 보면 당연히 그 원인을 알려고 하는 것이 호모사피엔스라는 종의 특징입니다. 그런데 그들이 그 원인을 알 수 있었겠어요? 불가능했습니다. 지금은 과학의 발달로 그 원인이 세균이나 박테리아의 장난이라는 것을 압니다. 하지만 원시사회에서 그것을 아는 것은 불가능했을 겁니다. 그래서 귀신의 장난으로 보았던 것이지요. 귀신이 콧구멍, 귓구멍으로 들어와서 역병을 일으킨다고 생각했고, 그것을 막기 위해서 귀걸이 코걸이를 주렁주렁 달고, 그것도 부족해서 굿을 하지 않았을까요? 과학이 발달한 지금은 굿 대신 병원을 찾고, 코걸이 귀걸이 대신 백신을 맞고 치료제를 먹습니다.

다른 하나는, 인간은 참으로 나약한 존재라는 점입니다. 파란만장이나 우여곡절이라는 말이 어떤 불행한 사람의 인생에만 적용되는 것이 아니라 모든 인간에게 적용될 것입니다. 사람의 인생은 실패와 고통의 연속입니다. 이런 상황에서는 무엇에라도 의지할 수밖에 없는 것이 인간입니다. 의지할 수 있는 대상이 무엇일까요? 가장 먼저 생각할 수 있는 것은 가족이나 친구일 것입니다. 하지만 가족이나 친구도 언제나 의지할 수 있는 대상은 아닙니다. 배척당하거나 배신당하는 일이 다반사입니다. 이런 상황에서 신은 누구나 언제 어디서나 의지할 수 있는 대상입니다. 그렇게 의지할 수 있는 대상이 있다는 것이 나약한 인간에게 얼마나 큰 위로가 되겠습니까?

신이 정말로 존재하느냐 존재하지 않느냐에 관계없이 신은 인간에게 없어서는 안 될 존재일 수 있습니다. 종교가 하는 역할이 바로 이런 것이 아닐까요? 어느 날 교회에서 예배를 드리는데, 내 앞에 어떤 여자 신도가 연신 흐느끼고 있었습니다. 내가 그 이유를 알 수는 없었지만, 그분의 갈급한 마음은 느낄 수 있었습니다. 그 사람에게 교회가 없었다면 저런 고통을 어디에 가서 호소할 수 있었을까 하는 생각이 들었습니다. 털어놓고 얘기할 수 있는 사람이 없다고는 할 수 없을지 몰라도 지금 간절히 기도하고 있는 신처럼 언제 어디서나 만나주는 사람은 없을 것입니다.

이런 면에서 종교는 인간, 특히 나약한 인간, 의지할 곳을 찾지 않고는 살 수 없는 인간이 존재하는 한 이 지구에서 사라지는 일은 없을 겁니다. 과학이라는 이름으로 교회에서 울면서 기도하는 저 사람의 간절함까지 폄훼할 수는 없을 겁니다. 어떤 특정 종교나 종파는 수없이 나타나고 없어질 것이지만 종교는 인간 사회가 존재하는 한 없어지지 않을 것입니다.

우주의 종말

세상에 존재하는 모든 것은 사라집니다. 방사능 붕괴라는 현상이 있습니다. 원자핵이 붕괴하여 다른 물질로 변하는 현상입니다. 우라늄이 붕괴해 납이 되는 과정이 그 한 예입니다. 소립자들도 붕괴합니다. 소립자들 대부분은 무지무지하게 짧은 순간 붕괴하여 생을 마감합니다. 원자도, 지구도, 우주도 결국은 붕괴라는 운명을 피할 수는 없습니다.

원자핵에는 양성자와 중성자가 있습니다. 중성자는 붕괴하여 양성자와 전자가 되지만 핵 속에 있는 동안은 안정적입니다. 양성자는 중성자와는 달리 혼자 있을 때도 안정적입니다. 양성자의 반감기는 약 1.67×10^{34}년입니다. 우주의 나이가 1.38×10^{10}년이라는 것을 생각하면 거의 무한대의 시간입니다. 하지만 양성자가 아무리 오래 견딘다고 해도 영원하지는 않습니다. 양성자도 결국 붕괴할 겁니다. 양성자가 붕괴하면 그것으로 이루어진 원자라고 무사할 수는 없습니다. 원자가 없으면 나무도, 돌도, 인간도 존재할 수 없습니다. 이렇게 되면 이 우주에는 아무런 물질도 남아 있지 않을 것입니다. 텅 빈 우주, 그것도 우주라고 할 수 있을까요?

빅뱅으로 우주가 탄생한 이후, 이 우주는 팽창을 계속하고 있습니다. 빅뱅 이전에 이미 공간은 급팽창했고, 별과 은하가 생기면서 우주는 서서히 팽창하다가 근래에 와서 가속 팽창을 하고 있습니다.

앞으로 이 우주에 어떤 운명이 기다리고 있을지 정확하게 알지는 못합니다. 우주의 미래에 관해서는 여러 가지 시나리오가 있습니다.

이 우주가 팽창을 계속할지, 가속 팽창을 할지, 팽창하다가 멈출지, 멈춘 후에 다시 수축하게 될지 모릅니다. 우주의 운명은 물질, 암흑 물질, 암흑 에너지의 밀도가 어떻게 달라지느냐에 달려 있다

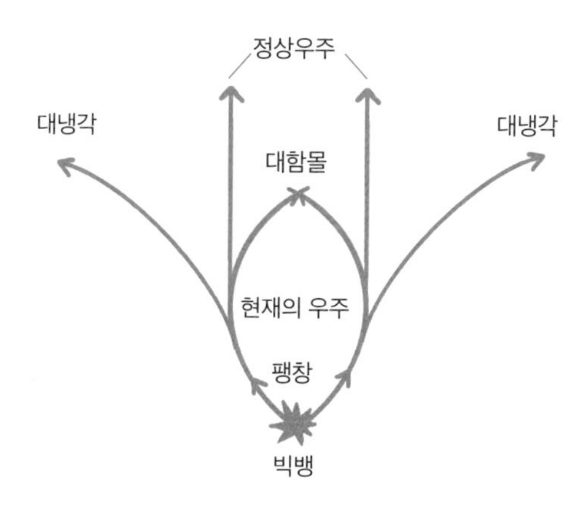

[그림 28] 우주의 미래

고 합니다. 하지만 아직 이들 밀도의 미래에 대해서는 지금의 물리학이 확실한 답을 제시하지 못하고 있습니다. 과학이 발달하면 좀 더 잘 알 수 있겠지요.

열역학 법칙에 따르면 별을 만들 수 있는 물질이 소진되면 별들도 차츰 붕괴하고 결국 블랙홀만 남게 되겠지만 이 블랙홀도 결국 증발해버릴 것이고, 우주는 소위 열 죽음heat death에 도달하리라고 생각하고 있습니다.

몇천, 몇만 년 뒤의 이야기가 아닙니다. 수백억, 수천억 년 뒤의 이야기입니다. 이 우주도 결국 죽음을 면하지는 못할 것입니다. 하지만 우리 우주가 사라져도 다중우주가 있습니다. 그 다중우주도 결국에는 사라지겠지요. 하지만 급팽창 이론에 따르면 다중우주는 사라지기만 하는 것이 아니라 계속 생겨난다고 합니다. 그렇다면 우주가 사라지는 날이 오게 될까요?

별까지는 고사하고 지구를 벗어나지도 못하는 존재, 100년도 살지 못하는 존재가 무한한 우주와 영원한 시간을 생각합니다. 위대하다고 해야 할까요? 아니면 애처롭다고 해야 할까요?

T.S. 엘리엇의 말처럼, 세상은 뱅bang으로 시작했으나 결국은 흐느낌으로 끝나는 것일까요? 그의 1925년 시 「허깨비 인간The Hollow Men」에 나오는 '그대를 위한 왕국For thine is the Kingdom'의 마지막 구절로 이 장을 마무리하려고 합니다.

> 이것이 세상이 끝나는 방식이라네
> 뱅이 아니라 흐느낌으로!
>
> This is the way the world ends
> Not with a bang but a whimper.

태초에서 태종까지 머나먼 길을 달려왔습니다. 없는 길도 만들어 가면서 왔습니다.

우리가 보는 하늘과 그 속에 있는 별과 물질은 존재하는 것이니 과학자들이 만들어놓은 길로 갔지만, 우주의 생명, 우주의 정신, 우주의 문명은 어디에 있는지도 모르고 아무도 본 적이 없습니다. 그러니 만들면서 갈 수밖에 없었습니다. 제가 만든 이 길이 먼 미래에 우리 인류가 정말 가게 된다면 없는 길이었거나 전혀 다른 길일는지 모릅니다.

그래도 저는 이 길을 만들면서 즐거웠습니다. 과학자의 지식과 시인의 상상을 결합한다는 것은 얼마나 가슴 설레는 일인지 모릅니다. 기대하기는 이 책을 읽는 독자들도 제가 그랬던 것처럼 감동과 즐거움을 느낄 수 있었으면 좋겠습니다.

이 책은 우주론은 물론 물리학, 화학, 생물학, 심리학, 문명사 등 다양한 내용으로 구성되어 있습니다. 책을 쓰는 과정에서 많은 도움을 받았습니다. 가장 큰 도움은 참고문헌에 소개한 책들입니다. 그런 책들이 없었다면 이 책도 나오지 못했을 것입니다. 그 책의 저자들에게 깊은 존경과 감사를 드립니다. 빅뱅과 우주에 관해서는 한양대학교의 김항배 교수님의 저서와 페이스북 대화를 통해서 직간접적으로 많은 도움을 받았습니다. 그리고 제 동료 교수님들의 도움도 빼놓을 수 없습니다. 특히, 이길재 교수님은 생물 영역을, 김정률 교수님은 지구과학 영역을 읽어주시고 많은 조언과 오류를 바로잡아주셨습니다. 그리고 이 책을 낼 수 있도록 배려해주신 특별한서재에 감사를 드립니다.

우리가 사는 세상은 험하고, 인생은 고달픕니다. 하지만 이 험하고 고달픈 인생 속에서도 가끔 고개를 들어 하늘을 보세요. 지구가 아니라 우주를, 우주의 생명을, 우주의 정신을, 그 정신이 만들지도 모르는 우주의 문명을 바라보세요. 어쩌면 고달픔 속에서도 잔잔한 미소가 지어질지도 모릅니다.

읽어주신 모든 분께 감사드립니다.

2022년 가을

臺下齊에서

권재술

Gregory, R. L. 『***The Intelligent Eye***』, McGraw-Hill, Yew York, 1970.

Hempden-Turner, Charles. 『***Maps of the Mind***』, Macmillan, New York, 1981.

Hunt, Morton. 『***The Universe Within***』, A Touchstone Books, Yew York, 1982.

Tegmark, Max. 『***Our Mathematical Universe***』, Penguin Books, USA, 2014.

Sagan, Carl. 『***Cosmos***』, Ballantine Books, New York, 2013.

김정률, 『***지질학의 역사***』, 시스마프레스, 2021.

김항배, 『***우주, 시공간과 물질***』, 컬처룩, 2017.

이강환, 『***빅뱅의 메아리***』, 마음산책, 2017.

조진호, 『***게놈 익스프레스***』, 위즈덤하우스, 2016.

조진호, 『***에볼루션 익스프레스***』, 위즈덤하우스, 2021.

그린(Brian Greene), 『***멀티 유니버스***』, 박병철 옮김, 김영사, 2012.

그린(Brian Greene), 『***우주의 구조***』, 박병철 옮김, 승산, 2005.

그린(Brian Greene), 『***엔드 오브 타임***』, 박병철 옮김, ㈜미래엔, 2021

그린(Brian Greene), 『***엘리건트 유니버스***』, 박병철 옮김, 승산, 2002.

다마지오(Antonio Damasio), 『***느끼고 아는 존재***』, 고현석 옮김, 흐름출판, 2021.

다윈(Charles Darwin), 『***종의 기원***』, 홍성표 옮김, 홍신사상신서, 1997.

다이슨(Freeman Dyson), 『***상상의 세계***』, 신중섭 옮김, 사이언스 북스, 2000.

다이아몬드(Jared Diamond), 『***문명의 붕괴***』, 강주헌 옮김, 김영사, 2005.

도킨스(Richard Dawkins), 『***이기적 유전자***』, 홍영남 옮김, 을유문화사, 2002.

라마찬드란(Vilayanur S. Ramachandran and Sandra Blakesree), 『***라마찬드란 박사의 두 뇌 실험실***』, 신상규 옮김, 바다출판사, 2007.

레러(Jonah Lehrer), 『*프루스트는 신경과학자였다*』, 최애리·안시열 옮김, 지호, 2007.
랜들(Lisa Randall), 『*숨겨진 우주*』, 김연중·이민재 옮김, 2008.
레인(Nick Lane), 『*미토콘드리아*』, 김정은 옮김, 뿌리와 이파리, 2007.
로벨리(Carlo Rovelli), 『*시간은 흐르지 않는다*』, 이중원 옮김, 쌤앤파커스, 2019.
베넷(Jeffrey Bennet), 『*우리는 모두 외계인이다*』, 이강환·권채순 옮김, 현암사, 2012.
베이어(Hans Christian von Baeyer), 『*과학의 새로운 언어, 정보*』, 전대호 옮김, 승산, 2007.
브래넌(Peter Brannen), 『*대멸종 연대기*』, 김미선 옮김, 흐름출판, 2019.
사이언티픽 아메리칸, 『*시간의 미궁*』, 김일선 옮김, 한림출판사, 2016.
서스킨드(Leonard Susskind), 『*블랙홀 전쟁*』, 이종필 옮김, 사이언스북스, 2011.
서스킨드(Leonard Susskind), 『*우주의 풍경*』, 김낙우 옮김, 사이언스북스, 2011.
세이건(Carl Sagan), 『*창백한 푸른 점*』, 현정준 옮김, 민음사, 1996.
세이건(Carl Sagan), 『*코스모스*』, 홍성수 옮김, 사이언스북스, 2004.
슈뢰딩거(Erwin Schrodinger), 『*생명이란 무엇인가*』, 서인석·황상익 옮김, 한울, 2021.
에델만(Gerald Edelman and Giulio Tononi), 『*뇌의식의 우주*』, 장현우 옮김, 한언, 2020.
월리스(Robert Wallace, Geriald Sanders, Robert Ferl), 『*생물학*』, 이광웅 등 옮김, 을유문화사, 1993.
카쿠(Michio Kaku), 『*인류의 미래*』, 박병철 옮김, 김영사, 2019.
카쿠(Michio Kaku), 『*마음의 미래*』, 박병철 옮김, 김영사, 2015.
커즈와일(Ray Kurzweil), 『*특이점이 온다*』, 김영남·장시형 옮김, 김영사, 2007.
테그마크(Max Tegmark), 『*Life 3.0.*』 백우진 옮김, 동아시아, 2017.
테그마크(Max Tegmark), 『*맥스 테그마크의 유니버스*』, 김낙우 옮김, 동아시아, 2017.
토마셀로(Michael Tomasello), 『*생각의 기원*』, 이정원 옮김, 이데아, 2018.
펜로즈(Roger Penrose), 『*황제의 새마음*』, 박승수 옮김, 이화여자대학교 출판부, 1996.
펜로즈(Roger Penrose), 『*마음의 그림자*』, 노태복 옮김, 승산, 2014.
펜로즈(Roger Penrose), 『*우주, 양자, 마음*』, 김성원·최경희 옮김, 사이언스북스, 2002.
하라리(Yubal Noah Harari), 『*사피엔스*』, 조현옥 옮김, 김영사, 2015.
호건(John Horgan), 『*과학의 종말*』, 김동광 옮김, 까치, 1997.

사진 출처

24쪽 우주의 역사(©NASA)

86쪽 버키볼(위키미디어)

https://commons.wikimedia.org/wiki/File:C60_Molecule.svg?uselang=ko

93쪽 M87 은하 블랙홀(©EHT Collaboration)

106쪽 우리은하 블랙홀 사지타리우스 A(©EHT Collaboration)

135쪽 태초의 우주 빛 지도(©NASA)

158쪽 슈뢰딩거의 고양이(위키미디어)

https://commons.wikimedia.org/wiki/File:Schroedingers_cat_film_copenhagen.svg

우주, 상상력 공장

우주, 그리고 생명과 문명의 미래

초판 1쇄 인쇄일 | 2022년 10월 24일
초판 1쇄 발행일 | 2022년 11월 8일

지은이 | 권재술
펴낸이 | 사태희
편 집 | 최민혜
디자인 | 권수정
마케팅 | 장민영
제작인 | 이승욱 이대성

펴낸곳 | (주)특별한서재
출판등록 | 제2018-000085호
주 소 | 08505 서울특별시 금천구 가산디지털2로 101 한라원앤원타워 B동 1503호
전 화 | 02-3273-7878
팩 스 | 0505-832-0042
e-mail | specialbooks@naver.com
ISBN | 979-11-6703-060-3 (03400)

○이 책의 추천사 본문은 '을유1945' 서체를 사용했습니다.